50. DEUTSCHER GEOGRAPHENTAG POTSDAM

BAND 3
RAUMENTWICKLUNG UND WETTBEWERBSFÄHIGKEIT

AUFBRUCH IM OSTEN
umweltverträglich – sozialverträglich – wettbewerbsfähig

50. DEUTSCHER GEOGRAPHENTAG POTSDAM
2. bis 5. Oktober 1995

TAGUNGSBERICHT UND
WISSENSCHAFTLICHE ABHANDLUNGEN

BAND 3

# Raumentwicklung und Wettbewerbsfähigkeit

im Auftrag
der Deutschen Gesellschaft für Geographie
herausgegeben von

GÜNTER HEINRITZ
ELMAR KULKE
und REINHARD WIESSNER

Franz Steiner Verlag Stuttgart
1996

Die Vorträge des 50. Deutschen Geographentages Potsdam 1995
erscheinen in vier Bänden:

Band 1: Raumentwicklung und Umweltverträglichkeit
(H.-R. Bork, G. Heinritz und R. Wießner, Hg.)
Band 2: Raumentwicklung und Sozialverträglichkeit
(G. Heinritz, J. Oßenbrügge und R. Wießner, Hg.)
Band 3: Raumentwicklung und Wettbewerbsfähigkeit
(G. Heinritz, E. Kulke und R. Wießner, Hg.)
Band 4: Der Weg der deutschen Geographie. Rückblick und
Ausblick (G. Heinritz, G. Sandner und R. Wießner, Hg.)

Die Deutsche Bibliothek - CIP-Einheitsaufnahme

**Aufbruch im Osten** : umweltverträglich - sozialverträglich - wettbewerbsfähig ; Tagungsbericht und wissenschaftliche Abhandlungen / 50. Deutscher Geographentag Potsdam, 2. bis 5. Oktober 1995. - Stuttgart : Steiner.
 ISBN 3-515-06769-8
NE: Deutscher Geographentag <50, 1995, Potsdam>

Bd. 3. Raumentwicklung und Wettbewerbsfähigkeit. - 1996

**Raumentwicklung und Wettbewerbsfähigkeit** / [im Auftr. der Deutschen Gesellschaft für Geographie hrsg. von Günter Heinritz ...]. - Stuttgart : Steiner, 1996
 (Aufbruch im Osten ; Bd. 3)
 ISBN 3-515-06767-1
NE: Heinritz, Günter [Hrsg.]

ISO 9706

Jede Verwertung des Werkes außerhalb der Grenzen des Urheberrechtsgesetzes ist unzulässig und strafbar. Dies gilt insbesondere für Übersetzung, Nachdruck, Mikroverfilmung oder vergleichbare Verfahren sowie für die Speicherung in Datenverarbeitungsanlagen. Gedruckt auf säurefreiem, alterungsbeständigem Papier. © 1996 by Franz Steiner Verlag Wiesbaden GmbH, Sitz Stuttgart. Druck: Druckerei Peter Proff, Eurasburg.
Printed in Germany

# INHALT

Vorwort (G. Heinritz, R. Wießner) .................................................................. 7

## Raumentwicklung und Wettbewerbsfähigkeit

Einführung (E. Kulke) ........................................................................................ 9

### Fachsitzung 1:
### Wettbewerbsfähige Unternehmensstrukturen

Einleitung (W. Gaebe, J. Schmude) ................................................................ 15
Über ‚blühende Landschaften' zu ‚gesunden Wäldern'. Eine betriebs-
    ökologische Betrachtung der Transformation des Unternehmens-
    bestandes in Ostdeutschland (M. Fritsch) ............................................... 18
Förderung innovativer Unternehmen durch Technologie- und Gründer-
    zentren in Ostdeutschland. Konzeption und Wirkungen (Ch. Tamásy) .... 34
Der Strukturwandel in der ostdeutschen Schienenfahrzeugindustrie.
    Entwicklung einer Branche unter neuen Markt- und Wettbewerbs-
    bedingungen (M. Heß) ............................................................................ 48
Der mittelständische Einzelhandel in den neuen Ländern. Räumliche
    Strukturen und Entwicklungsperspektiven (M. Achen) .......................... 64

### Fachsitzung 2:
### Arbeitsmarktstrukturen und Mobilität

Einleitung (G. Braun) ........................................................................................ 77
Wirtschafts- und arbeitsmarktpolitische Implikationen der Entwicklung wett-
    bewerbsfähiger Unternehmensstrukturen in Brandenburg (P. Egenter) ..... 80
Die neuen Länder der Bundesrepublik Deutschland im europäischen Wett-
    bewerb (W. Görmar) .............................................................................. 88
Regionale Arbeitsplatzdynamik in den neuen Bundesländern (U. Lehmann) .. 102
Arbeitsmarktdynamik und Regionalentwicklung in Sachsen-Anhalt
    (K. Crow) ................................................................................................ 114
Qualifikation als Kapital in einer Semiperipherie des Weltsystems:
    Das Beispiel Mexiko (M. Fuchs) ............................................................ 123

### Fachsitzung 3:
### Netzwerkansätze und Regionalentwicklung

Einleitung (J. Pohl) .......................................................................................... 133
Netzwerke in regionalpolitischen Konzeptionen der EU am Beispiel aus-
    gewählter Grenzregionen (M. Miosga) .................................................. 138
Der Produktionsfaktor Wissen im Transformationsprozeß in Ostdeutsch-
    land. Räumliche Aspekte der Wissensakquisition von Betrieben in
    Süd-Brandenburg (Ch. Ellger) ................................................................ 148

Organisation versus Selbstorganisation des regionalen Wissens- und Informationstransfers. Die Beratungsbeziehung kleiner und mittlerer Unternehmen im regionalen Kontext von Baden-Württemberg und Rhône-Alpes (S. Strambach) ........................................................................ 160
Interkommunale Zusammenarbeit als „vernetzte" Strategie der Regionalentwicklung (K. Mensing) ............................................................. 171
Zusammenfassung und Ausblick (G. v. Rohr) ..................................................... 179

Fachsitzung 4:
Globalisierung ökonomischer Aktivitäten und Transformationsprozesse im Osten

Einleitung (J. Oßenbrügge, L. Schätzl) .............................................................. 182
Endogene und exogene Faktoren regionaler Transformationsprozesse in der Tschechischen Republik (H.-J. Bürkner) .................................................... 189
Industrieller Strukturwandel und regionalwirtschaftliche Auswirkungen im Transformationsprozeß Vietnams (J. Revilla Diez) ............................. 204

Inhaltsverzeichnisse der Bände 1, 2 und 4 ......................................................... 218
Publikationsnachweise Varia-Fachsitzungen ..................................................... 221
Verzeichnis der Autoren und Herausgeber ........................................................ 223

# VORWORT

Zum 50. Deutschen Geographentag 1995 in Potsdam standen zwei inhaltliche Schwerpunkte im Mittelpunkt des wissenschaftlichen Programms. Zum einen sollte der erste Deutsche Geographentag, der nach der Vereinigung Deutschlands in Ostdeutschland stattfand, Prozesse und Probleme der Transformation in den Neuen Bundesländern und den Reformstaaten Mittel- und Osteuropas reflektieren. In diesem Sinne stand der Geographentag in Potsdam unter dem Motto:

> „Aufbruch im Osten. Umweltverträglich
> – sozialverträglich – wettbewerbsfähig".

Zum anderen wurde mit dem 50. Geographentag ein Jubiläum begangen, das Anlaß bot, einen klärenden Rückblick auf die Entwicklung der Geographie und einen Ausblick auf zukünftige Herausforderungen für das Fach zu werfen. Diese inhaltlichen Schwerpunkte fanden als Leitthemen Eingang in das Geographentagsprogramm.

Darüber hinaus konnte ein breites Spektrum weiterer geographischer Themen, denen ein nationaler Fachkongreß Rechnung tragen muß, in wissenschaftlichen Fachsitzungen, Arbeitskreissitzungen und Sonderveranstaltungen diskutiert werden. Angesichts der Fülle von Themen und Vorträgen kommt man um die Einsicht nicht herum, daß es weder finanziell zu leisten wäre noch verlegerisch Sinn machen würde, die gesamte Tagung in einem „Verhandlungsband" zu dokumentieren.

Wir folgen vielmehr gern dem erstmals zum Bochumer Geographentag 1993 erprobten Weg, indem wir uns auch diesmal auf die Wiedergabe der Vorträge zu den vier Leitthemen in je einem Band beschränken:

Band 1:   Raumentwicklung und Umweltverträglichkeit
Band 2:   Raumentwicklung und Sozialverträglichkeit
Band 3:   Raumentwicklung und Wettbewerbsfähigkeit
Band 4:   Der Weg der deutschen Geographie. Rückblick und Ausblick.

> Der Band 4 enthält außerdem die Festvorträge und Ansprachen der Eröffnungs- und der Abschlußveranstaltung des Kongresses.

Wir hoffen, mit dieser Konzeption nicht nur – was den Umfang betrifft – in einem vertretbaren Rahmen bleiben zu können, sondern auch viel genauer eine den Kreis der geographischen Fachkollegen übergreifende, je unterschiedliche Leserschaft erreichen zu können.

Die Referate der übrigen wissenschaftlichen Fachsitzungen, die nun nicht mehr im offiziellen Tagungsbericht des Geographentages erscheinen, werden damit in ihrem wissenschaftlichen Wert den Vorträgen der Leitthemensitzungen keineswegs nachgeordnet. Da sie aber sehr verschiedene Themenfelder betreffen, erscheint es sinnvoller, sie in dafür jeweils geeigneten Fachzeitschriften oder Schriftenreihen der Geographischen Institute zu publizieren. Der Dokumentationspflicht des Tagungsberichtes soll dadurch Genüge geleistet werden, daß jedem der vier Teilbände ein Verzeichnis der nicht den Leitthemen zugeordneten Fachsitzungen mit Publikationsnachweisen im Anhang beigegeben wird, wie im übrigen auch die Inhaltsverzeichnisse aller vier Teilbände jedem Teilband beigefügt werden.

So wie dies als ein sinnvoller Kompromiß der Dokumentationspflicht einerseits und einer verlegerisch sinnvollen Konzeption andererseits hoffentlich auf Akzeptanz stoßen wird, so wünschen wir uns, daß dies auch gelten möge für das Ergebnis jener Gratwanderung, die die Herausgeber bei ihrer Entscheidung über Aufnahme bzw. Nichtaufnahme eines Beitrages auf sich zu nehmen hatten. Die Hoffnung, daß wir dabei aufgrund der sorgfältigen Auswahl bei der Gestaltung des jeweiligen Sitzungsprogrammes durch die Sitzungsleiter nur einen gut gebahnten Weg nachzuvollziehen hätten, war leider trügerisch. Denn bei der Entscheidung über die Gestaltung der Fachsitzungen lagen deren Leitern nur sehr kurze Angaben über den voraussichtlichen Inhalt, nicht aber das Referat selbst vor. So war nicht auszuschließen, daß in den Sitzungen dann auch einmal Vorträge gehalten wurden, deren wissenschaftliche Substanz den bei einem nationalen Fachkongreß selbstverständlich hohen Qualitätsansprüchen nicht gerecht wird. In diesen – glücklicherweise nicht allzu zahlreichen – Fällen schien uns allein der Dokumentationsauftrag eine Publikation im Tagungsbericht nicht zu rechtfertigen. Sehr wohl gerechtfertigt erscheint es dagegen, Referate, die als Beiträge aus der Praxis eigens von den Sitzungsleitern eingeworben worden waren, im Tagungsbericht auch dann zu dokumentieren, wenn sie in Inhalt und Diktion wissenschaftlichen Standards nicht unbedingt entsprechen. Unerwarteter-, aber erfreulicherweise sind unter den Autoren solcher Berichte aus der Praxis auch Kollegen aus den Hochschulinstituten, die damit unter Beweis stellen, daß sie sich nicht nur in der Welt wissenschaftlicher Theorien, sondern auch auf dem Boden der harten Praxis zu bewegen wissen.

Wir hoffen nun, daß eine gute Resonanz die dargelegte Konzeption bestätigt und das Engagement der Autoren, Sitzungsleiter und Herausgeber belohnt, denen es zu danken ist, daß nunmehr – wenige Monate nach der Schlußsitzung in Potsdam – Tagungsberichte und wissenschaftliche Abhandlungen des 50. Deutschen Geographentages in vier Bänden vorgelegt werden können.

Unser besonderer Dank gilt
- den Mitherausgebern der einzelnen Teilbände, den Kollegen Hans-Rudolf Bork, Jürgen Oßenbrügge, Elmar Kulke und Gerhard Sandner sowie ihren mit der Redaktion der Manuskripte betrauten Mitarbeitern für die kollegiale Zusammenarbeit,
- Frau Anita Baumann, Herrn Oliver Faltlhauser und Frau Evelin Renda für die tatkräftige Unterstützung bei der Endredaktion der Beiträge am Geographischen Institut der TU München
- und, nicht zuletzt, den Mitarbeitern des Steiner-Verlages für die kooperative, zuverlässige und zügige Durchführung der verlegerischen Aufgaben.

G. Heinritz                                                                                           R. Wießner

# RAUMENTWICKLUNG UND WETTBEWERBSFÄHIGKEIT

## EINFÜHRUNG

Elmar Kulke, Berlin

Die politischen, gesellschaftlichen und wirtschaftlichen Veränderungen führen in Ostdeutschland und anderen Transformationsstaaten zu einem tiefgreifenden Wandel der wirtschaftsräumlichen Strukturen. Neue Wachstumszentren entwickeln sich, vorhandene Agglomerationen erfahren massive Umstrukturierungen und wirtschaftliche Problemgebiete entstehen. Während des 50. Deutschen Geographentages in Potsdam wurden unter dem Leitthema „Raumentwicklung und Wettbewerbsfähigkeit" zentrale Elemente des wirtschaftsräumlichen Wandels diskutiert. In vier Fachsitzungen stellten Referenten Ergebnisse ihrer Untersuchungen zu Ursachen, Tendenzen und Auswirkungen der Veränderungen vor und leiteten daraus Handlungshinweise für die regionale Wirtschaftspolitik ab. Im Schwerpunkt der Betrachtungen standen die Veränderungen in Ost-Deutschland, jedoch erfolgte auch ein Vergleich mit anderen Transformationsstaaten in Ostmitteleuropa und der Dritten Welt.

Da eine inhaltliche Vollständigkeit bei der Vielfalt der Veränderungen nicht herzustellen war, mußten sich die Beiträge auf vier Themenbereiche konzentrieren. Diskutiert wurden die Veränderungen im Unternehmensbestand, der Einfluß von Globalisierungs-/Internationalisierungstendenzen, die Bedeutung von Netzwerken und die arbeitsmarktpolitischen Implikationen.

Zentrale Frage der ersten Fachsitzung war, inwieweit und an welchen Standorten sich in Ostdeutschland bereits „wettbewerbsfähige Unternehmensstrukturen" entwickeln. Berücksichtigung fanden die Auswirkungen von strukturellen Veränderungen in bestehenden Betrieben/Branchen („top down") und von Unternehmensneugründungen („bottom up") im Industrie- und Dienstleistungsbereich. Die Umwandlung der Kombinate in leistungsfähige Einheiten führte zu einem massiven Arbeitsplatzabbau; von den 4.1 Mio. Beschäftigten in Treuhandbetrieben verblieben nur ca. 1 Mio. (1994). Gleichzeitig sind in der Privatwirtschaft jedoch seit 1990 fast 80% aller Arbeitsplätze neu entstanden (Daten nach Treuhand 1994 und BMWi 1994). Großräumig zeigen sich Tendenzen der Konzentration der wettbewerbsfähigen Einheiten in wenigen Agglomerationsräumen. Dagegen erfahren ganze Gebiete, wie z. B. die durch Textil- und Bekleidungsindustrie geprägte Lausitz, massive Deindustrialisierungstendenzen. Von den rund 300 000 Arbeitsplätzen der Textil- und Bekleidungsindustrie der ehemaligen DDR blieben nur ca. 28 000 erhalten.

Innerhalb der Verdichtungsräume sind auf kleinräumiger Ebene massive Suburbanisierungstendenzen zu beobachten. Boomartigen Entwicklungen im Umland stehen Verödungserscheinungen in den innerstädtischen Gebieten gegenüber. Neue Einheiten wählen bevorzugt Standorte auf unbebauten Flächen am Stadtrand, wo ein ausreichend großes, gut erreichbares und preisgünstiges Gelände vorhanden ist. Gleichzeitig werden innerhalb der Stadtgebiete alte Betriebe geschlossen. An den dicht bebauten, verwinkelten und schlecht erreichbaren Standorten fehlt ihnen der Raum für Expansion und zum Einsatz moderner Produktionstechniken und Organisationformen. Neuansiedlungen scheitern dort häufig an Altlasten, unklaren Eigentumsverhältnissen und gravierenden baulichen Mängeln.

In der zweiten Fachsitzung zum Thema „Globalisierung ökonomischer Aktivitäten und Transformationsprozesse im Osten" wurden die raumstrukturellen Veränderungen Ostdeutschlands mit denen anderer Transformationsstaaten verglichen. Zentrale Frage war, welche Bedeutung die unterschiedlichen Strategien des Übergangs von der Plan- zur Marktwirtschaft für den wirtschaftsräumlichen Wandel besitzen. Berücksichtigung fanden Fallstudien aus drei Transformationsmodellen. Der abrupten Einführung des politischen, ökonomischen und gesellschaftlichen Systems der BRD in Ostdeutschland wurden das Reformmodell Ostmitteleuropas (Beispiele Tschechien und Polen), mit einer stufenweisen Einführung von Demokratie und Markwirtschaft, und das asiatische Modell (Beispiel Vietnam), mit einem Beibehalt des sozialistischen Gesellschaftssystems bei gleichzeitiger Umstellung auf ein Wirtschaftssystem mit marktwirtschaftlichen Elementen, gegenübergestellt. Die strukturellen Merkmale in der industriellen Produktion dieser Transformationstypen unterscheiden sich erheblich. In einem Hochlohnland wie Ostdeutschland ist ein selbsttragendes Wirtschaftswachstum nur durch den Aufbau einer international konkurrenzfähigen humankapital- und technologieintensiven Industrie zu erreichen. In den Staaten Ostmitteleuropas, welche über ein gut ausgebildetes Facharbeiterpotential mit niedrigen Lohnforderungen verfügen, aber zugleich infrastrukturelle Defizite aufweisen, liegen die Entwicklungspotentiale im Bereich arbeitsintensiver oder älterer sachkapitalintensiver Produkte. Die asiatischen Entwicklungsländer können aufgrund extrem niedriger Löhne und erheblicher Infrastrukturmängel international wettbewerbsfähige Produkte nur im Bereich arbeitsintensiver Massengüter herstellen. Zugleich verfügen sie jedoch auch über Entwicklungsmöglichkeiten bei einfachen handwerklichen Konsumgütern für den lokalen Bedarf. In allen Transformationstypen zeigen sich ähnliche raumstrukturelle Veränderungen. Die Wachstumsprozesse konzentrieren sich zuerst auf wenige Zentren mit Agglomerationsvorteilen sowie auf Räume mit besonderer Lagegunst; hierbei handelt es sich vor allem um Gebiete mit guter internationaler Erreichbarkeit (z. B. Hafenstandorte, Grenzgebiete zu marktwirtschaftlichen Nachbarstaaten), die von ausländischen Investoren bevorzugt werden.

In der fachwissenschaftlichen Diskussion wird regionalen und internationalen Netzwerken, vom einfachen gegenseitigen Informationsaustausch über strategische Allianzen bis hin zur formalisierten Zusammenarbeit, immer größere Bedeutung für das Erreichen von Wettbewerbsfähigkeit zugewiesen. Die dritte Fachsitzung zum Thema „Netzwerkansätze und Regionalentwicklung" analysierte, welche Vernetzungen sich in Ostdeutschland bereits herausgebildet haben, welche regionalökonomische Bedeutung diese besitzen und welche wirtschaftspolitischen Gestaltungsmöglichkeiten – z. B. durch Wissenstransfer oder interkommunale Zusammenarbeit – bestehen. Die Beiträge verdeutlichten die große Bedeutung horizontaler und vertikaler sowie institutioneller und persönlicher Vernetzungen. Zugleich zeigten sie räumliche Muster in Ostdeutschland, welche sich gegenwärtig noch von anderen Regionen unterscheiden. Die intraregionale Vernetzung ist aufgrund fehlender komplementärer Bereiche und weggebrochener alter informeller Kontakte (z. B. Betriebsschließungen, Aufgliederung von Kombinaten, Neuerrichtung von Betrieben auswärtiger Unternehmen) relativ gering. Dagegen besteht eine starke überregionale Orientierung, z. B. nach Westdeutschland. Der Neuaufbau von Netzwerken durch intermediäre Akteure stellt sich problematisch dar; das zielgerichtete Initiieren ist nur möglich, wenn die Akteure regional identifiziert und motiviert werden. Sie beteiligen sich nur, wenn der Zeit-Kosten-Mühe-Aufwand durch kalkulierbare Belohnungsmechanismen abgesichert ist.

Einen Problembereich von zentraler gesellschaftlicher Bedeutung behandelte die vierte Fachsitzung. Sie analysierte die Auswirkungen des ökonomischen Strukturwandels auf die regionalen Arbeitsmärkte und das Mobilitätsverhalten der Bevölkerung. Die in der ehemaligen DDR in allen Landesteilen nahezu gleichermaßen gegebene Vollbeschäftigung wurde durch erhebliche räumliche Unterschiede in der Arbeitslosenquote abgelöst. Während sie im Umland Berlins mit nur 8 % (Landkreis Potsdam) weniger als in vielen Teilen Westdeutschlands beträgt, liegt sie in ländlichen Problemgebieten bei über 25 % (Landkreis Pasewalk) (Daten der BfLR 1995). Soziale Probleme, Wohnstandortverlagerungen und Fernpendeln sind die Folgen. Konsens zeigte sich in der Sitzung hinsichtlich der Ursachenanalyse; ungünstige Branchen- und Betriebsgrößenstrukturen, teilweise fehlende Managementkenntnisse, eine zu geringe Kapitalausstattung der Unternehmen und ein hohes Insolvenzrisiko begrenzten bisher die Entlastung der regionalen Arbeitsmärkte durch die Privatwirtschaft. Es lassen sich nicht in allen Teilregionen geeignete Handlungsanweisungen für die regionale Wirtschaftspolitik entwickeln. Einige Gebiete besitzen keine ausreichenden Potentiale für eine selbsttragende privatwirtschaftliche Entwicklung. Der zweite Arbeitsmarkt (z.B. Weiterqualifizierung, Arbeitsbeschaffungsmaßnahmen) trägt dort gegenwärtig zu einer Problemverringerung bei, jedoch können staatliche Maßnahmen dieser Art nicht unbegrenzt weitergeführt werden. Auch in Zukunft ist eine starke räumliche Differenzierung in Wachstumsregionen mit geringer Arbeitslosigkeit und ländliche Problemgebiete in Ostdeutschland zu erwarten.

Eine abschließende Podiumsdiskussion versuchte, die Teilaspekte zusammenzuführen. Die vorgestellten Beiträge identifizierten und dokumentierten in hervorragender Weise Ursachen und Ergebnisse des strukturellen und wirtschaftsräumlichen Wandels. In der Schlußbesprechung konnten Gemeinsamkeiten verdeutlicht, Perspektiven und räumliche Entwicklungstendenzen benannt sowie Arbeitsfelder und Forschungslücken aufgezeigt werden. Da es sich um sehr schnell ablaufende und hochaktuelle Entwicklungen handelt, stellt sich die Ableitung von Empfehlungen für die Raumwirtschaftspolitik jedoch problematischer dar. Methodisch bietet sich für zukünftige Arbeiten eine Vertiefung der systematischen Analyse von Wirkungsketten an:

- Identifikation von Ursachen der Veränderungen (z.B. neue Rahmenbedingungen)
- Dokumentation der strukturellen Auswirkungen (z.B. auch Branchen-, Betriebs-, Unternehmensstrukturen)
- Analyse der räumlichen Effekte (z.B. Standortumschichtungen durch Neugründungen und Schließungen)
- Bewertung von auftretenden Problemen (z.B. Arbeitsmarkt-, Verkehrs-, Umweltprobleme) und Zielkonflikten (Wachstums- versus Ausgleichsziel)
- Ableitung von realistischen Handlungsempfehlungen (Kosten-Nutzen-Relation).

Zwei gegenseitig verflochtene Wirkungsketten von besonderem Gewicht verdeutlichten die Beiträge der Fachsitzungen und die Abschlußdiskussion:

Die erste Wirkungskette zeigt einen eher gesamtwirtschaftlichen Zusammenhang mit überwiegend großräumigen Auswirkungen. Die vollständige Transformation der wirtschaftlichen und gesellschaftlichen Rahmenbedingungen in Ostdeutschland hat zu tiefgreifenden Veränderungen der Branchenstrukturen und Produktionsbereiche geführt. Aufgrund hohen internationalen Konkurrenzdrucks erfuhren mit hohen Lohnkosten (1995 in Ostdeutschland ca. 75 % des West-Niveaus), geringer Produktivität (1995 in Ostdeutschland ca. 55 % des West-Niveaus) und weggebrochenen Märkten in Osteuropa belastete Branchen eine radikale Reduzierung (Daten des BMWi 1995). Hierbei handelt es sich vor allem um arbeitsintensive oder personell überbesetzte Branchen (z. B. Bekleidungsindustrie, Landwirtschaft) sowie um die sachkapitalintensive Herstellung „älterer" Produkte (z. B. Eisen- und Stahlindustrie, Schiffbau, Schwermaschinenbau). In diesen Branchen kommt es zu großräumigen Verschiebungen in der weltweiten Arbeitsteilung. Es erfolgen Verlagerungen der Produktionsstätten nach Ostmitteleuropa (z.B. arbeitsintensive Bekleidungsindustrie) oder in Schwellenländer (z.B. sachkapitalintensive Produktionen nach Ost-/Südostasien). Dadurch erfuhren in Ostdeutschland ganze Regionen mit stark monostruktureller Prägung massive Arbeitsplatzverluste. Großräumige Deindustrialisierungsprozesse zeigen sich z.B. in der durch Textil-/Bekleidungsindustrie geprägten Lausitz, an den Werftindustriestandorten der Ostseeküste oder an den Standorten der Chemischen Industrie (z.B. Schwedt, Bitterfeld). Auch in ländlichen Gebieten Mecklenburgs gingen bis zu drei Viertel der Arbeitsplätze in der Landwirtschaft verloren (BfLR 1995). Gravierende soziale und gesellschaftliche Probleme treten in diesen Räumen auf (z.B. Arbeitslosigkeit, Abwanderung), und auch andere Wirtschaftsbereiche (z.B. Dienstleistungen) sind dort von einem Nachfragerückgang betroffen. Die regionale Wirtschaftspolitik kann selbst unter massivem Instrumenteeinsatz nur wenige wettbewerbsfähige Kernbereiche erhalten, und die Ansiedlung anderer Branchen scheitert häufig an vorhandenen Standortnachteilen (z.B. Altlasten, periphere Lage). Auch mittelfristig ist dort mit Entleerungstendenzen zu rechnen. Es bleibt Aufgabe der Sozialpolitik, die negativen Effekte zu begrenzen.

Die zweite Wirkungskette betrifft eher einzelwirtschaftliche Entwicklungen auf kleinräumiger Ebene. Die neuen Rahmenbedingungen führten zu Veränderungen im Produktions- und Organisationssystem (z.B. lean-Produktion, flexible Fertigung, just-in-time, Wandel der Betriebsformen) der einzelnen Einheiten. Die alten Kombinate mit teilweise nahezu 100prozentiger Fertigungstiefe wurden in schlanke Einheiten umstrukturiert. Zugleich kam es zu Neugündungen kleiner technologieorientierter Industriebetriebe und moderner Dienstleister. Sie weisen auf der lokalen Ebene gegenüber den alten Betrieben erheblich abweichende Standortmuster auf. Bevorzugt siedeln sie sich auf ausreichend großen, bisher unbebauten Flächen mit günstigen Individualverkehrsanbindungen an. Es kommt zu massiven Suburbanisierungstendenzen; am Stadtrand entstehen neue Industriegebiete, Gewerbeparks und Einkaufszentren. So wurden z.B. im Einzelhandelsbereich im Umland Berlins bis 1995 bereits 435 000 qm neuer Verkaufsflächen genehmigt (Daten des Landesumweltamts Brandenburg 1995). Vor der Wende wurden 100% des Einzelhandelsumsatzes innerhalb bebauter Gebiete erzielt. Infolge der Aufgabe von alten Kleinbetrieben in innerstädtischen Lagen und der Neuerrichtung von Fach- und Verbrauchermärkten „auf der grünen Wiese" wird der Umsatzanteil der nicht-integrierten Lagen im Jahr 2000 bei über 43 % liegen (Tietz 1992). In den Wohngebieten ergeben sich Versorgungsprobleme für ältere Leute und wenig mobile Bevölkerungsgruppen. Banalisierungen des Angebots zeigen sich in den Innenstädten; dort dominieren Filialen westdeutscher Ketten mit einem standardisierten Sortiment. Ein attraktiver Branchen- und Betriebsformenmix fehlt weitgehend. Die Trennung von Wohnen, Arbeiten, sich Versorgen führt zum Anstieg der Verkehrsmengen, in den Randbereichen ergibt sich ein erheblicher Flächenverbrauch, innerstädtische Bereiche veröden und erfahren keine baulichen und funktionalen Verbesserungen. Die räumliche Planung muß in Abstimmung mit der Wirtschaftsförderung durch ihren Instrumenteeinsatz (z. B. Bauleitplanung, Regionalplanung) den Strukturwandel ermöglichen, aber zugleich die negativen Effekte (z. B. Umweltbelastungen durch Verkehr, Flächenverbauung) begrenzen.

Die Beiträge des Leitthemas „Wettbewerbsfähigkeit und Raumentwicklung" zeichneten ein facettenreiches Bild des Wandels. Die Beschäftigung mit räumlichen Aspekten des Transformationsprozesses bietet Wissenschaftlern eine einmalige Gelegenheit, Ursachen-Wirkungszusammenhänge in extrem kurzen Zeitintervallen zu beobachten, zu erklären und daraus anwendungsorientierte Empfehlungen für Problemlösungen abzuleiten. Allen Beitragenden sei an dieser Stelle herzlich gedankt. Zugleich sind alle Leser dieser Berichtsammlung herzlich eingeladen, den wirtschaftsräumlichen Wandel forschend und gestaltend zu begleiten.

Literatur:

Bundesforschungsanstalt für Landeskunde und Raumordnung (BfLR) (1995): Laufende Raumbeobachtung. Materialien zur Raumentwicklung 67. Bonn.
Bundesforschungsanstalt für Landeskunde und Raumordnung (BfLR) (1995): Regionalbarometer neue Länder. Bonn.
Bundesministerium für Wirtschaft (BMWi) (1994): Bilanz Aufschwung Ost. Dokumentation 354. Bonn.

Bundesministerium für Wirtschaft (BMWi) (1995): Wirtschaftliche Förderung in den neuen Bundesländern. Bonn.
Landesumweltamt Brandenburg (1995): Datenbank Raumordnungsverfahren. Potsdam. Unveröff. Daten.
Sinn, G. u. H.-W. Sinn (1993): Kaltstart. 3. Aufl. München.
Treuhandanstalt (1994): Daten und Fakten zur Aufgabenerfüllung der Treuhandanstalt. Berlin.
Tietz, B. (1992): Ganzheitliche Betrachtung gefordert – Eine Prognose zum Flächenbedarf im Osten. In: Lebensmittelzeitung, Nr. 15.

# FACHSITZUNG 1:
# WETTBEWERBSFÄHIGE UNTERNEHMENSSTRUKTUREN
Sitzungsleitung: Wolf Gaebe und Jürgen Schmude

## EINLEITUNG

Wolf Gaebe, Stuttgart und Jürgen Schmude, München

Unternehmensstrukturen sind derzeit einem gravierenden Wandel unterworfen. Einerseits wirkt sich der technologische Wandel aus, andererseits sind neue Produktionsverfahren, Verwaltungsstrukturen und Distributionsformen notwendig, um die Unternehmen im internationalen Wettbewerb konkurrenzfähig zu halten. Der Zwang zur Erhaltung oder Schaffung wettbewerbsfähiger Strukturen trifft sowohl das einzelne Unternehmen als auch die Unternehmen insgesamt auf verschiedenen räumlichen Ebenen. Die kontroverse Diskussion um den „Wirtschaftsstandort Deutschland" ist ein Beispiel dafür, wie unterschiedlich die Bewertung und Einschätzung der Notwendigkeit dieser umwälzenden Veränderungsprozesse ausfallen.

Verschärft wurde der Veränderungsprozeß durch die politischen Entwicklungen Ende der 1980er Jahre. Mit dem Fall des „Eisernen Vorhangs" wurden im Osten Deutschlands bisher planwirtschaftlich, sozialistisch geprägte Unternehmensstrukturen in die Marktwirtschaft „entlassen". In den vergangenen fünf Jahren fand hier ein in dieser Form bisher nicht gekannter Umstrukturierungsprozeß statt. Diese Entwicklung war zunächst wesentlich durch die Aktivitäten der Treuhandanstalt geprägt, deren Aufgabe es war, die ehemaligen DDR-Unternehmen innerhalb kürzester Zeit in wettbewerbsfähige Unternehmen zu überführen (top-down-Gründungen). Zum anderen trat eine große Zahl neugegründeter Unternehmen in den Markt ein (bottom-up-Gründungen).

Vor allem die ersten Monate nach der Wende waren gekennzeichnet von einer starken Fluktuation im Unternehmensbestand. Es entstanden zwar viele Unternehmen, doch konnte sich nur ein Teil im Markt behaupten. Die Gründungseuphorie wurde zusätzlich durch die wirtschaftliche Rezession gebremst, so daß sich Dynamik und Turbulenzen im Unternehmensbestand zusehends abschwächten. Dabei konnte in allen Bundesländern ein Gründungsüberschuß festgestellt werden (Saldo aus Gewerbean- und -abmeldungen), der sich allerdings rückläufig entwickelte (vgl. Abb. 1).

Daß die Entwicklung wettbewerbsfähiger Unternehmensstrukturen räumlich unterschiedlich verlaufen ist, wird deutlich, wenn die Analyse der Veränderungen im Unternehmensbestand von der Ebene der Bundesländer auf die Kreisebene verlagert wird. Das Beispiel Mecklenburg-Vorpommern (vgl. Abb. 2) macht deutlich, daß auf dieser Ebene die räumlichen Disparitäten sehr deutlich ausfallen, z.B. bei einem Vergleich der Kreise Rostock und Wolgast mit der durchschnittlichen Entwicklung in Mecklenburg-Vorpommern. Hierfür sind u.a.

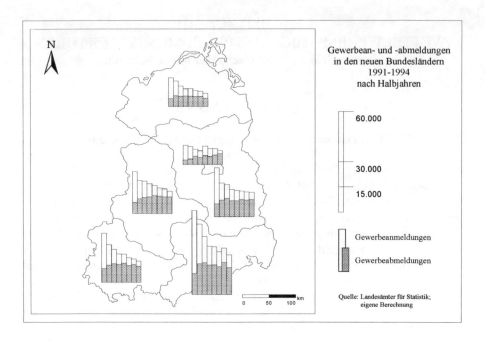

Abbildung 1: Gewerbean- und -abmeldungen in den neuen Bundesländern 1991-1994 (Halbjahre)

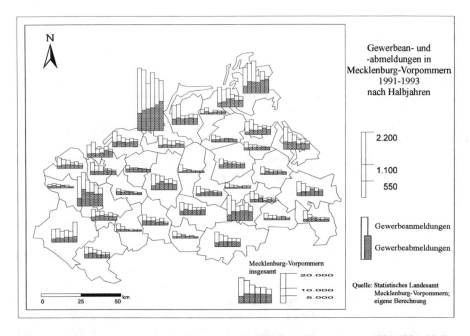

Abbildung 2: Gewerbean- und abmeldungen in Mecklenburg-Vorpommern 1991-1994 (Halbjahre)

die wirtschaftssektorale Zusammensetzung und die Größenstruktur der Unternehmen verantwortlich. Beim Aufbau wettbewerbsfähiger Unternehmensstrukturen spielt als Einflußfaktor und Instrument zur aktiven Gestaltung die Förderung von Unternehmensgründungen eine wichtige Rolle. Sie erweisen sich insgesamt als wirtschaftlich erfolgreicher und bestandsfester als nicht geförderte Gründungen. Am Beispiel des Eigenkapitalhilfe-Programms, mit dem zwischen Anfang 1990 und Ende 1994 rund 120.000 Gründungen gefördert wurden, wird deutlich, daß auch die Verteilung bzw. Inanspruchnahme von Fördermitteln starke kleinräumige Disparitäten aufweist.

Insgesamt kam es in Ostdeutschland wesentlich schneller als in anderen Staaten Osteuropas zu einem weitgehenden Neuaufbau und einer Neustrukturierung des Unternehmensbestandes mit heute rund 450.000 Unternehmen. Die Beiträge der Fachsitzung „Wettbewerbsfähige Unternehmensstrukturen" untersuchen zum einen die räumliche und zeitliche Entwicklung des Unternehmensbestandes und die Rolle der Technologiezentren, zum anderen werden für zwei Wirtschaftsbereiche, Schienenfahrzeugbau und Einzelhandel, die Anpassungs- und Umstrukturierungsprozesse dargestellt.

Die folgenden vier Referate zeigen die starke Deindustrialisierung und an den beiden Beispielen Schienenfahrzeugbau und Einzelhandel die ökonomischen Probleme in einer historisch einmaligen Umbruchphase. Auffällige Merkmale der Veränderungs- und Diffusionsprozesse in der Industrie sind die Abnahme der Betriebsgröße, das Land-Stadt- und das Süd-Nord-Gefälle der Neugründungen, die Zunahme der Selbständigen und neue Organisationsformen. Technologie- und Gründerzentren, ein Instrument zur Förderung neuer und hochqualifizierter Arbeitsplätze, haben nur geringe Arbeitsmarktwirkungen und mehr qualitative als quantitative Bedeutung. Die Arbeitsmarktbilanz ist nach fünf Jahren trotz „frischem Grün" und „Gewächshäusern" noch sehr unbefriedigend. Der Transformationsprozeß in der Industrie unterscheidet sich in mehrfacher Hinsicht von dem Transformationsprozeß im Einzelhandel, insbesondere in den politischen Rahmenbedingungen, in der Mitwirkung westdeutscher Unternehmen und in den innerregionalen Wirkungen.

In der gegenwärtigen Entwicklungsphase ist die Dokumentation der Veränderungen, die durch unzureichende Daten erschwert wird, sehr wichtig, mindestens ebenso wichtig sind aber theoriegeleitete Erklärungen der Umstrukturierung. Entsprechend groß ist der Forschungsbedarf, u. a. bei Fragen nach der Qualifikation der Unternehmer, dem politischen Einfluß und nach Gründen für regionale Disparitäten.

# ÜBER ‚BLÜHENDE LANDSCHAFTEN' ZU ‚GESUNDEN WÄLDERN'
Eine betriebsökologische Betrachtung der Transformation des Unternehmensbestandes in Ostdeutschland

Michael Fritsch, Freiberg

## 1. Fragestellung

In seinem berühmten Werk „Principles of Economics" hat Alfred Marshall (1920, S. 263) die Wirtschaft einer Region mit einem Wald verglichen, in dem „... sich die jungen Bäume durch die lähmenden Schatten ihrer älteren Rivalen nach oben kämpfen". Diese ökologische Betrachtungsweise hat während der letzten Jahre in der empirischen Forschung eine beachtliche Renaissance erfahren. Wesentlicher Auslöser hierfür waren Studien, die deutlich gezeigt haben, daß die Wirtschaft keinen monolithischen Block darstellt, sondern vielmehr durch ein hohes Maß an Heterogenität und gegenläufige Entwicklungen gekennzeichnet ist[1]. So hat es sich beispielsweise in vielen Untersuchungen als sinnvoll erwiesen, zwischen dem Beitrag von Neugründungen, Stillegungen und den über den gesamten Analysezeitraum existierenden sogenannten „survivor"-Einheiten zur Wirtschaftsentwicklung zu unterscheiden. Aber nicht nur in der Wissenschaft, auch in der Politik ist die ökologische Analogie bemerkenswert populär, denkt man etwa an die Parole von den ‚blühenden Landschaften', die in Ostdeutschland entstehen sollen. Beim Wiederaufbau der ostdeutschen Wirtschaft stellen ‚blühende Landschaften' allerdings nur ein Zwischenziel dar; letztendlich müssen sich daraus ‚gesunde Wälder' im Sinne A. Marshalls entwickeln.

Die Transformation der ostdeutschen Wirtschaft nach der ‚Wende' war durch eine dramatische Umwälzung des Unternehmensbestandes gekennzeichnet. Zwei Entwicklungen soll hier näher nachgegangen werden, die sich als „Top-Down" und „Bottom-Up" kennzeichnen lassen. Dabei meint Top-Down den Entwicklungsbeitrag der ehemals staatseigenen Betriebe, also die Folgen von Privatisierungen, Rückgaben und Stillegungen. Bottom-Up charakterisiert hingegen die Frage, was an Betrieben und Arbeitsplätzen nach der deutschen Vereinigung neu, gewissermaßen ‚von unten' nachgewachsen ist. Im folgenden wird zunächst der Unternehmensbestand in der ehemaligen DDR vor und nach der Wende skizziert (Abschnitt 2). Abschnitt 3 geht dann der Frage nach, welche Bedeutung der Top-Down und der Bottom-Up-Komponente für die Arbeitsplatzentwicklung während der ersten Jahre nach der deutschen Vereinigung zugekommen ist. Abschnitt 4 behandelt die Dynamik und Struktur des Gründungsgeschehens in Ostdeutschland und in Abschnitt 5 wird auf die regionale Dimension dieses Prozesses eingegangen.

---

1  Z.B. Birch (1979), Boeri/Cramer (1992), Dunne/Roberts/Samuelson (1989), Fritsch (1990).

## 2. Der Unternehmensbestand in Ostdeutschland vor und nach der ‚Wende'

Die Wirtschaft in der ehemaligen DDR war – wie auch die Wirtschaft in an deren ehemals sozialistischen Staaten Osteuropas – durch die Dominanz weniger großer Produktionseinheiten gekennzeichnet. Diese umfaßten in der Regel viele aufeinanderfolgende Fertigungsstufen; nicht selten prägten einzelne volkseigene Betriebe bzw. Kombinate die wirtschaftliche Entwicklung ganzer Regionen. Der hohe Grad an vertikaler Integration hatte den Vorteil, daß die Betriebe relativ unabhängig von Zulieferern und somit von eventuell auftretenden Lieferengpässen waren; nachteilig wirkte sich die Größe der Produktionseinheiten insofern aus, als sie mit einem entsprechend hohen Maß an Bürokratisierung der internen Abläufe, mit Ineffizienz und mangelnder Flexibilität einherging. Im Jahre 1988 existierten in Ostdeutschland 224 Kombinate, in denen deutlich mehr als 95% der Beschäftigten tätig waren und die fast sämtliche Konsumgüter fertigten (Bannasch 1993). Der Sektor der privaten Unternehmen war eher rudimentär entwickelt und in starkem Maße staatlich reglementiert[2].

Eine Gegenüberstellung der Betriebsgrößenstruktur des ost- und westdeutschen Verarbeitenden Gewerbes im Jahr 1988 macht die Unterschiede sehr deutlich (Abb. 1a). Während 75,7% der ostdeutschen Industriebeschäftigten in Betrieben mit mehr als 1.000 Beschäftigten tätig waren, lag dieser Anteil in Westdeutschland bei nur 39,3%. Entsprechend gering war in Ostdeutschland der Anteil der Industriebeschäftigten in Betrieben mit bis zu 200 Beschäftigten; Arbeit in industriellen Kleinbetrieben mit bis zu 50 Beschäftigten machte nur 0,2% aller Arbeitsplätze aus im Vergleich zu 8,3% in Westdeutschland.

Die Öffnung der ostdeutschen Grenzen und die schnelle Vereinigung mit Westdeutschland zog einen Rückgang der ostdeutschen Produktion nach sich, der in seinem Ausmaß den Zusammenbruch während der sogenannten ‚Weltwirtschaftskrise' Ende der zwanziger/Anfang der dreißiger Jahre dieses Jahrhunderts deutlich übertraf (siehe hierzu Sinn/Sinn 1993, S. 34–38). So ging etwa die Anzahl der Beschäftigten in Ostdeutschland zwischen 1989 und 1992 um fast 40% zurück; besonders dramatisch war der Beschäftigungsrückgang im Industriesektor, wo die Zahl der Beschäftigten im Jahre 1992 lediglich bei ca. 35% des Vor-Wende-Niveaus lag und bis Anfang 1995 weiter sank (ausführlicher hierzu Brezinski/Fritsch 1995). Ein Vergleich der Größenstruktur der ost- und der westdeutschen Industrie im Jahr 1992 illustriert das Ausmaß des Umbruchs der ostdeutschen Wirtschaft im Transformationsprozeß (Abb. 1b). Bereits zwei Jahre nach der deutschen Vereinigung hatte sich die Größenstruktur der ostdeutschen Industrie weitgehend an die Struktur in Westdeutschland angepaßt. In der Folge-

---

2 Das Statistische Bundesamt (1990) wies für das Jahr 1988 in der DDR insgesamt 3.408 Industriebetriebe mit 3,2 Millionen Beschäftigte aus. Dazu kamen 84.953 Betriebe des Handwerks (überwiegend Privatbetriebe) mit ca. 431 Tausend Beschäftigten. Vermutlich waren mehr als 50 % der insgesamt knapp 10 Millionen Beschäftigten in den Bereichen Verwaltung, Bildung, staatliche Dienstleistungen, Staatssicherheit sowie in der Landwirtschaft tätig.

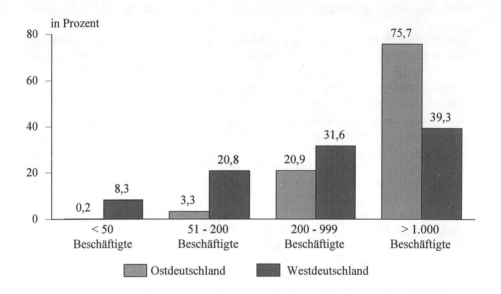

Abbildung 1a: Beschäftigte im Bergbau und Verarbeitenden Gewerbe in Ost- und Westdeutschland nach Beschäftigtengrößenklassen 1988 (Angaben zu Ostdeutschland nur Verabeitendes Gewerbe, Quelle: Statistisches Bundesamt)

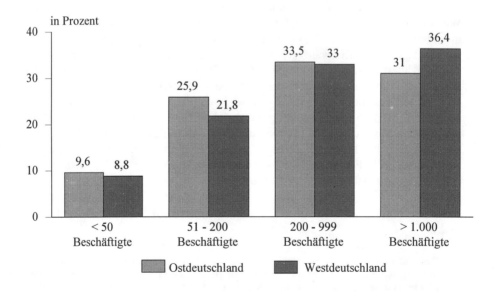

Abbildung 1b: Beschäftigte im Bergbau und Verarbeitenden Gewerbe in Ost- und Westdeutschland nach Beschäftigtengrößenklassen 1992 (Quelle: Statistisches Bundesamt)

zeit ist die durchschnittliche Betriebsgröße in der ostdeutschen Industrie weiter gesunken; Großbetriebe stellen inzwischen eine rare Ausnahmeerscheinung dar.

Aus betriebsökologischer Perspektive sind mehrere Entwicklungen für diese drastischen Veränderungen verantwortlich:
– erstens die Aufspaltung von Großbetrieben in kleinere Einheiten;
– zweitens Stillegungen von Großbetrieben;
– drittens die häufig ganz erhebliche Verringerung der Beschäftigtenzahl in den überlebenden Einheiten;
– und viertens schließlich die vielen Gründungen neuer Unternehmen, die typischerweise klein beginnen.

Die Umstellung auf den Markt als dominierenden Koordinationsmechanismus hatte zur Folge, daß die Intensität der zwischenbetrieblichen Arbeitsteilung stark anstieg. So hatte sich – wie ein entsprechender Vergleich von ost- und westdeutschen Unternehmen ergab – der Grad der vertikalen Integration bzw. die Fertigungstiefe in Ostdeutschland vielfach bereits im Jahre 1992 an das westdeutsche Niveau angepaßt (Fritsch/Mallok 1994, 1997, Mallok/Fritsch 1994).

## 3. Die Bedeutung der Transformation ‚von oben'

Die relative Bedeutung der Transformation ‚von oben' für die ostdeutsche Wirtschaft läßt sich aus der Abschlußbilanz der Treuhandanstalt ableiten (Tab. 1). Die Treuhand übernahm im Oktober 1990 ca. 8.500 Unternehmen mit ungefähr 4,1 Millionen Mitarbeitern, was etwa 45% aller Arbeitskräfte in Ostdeutschland ausmachte. Durch Entflechtung einer Reihe der Unternehmen erhöhte sich der Unternehmensbestand der Treuhandanstalt auf über 12.300 Einheiten (ausführlich hierzu Brunner 1996). Aufgrund der Größe des Unternehmensbestandes kam der Treuhandanstalt in den Augen vieler Beobachter vor allem in der ersten Phase des Transformationsprozesses eine erhebliche Bedeutung für den Strukturwandel zu.

Bis zur Auflösung der Treuhandanstalt zum Jahresende 1994 wurden 8.464 dieser Unternehmen an neue Eigentümer übergeben, in 1.588 Fällen erfolgte eine Reprivatisierung und 265 Unternehmen gingen in die Trägerschaft der Kommunen über (vgl. zu diesen Angaben Treuhandanstalt 1994). Für 3.718 Unternehmen wurde die Stillegung eingeleitet. Die Anzahl der Mitte 1995 in ehemaligen Treuhand-Unternehmen Beschäftigten wird auf 900.000 bis eine Million geschätzt (vgl. hierzu SÖSTRA 1994, S. 4). Dies entspricht etwa 20% der in der Privatwirtschaft der ehemaligen DDR Beschäftigten. Folglich sind die restlichen 80% der heute vorhandenen Arbeitsplätze durch die Bottom-Up-Komponente entstanden; sicherlich nicht zuletzt auch begünstigt durch die enorme Freisetzung von ca. 3 Millionen Beschäftigten aus dem Treuhand-Bestand (vgl. Tab.1).

Diese Betrachtung vernachlässigt allerdings die sogenannte ‚kleine Privatisierung', die bereits unter der damaligen DDR-Regierung Anfang 1990 begonnen hatte und in deren Verlauf ca. 25.000 Betriebe – kleine Hotels, Gaststätten, Kinos und Einzelhandelsgeschäfte – in private Hände überführt wurden. Es liegen keine

Tabelle 1: Entwicklung des Unternehmensbestandes der Treuhandanstalt und der darin Beschäftigten

|  | Anzahl der Wirtschaftseinheiten | Anzahl der Beschäftigten |
|---|---|---|
| Oktober 1990 gesamt | 8.500 | 4.1 Mio. |
| Ende 1994 gesamt[a] | 12.354 | |
| davon:[b] | | |
| vollständig privatisiert | 6.321 | |
| mehrheitlich privatisiert | 225 | 0,9 - 1 Mio. |
| reprivatisiert | 1.588 | |
| kommunalisiert | 265 | |
| Stillegungen | 3.718 | |
| noch im Angebot der Treuhandanstalt | 65 | 19.800 |

a  einschließlich der hier nicht gesondert aufgeführten Auslaufgesellschaften, Liegenschaften und Besitzeinweisungen.

b  einschließlich der Fälle, die in der Treuhand-Abschlußbilanz als "kurz vor dem Abschluß" gekennzeichnet sind.

Quellen: *Treuhandanstalt* (1994), *SÖSTRA* (1994).

Informationen darüber vor, wie viele dieser Betriebe überlebt haben und wie sich die Zahl der dort vorhandenen Arbeitsplätze entwickelt hat. Man kann aber wohl davon ausgehen, daß die relative Bedeutung der „Top-Down"-Komponente bei Einbeziehung der Effekte der ‚kleinen Privatisierung' nicht wesentlich größer ausfallen dürfte.

## 4. Transformation ‚von unten'

Die Anzahl der Gründungen und Stillegungen in den neuen Bundesländern läßt sich auf der Grundlage der Gewerbean- und -abmeldungen schätzen, der einzigen derzeit allgemein verfügbaren Datenquelle zum Gründungsgeschehen. Insgesamt sind von Anfang Juli 1990 bis zum ersten Quartal 1995 gut eine Million Gewerbeanmeldungen zu verzeichnen, wobei die Anzahl der Gewerbeanmeldungen pro Quartal im Zeitablauf deutlich abnimmt (Abb. 2). Bei der Interpretation dieser Angaben ist zu beachten, daß einerseits nicht jede Gewerbeanmeldung die Gründung eines marktaktiven Unternehmens nach sich zieht und andererseits landwirtschaftliche Betriebe sowie Teile der sogenannten ‚freien Berufe' (wie z.B.

Ärzte und Rechtsanwälte) nicht in der Statistik erfaßt sind (ausführlich hierzu Dahremöller 1987, S. 5–17)[3].

Was die sektorale Struktur der Gründungen angeht, so sind gut 46% der Gewerbeanmeldungen in Ostdeutschland den Bereichen Handel und Gaststätten zuzuordnen; lediglich ca. 4% bezogen sich auf die Industrie und 11% auf die Errichtung eines Handwerksbetriebes, wobei diese Anteile im Zeitablauf ziemlich konstant geblieben sind (May-Strobl/Paulini 1994, S. 5–7).

Der Anteil der Gewerbeanmeldungen im ostdeutschen Verarbeitenden Gewerbe mag zwar auf den ersten Blick relativ gering erscheinen, liegt aber deutlich über dem entsprechenden Wert für Westdeutschland (Clemens/Freund 1994, Institut für Mittelstandsforschung 1995). Im Vergleich der sektoralen Struktur der Gründungen zwischen Ost- und Westdeutschland ergibt sich für Ostdeutschland insbesondere ein relativ hoher Anteil der Gründungen im Baugewerbe und ein deutlich geringerer Anteil der Gründungen im Bereich der ‚sonstigen' Dienstleistungen[4] (ausführlicher hierzu Fritsch 1996b).

Bis Anfang 1995 wurden in den neuen Bundesländern gut 520 Tsd. Gewerbeabmeldungen registriert, wobei wiederum nicht jede Gewerbeabmeldung die Stillegung eines marktaktiven Unternehmens anzeigt; insbesondere sind hier auch solche Fälle enthalten, bei denen die Absicht zur Gründung eines Unternehmens nicht in die Tat umgesetzt wurde (‚Scheingründungen')[5]. Stillegungen landwirtschaftlicher Betriebe und in Teilen der freien Berufe sind nicht erfaßt. Während der Netto-Marktzutritt – gemessen an der Differenz zwischen Gewerbean- und -abmeldungen – im Jahr 1990 noch relativ hoch ausfiel, nahm die Zahl der Gewerbeabmeldungen und damit auch die Zahl der Stillegungen in den Folgejahren deutlich zu (vgl. Abb. 2). Dies ist aus zwei Gründen nicht weiter verwunderlich:

– zum einen stieg der Unternehmensbestand in diesem Zeitraum kontinuierlich an, was bei einer gegebenen Wahrscheinlichkeit für ein Scheitern eines Unternehmens eine Zunahme der Zahl der Stillegungen erwarten läßt;
– zum anderen sind bekanntlich gerade neugegründete Unternehmen mit einem relativ hohen Insolvenzrisiko behaftet, so daß eine hohe Anzahl an Gründungen zwangsläufig auch eine hohe Anzahl an Stillegungen nach sich zieht.

Insofern stellt die derzeit in Ostdeutschland zu verzeichnende ‚Pleitewelle' eine ganz normale Begleiterscheinung eines sich neu etablierenden Unternehmensbestandes dar. Angesichts der Standortnachteile der ostdeutschen Wirtschaft, des

---

3 Diese Ungenauigkeiten sind für eine Analyse regionaler und sektoraler Unterschiede des Gründungsgeschehens dann wenig bedeutend, wenn man davon ausgehen kann, daß der Anteil dieser Fälle – insbesondere der Anteil der 'Scheingründungen' – in allen Regionen bzw. Sektoren etwa gleich hoch ist.
4 Dienstleistungen, die nicht den Bereichen Handel, Transport, Finanzdienstleistungen oder Handwerk zuzuordnen sind.
5 Da die Anmeldung eines Gewerbebetriebes mit der Zwangsmitgliedschaft in der entsprechenden Kammer verbunden ist und hierfür Beiträge zu entrichten sind, bestehen Anreize, das Gewerbe umgehend abzumelden, falls die Gründungsabsicht nicht realisiert wird. Experten schätzen, daß für den Großteil der 'Scheingründungen' die Gewerbeabmeldung innerhalb von zwölf Monaten nach der Anmeldung erfolgt.

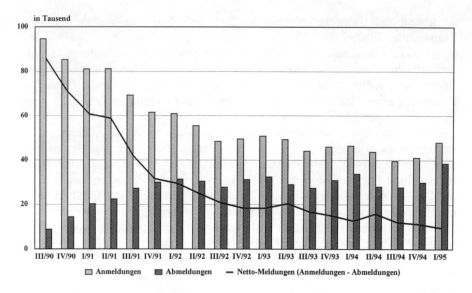

Abbildung 2: Gewerbeanmeldungen und -abmeldungen in den neuen Bundesländern vom III. Quartal 1990 bis zum I. Quartal 1995

häufig mangelhaften kaufmännischen Know-hows vieler Gründer (Mallok 1995) sowie von Defiziten der allgemeinen ‚unternehmerischen' Fähigkeiten und Einstellungen (Isis 1995, Thomas 1996) wäre es auch nicht überraschend, wenn die Stilllegungswahrscheinlichkeit in den neuen Bundesländern besonders hoch ausfiele. Es wird sicherlich noch eine Reihe von Jahren dauern, bis sich die Turbulenz des ostdeutschen Unternehmensbestandes auf ein normales Niveau eingependelt hat und das unternehmerische Umfeld ein westdeutschen Verhältnissen vergleichbares Maß an Stabilität erreicht hat.

Die zuverlässigste Information über das Gründungsgeschehen auf der Grundlage der Gewerbean- und -abmeldungen stellen die Netto-Meldungen (Gewerbeanmeldungen minus Gewerbeabmeldungen) dar, da dieser Indikator einen erheblichen Teil derjenigen Anmeldungen, die nicht marktaktiv wurden, berücksichtigt. Daß es sich bei den Netto-Gewerbemeldungen um einen durchaus brauchbaren Indikator für das Gründungsgeschehen handelt, belegt eine einfache Kontrollrechnung. Subtrahiert man von den Gewerbeanmeldungen, die zwischen Juli 1990 und März 1995 in Ostdeutschland zu verzeichnen waren, die Gewerbeabmeldungen, so ergibt sich für Ende März 1995 ein Bestand von ca. 500 Tsd. Einheiten, was durchaus in etwa den Schätzungen auf der Grundlage anderer Datenquellen entspricht. Dennoch dürften auch die Netto-Gewerbemeldungen das Gründungsgeschehen etwas überhöht widerspiegeln.

Trotz des Gründungsbooms der letzten Jahre ist der Anteil der unternehmerisch tätigen Erwerbsbevölkerung in den neuen Bundesländern noch relativ gering. Dividiert man die Anzahl der in der ehemaligen DDR vorhandenen Privatunternehmen durch die Erwerbsbevölkerung (Beschäftigte und Arbeitslose), so ergibt sich eine Selbständigenquote von ca. 5,5%; in Westdeutschland beträgt dieser Wert gegenwärtig etwa 11% (Gruhler 1994, S. 65). Dies ließe sich als Hinweis darauf auffassen, daß in den neuen Bundesländern noch erhebliche freie Betätigungsfelder für Unternehmensgründungen bestehen. Fraglich ist allerdings, ob in Ostdeutschland in absehbarer Zeit eine entsprechende Anzahl geeigneter Unternehmerpersönlichkeiten vorhanden sein wird, um diese Potentiale auszuschöpfen (zu diesem Aspekt etwa Thomas 1996). Falls die Antwort auf diese Frage – wie zu befürchten – negativ ausfällt, so dürfte die dann bestehende Lücke kaum in hinreichender Weise durch Importe zu lösen sein, denn die Gründungsforschung hat gezeigt, daß Gründungen in der Regel in enger räumlicher Nähe zum Wohnort des Gründers stattfinden (vgl. Reynolds 1996, Gudgin 1976, O'Farrell 1986). Bliebe also die Stimulierung des endogenen Potentials an Unternehmerpersönlichkeiten, insbesondere auch die Verbesserung des unternehmerischen Know-hows.

## 5. Räumliche Muster der Unternehmensgründungen und -stillegungen in Ostdeutschland

Die nachfolgend dargestellten Auswertungen zur räumlichen Struktur der Unternehmensgründungen und -stillegungen in Ostdeutschland beruhen auf den Gewerbean- und -abmeldungen im Zeitraum 1991–1994[6]. Abb. 3 zeigt die Anzahl der Gewerbeanmeldungen, Gewerbeabmeldungen und der Netto-Meldungen in Ostdeutschland im Zeitraum 1991–94 differenziert nach siedlungsstrukturellen Kreistypen[7]. Auffällig ist, daß diejenigen Regionstypen, die eine relativ hohe Zahl an Gewerbeanmeldungen aufweisen, auch bei den Gewerbeabmeldungen und den Netto-Meldungen die vorderen Ränge einnehmen. Dieser – auch aus anderen Untersuchungen (Fritsch 1996a, Johnson/Parker 1994) bekannte – enge Zusammenhang zwischen der Zahl der Gründungen und der Zahl der Stillegungen in einer Region hat verschiedene Ursachen:
– zum einen schlägt sich hier die relativ hohe Wahrscheinlichkeit eines Scheiterns von Neugründungen nieder;
– zweitens führt der erfolgreiche Marktzutritt neuer Unternehmen u.U. dazu, daß etablierte Anbieter aus dem Markt gedrängt werden;

---

6 Dabei wird die regional differenzierte Aufbereitung der Gewerbemeldungen sowohl durch die noch andauernde Kreisreform in Ostdeutschland als auch durch unterschiedliche Aufbereitungsverfahren der einzelnen Statistischen Landesämter erschwert. Während einige Ämter die Gewerbean- und -abmeldungen für das Verarbeitende Gewerbe ausweisen, werden von anderen Ämtern die Angaben für das Verarbeitende Gewerbe mit denen für den Energiesektor oder das Baugewerbe zusammengefaßt. Die hier vorgestellten Ergebnisse basieren z.T. auf Sonderauswertungen der Statistischen Landesämter. Ältere Angaben wurden – sofern erforderlich – anhand der von den jeweiligen Statistischen Landesämtern erarbeiteten Kreisschlüssel auf die aktuellen Kreisgrenzen transformiert.

7 Die Angaben zu siedlungsstrukturellen Kreistypen und Raumordungsregionen folgen dem aktuellen Vorschlag der Bundesforschungsanstalt für Landeskunde und Raumordnung (1995).

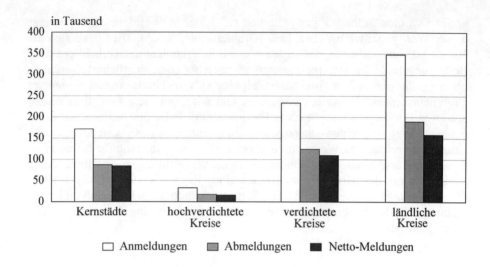

Abbildung 3: Anzahl der Gewerbeanmeldungen, Gewerbeabmeldungen und der Netto-Meldungen nach siedlungsstrukturellen Kreistypen – Alle Sektoren

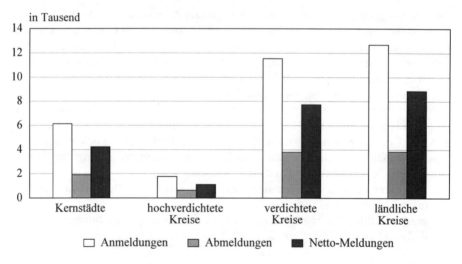

Abbildung 4: Anzahl der Gewerbeanmeldungen, Gewerbeabmeldungen und der Netto-Meldungen nach siedlungsstrukturellen Kreistypen – Verarbeitendes Gewerbe

– und drittens schließlich dürfte ein Teil der Gewerbeabmeldungen solche Unternehmen betreffen, bei denen die Absicht zur Gründung nicht realisiert wurde (,Scheingründungen').

Die Gewerbeanmeldungen sind auf den ländlichen Raum und die verdichteten Kreise konzentriert; am geringsten fällt die Anzahl der Gründungen im hochverdichteten Umland der Zentren aus. Bei den auf das Verarbeitende Gewerbe beschränkten Auswertungen (Abb. 4) ist zu bedenken, daß der Industriesektor

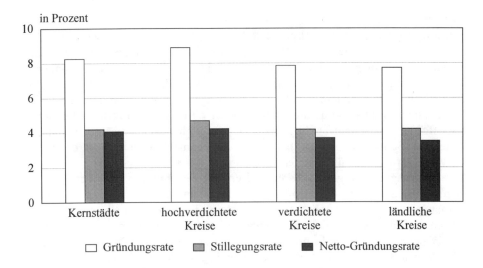

Abbildung 5: Gründungsraten, Stillegungsraten und Netto-Gründungsraten nach Kreistypen - Alle Sektoren

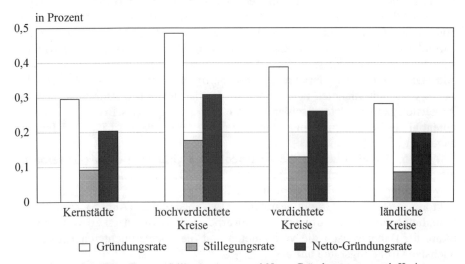

Abbildung 6: Gründungsraten, Stillegungsraten und Netto-Gründungsraten nach Kreistypen - Verarbeitendes Gewerbe

in der Gewerbemeldestatistik relativ eng abgegrenzt ist und keine Handwerksbetriebe enthalten sind. Gründungen im Verarbeitenden Gewerbe sind von besonderem Interesse, da der Industriesektor – trotz aller Einwände gegen die ‚Export-Basis-Theorie' – in den meisten Regionen gewissermaßen das ‚Herzstück' für die Regionalentwicklung darstellt und die wirtschaftliche Schwäche der ostdeutschen Wirtschaft zu einem wesentlichen Teil die Schwäche der ostdeutschen Industrie ist (ausführlicher hierzu Brezinski/Fritsch 1995). Insbesondere von

Gründungen im Industriebereich kann Arbeitsplatzexpansion erwartet werden. Auffällig an den auf das Verarbeitende Gewerbe beschränkten Angaben ist, daß hier der Anteil der Gewerbeabmeldungen an den Anmeldungen relativ gering ausfällt. Dies spiegelt offenbar zum einen das bereits aus diversen anderen Untersuchungen vertraute Ergebnis wider, daß Gründungen im Industriesektor eine relativ hohe Überlebenswahrscheinlichkeit haben und weniger anfällig für Schließungen sind als Gründungen in anderen Wirtschaftszweigen (siehe hierzu etwa Brüderl/Preisendörfer/Ziegler 1992). Darüber hinaus könnte es sein, daß der Anteil der ‚Scheingründungen' bei den Gewerbeanmeldungen im Verarbeitenden Gewerbe geringer ist als in anderen Sektoren.

Nun sagt ein Vergleich absoluter Werte für verschiedene Regionen insofern wenig aus, als dabei die Größe dieser Regionen und das in ihnen jeweils vorhandene Potential unberücksichtigt bleibt. Es wäre ziemlich trivial festzustellen, daß die Anzahl der Gründungen in einer bestimmten Region deshalb relativ hoch ausfällt, weil dort eine entsprechend hohe Anzahl an potentiellen Gründern ansässig ist. Für einen aussagefähigen Vergleich des Niveaus der Gründungsaktivitäten in verschiedenen Regionen müssen daher Gründungsraten gebildet werden, womit sich die Frage nach der geeigneten Bezugsgröße für die Bildung solcher Raten stellt. Entsprechend dem ‚Arbeitsmarkt-Ansatz' (hierzu Audretsch/Fritsch 1994a und b, 1995) ist die richtige Bezugsgröße in der Zahl der potentiellen Gründer zu sehen, wobei dieses Potential an Gründern durch die Anzahl der in der betreffenden Region vorhandenen Erwerbspersonen approximiert werden kann. Dahinter steht die Überlegung, daß jede Erwerbsperson vor der Alternative steht, entweder abhängig beschäftigt bzw. arbeitslos zu bleiben oder ein eigenes Unternehmen zu gründen. Aufgrund des hohen Anteils verdeckter Arbeitslosigkeit in Ostdeutschland wurde hier als regionales Erwerbspersonenpotential die Bevölkerung im erwerbsfähigen Alter (zwischen 15 und 65 Jahren) angesetzt.

Abb. 5 und 6 zeigen die so berechneten Gründungsraten (Gewerbeanmeldungen, Gewerbeabmeldungen bzw. Netto-Gewerbemeldungen pro 1.000 Erwerbsfähige) für siedlungsstrukturelle Kreistypen. Während sich die über alle Sektoren berechneten Gründungsraten in etwa entsprechen (Abb. 5), sind für die Gründungsraten im Verarbeitenden Gewerbe große Differenzen zu verzeichnen (Abb. 6). Dabei weisen die verdichteten und die hochverdichteten Kreise die höchsten Gründungsraten auf.

Betrachtet man die räumliche Struktur der über sämtliche Sektoren berechneten Netto-Gründungsraten, so zeigt sich ein sehr durchmischtes Bild (Abb. 7). Deutlich erkennbar sind das relativ hohe Niveau der Gründungsaktivitäten im Berliner Umland sowie insbesondere im südlichen Thüringen; auffällig auch Rügen (wahrscheinlich vorwiegend Gründungen im Bereich Fremdenverkehr) sowie Teile des südlichen Sachsens. Bei den Netto-Gründungsraten im Verarbeitenden Gewerbe ist ein deutliches Süd-Nord-Gefälle erkennbar (Abb. 8). Hier haben Sachsen und – wiederum – das an Bayern angrenzende Thüringen die höchsten Raten zu verzeichnen, während Mecklenburg-Vorpommern relativ schlecht abschneidet. Auch das Berliner Umland (mit Ausnahme des Kreises

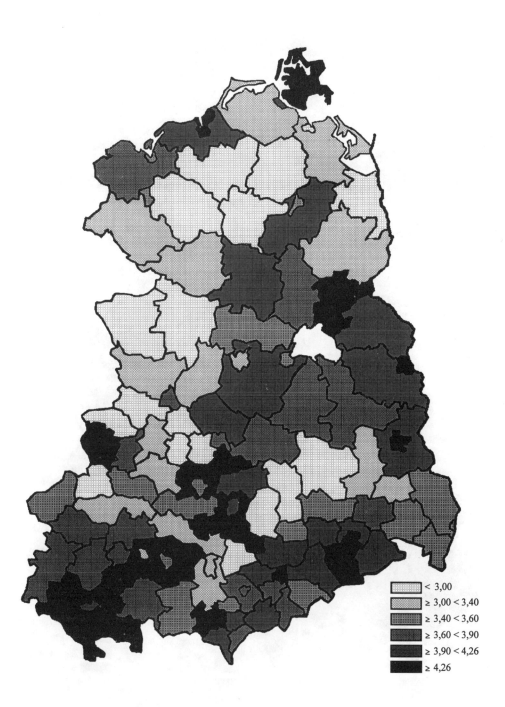

Abbildung 7: Räumliche Verteilung der Netto-Gründungsraten in Ostdeutschland – Alle Sektoren

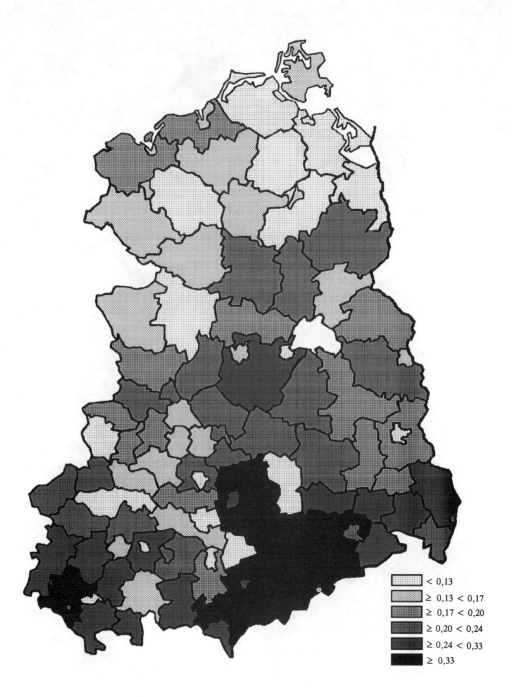

Abbildung 8: Räumliche Verteilung der Netto-Gründungsraten in Ostdeutschland – Verarbeitendes Gewerbe

Potsdam-Mittelmark) und Sachsen-Anhalt weisen nur mittlere Werte der Netto-Gründungsrate im Industriesektor auf.

Offenkundig ist der Wiederaufbau einer industriellen Basis im Süden der ehemaligen DDR besonders weit vorangeschritten, wobei hier vermutlich die relativ stark ausgeprägte industrielle Tradition in dieser Region eine wesentliche Rolle spielt. Inwieweit eine hohe Gründungsrate zu Beschäftigungs wachstum führt, steht auf einem anderen Blatt. Die empirische Evidenz hierzu ist recht zwiespältig (Fritsch 1995, 1996a), wobei einiges darauf hindeutet, daß für die regionale Beschäftigungsentwicklung vor allem die Gründungen im Verarbeitenden Gewerbe von Bedeutung sind. Dies ließe insbesondere für den Süden Ostdeutschlands hoffen. Bemerkenswerterweise handelt es sich bei den Regionen mit den höchsten Gründungsraten im Verarbeitenden Gewerbe vielfach um solche Gebiete, die durch relativ schlechte Werte bei verschiedenen Erreichbarkeits-Indikatoren gekennzeichnet sind (z.B. die Region Südwestsachsen).

## 6. Ausblick

Die Transformation des ostdeutschen Unternehmensbestandes nach der ‚Wende' der Jahre 1989/90 war durch einen deutlichen Anstieg der zwischenbetrieblichen Arbeitsteilung sowie massive Freisetzungen von Ressourcen in Form von Betriebsstillegungen und Entlassungen gekennzeichnet. Diejenigen der Anfang 1990 vorhandenen Betriebe, die diesen Prozeß bis heute überlebt haben, machten in der Regel gravierenden Veränderungen durch. Der ganz überwiegende Teil der heute in Ostdeutschland existierenden Betriebe ist in den neunziger Jahren ‚von unten' nachgewachsen und inzwischen stellen sie auch die Mehrzahl der Arbeitsplätze bereit. Diese Betriebe durchlaufen nun die normalen frühen Entwicklungsphasen von Neugründungen mit all ihren besonderen Problemen: Sie sind in der Regel klein, müssen erst Beziehungen zu Zulieferern bzw. Abnehmern etablieren und die Gefahr eines Scheiterns ist noch relativ groß. Dies alles in einem Umfeld, das durch eine hohe Turbulenz des Unternehmensbestandes und vielerlei besondere Standortprobleme, wie etwa Defizite im Bereich der Infrastruktur und die eingeschränkte Funktionsfähigkeit einer im Aufbau befindlichen öffentlichen Verwaltung, gekennzeichnet ist. Die Stabilisierung und die Entfaltung der neu entstandenen Betriebe erfordert Zeit; insbesondere wird es auch Zeit beanspruchen, bis aus einem dann etablierten wirtschaftlichen Mittelstand einige überregional agierende Großunternehmen hervorgehen.

Trotz einer insgesamt sehr dynamischen Entwicklung, insbesondere eines hohen Niveaus der Neugründungsaktivitäten in Ostdeutschland kann von ‚blühenden Landschaften' noch nicht die Rede sein. Vielmehr sind derzeit erst – um im Bild zu bleiben – viele, überwiegend kleine Knospen erkennbar, nur selten einmal etwas saftiges Grün. Es dürfte noch eine Zeit lang dauern, bis daraus ‚blühenden Landschaften' entstehen, und dann viele Jahre beanspruchen, bis ein dichter und gut durchmischter Wald herangewachsen ist.

## Literatur:

Audretsch, D.B. u. M. Fritsch (1994a): On the Measurement of Entry Rates. In: Empirica 21, S. 105–113.
Dies. (1994b): The Geography of Firm Births in Germany. In: Regional Studies 28, S. 359–365.
Dies. (1995). The Measurement of Entry Rates: Reply. In: Empirica 22, S. 159–161.
Bannasch, H.-G. (1993): The evolution of small business in East Germany. In: Acs, Z.J. u. D. B. Audretsch (Hg.): Small firms and entrepreneurship: an East-West perspective. S. 182–189. Cambridge.
Birch, D. (1979): The Job Generation Process. Boston (mimeo).
Boeri, T. M. u. U. Cramer (1992): Employment Growth, Incumbents, and Entrants – Evidence from Germany. In: International Journal of Industrial Organization 10, S. 545–565.
Brezinski, H. u. M. Fritsch (1995): Transformation: The Shocking German Way. In: MOCT-MOST 5, S. 1–25.
Dies. (Hg.) (1996): The Economic Impact of New Firms in Post-Socialist Countries: Bottom-Up Transformation in Eastern Europe. Aldershot.
Brüderl, J., P. Preisendörfer u. R. Ziegler (1992): Survival Chances of Newly Founded Business Organizations. In: American Sociological Review 57, S. 227–242.
Brunner, H.-P. (1996): The entrepreneurial sector and its role in industrial transformation in Eastern Germany and Poland. In: Brezinski/Fritsch 1996, S. 189–216.
Bundesforschungsanstalt für Landeskunde und Raumordnung (1995): Überarbeitung der siedlungsstrukturellen Gebietstypen nach den Gebietsreformen in den neuen Ländern. Bonn (mimeo).
Clemens, R. u. W. Freund (1994): Die Erfassung von Gründungen und Liquidationen in der Bundesrepublik Deutschland – Statistische Grundlagen und empirische Ergebnisse aus Nordrhein-Westfalen und Sachsen. Stuttgart.
Dahremöller, A. (1987): Existenzgründungsstatistik – Nutzung amtlicher Datenquellen zur Erfassung des Gründungsgeschehens. Stuttgart.
Dunne, P., M. J. Roberts u. L. Samuelson (1989): Plant turnover and gross employment flows in the US manufacturing sector. In: Journal of Labor Economics 7, S. 48–71.
Fritsch, M. (1990): Arbeitsplatzentwicklung in Industriebetrieben – Entwurf einer Theorie der Arbeitsplatzdynamik und empirische Analysen auf einzelwirtschaftlicher Ebene. Berlin u. New York.
Ders. (1995): Betriebsgründungen und regionale Arbeitsplatzentwicklung. In: Todt, H. (Hg.): Elemente der ökonomischen Raumstruktur. S. 149–170. Berlin.
Ders. (1996a): Turbulence and Growth in West-Germany: A Comparison of Evidence by Regions and Industries. In: Review of Industrial Organization. Im Druck.
Ders. (1996b): Struktur und Dynamik des Gründungsgeschehens in den neuen Bundesländern. In: Preisendörfer, P. (Hg.): Prozesse der Neugründung von Betrieben in Osteuropa. = Rostocker Beiträge zur Regional- und Strukturforschung. Im Druck.
Fritsch, M. u. J. Mallok (1994): Die Arbeitsproduktivität des industriellen Mittelstandes in Ostdeutschland – Stand und Entwicklungsperspektiven. In: Mitteilungen aus der Arbeitsmarkt- und Berufsforschung 27, S. 53–59.
Dies. (1997): Surviving the Transition: The Process of Adaptation of Small and Medium-Sized Firms in East Germany. In: Brezinski, H., E. Franck u. M. Fritsch (Hg.): The Microeconomics of Transition and Growth. Aldershot. Im Druck.
Gruhler, W. (1994): Wirtschaftsfaktor Mittelstand. Köln
Gudgin, G. (1976): Industrial Location Processes and Regional Employment Growth. Westmead.
Institut für Mittelstandsforschung (1995): Zahl der Unternehmensgründungen in Deutschland auf neuem Höchststand. Pressemitteilung vom 3.4.1995.
Institut für sozialwissenschaftliche Informationen und Studien (Isis) (1995): Klein- und mittelständische Unternehmen in Sachsen-Anhalt - Ausgewählte Ergebnisse im Überblick. Informationsmaterial zur Pressekonferenz am 21. August 1995. Magdeburg (mimeo).

Johnson, P. u. S. Parker (1994): The Interrelationships Between Births and Deaths. In: Small Business Economics 6, S. 283–290.

Mallok, J. u. M. Fritsch (1994): Fertigungstiefe und Produktivität im ostdeutschen Maschinenbau - Drei Fallbeispiele. In: ZwF CIM Zeitschrift für wirtschaftliche Fertigung und Automatisierung 89, S. 613–615.

Mallok, J. (1995): Leistungsbeschränkungen kleiner und mittlerer Industriebetriebe unter besonderer Berücksichtigung des Technikeinsatzes – ein ost-westdeutscher Vergleich. Diss. Humboldt-Universität Berlin.

Marshall, A. (1920): Principles of Economics. 8. Aufl. London.

May-Strobl, E. u. M. Paulini (1994): Die Entwicklung junger Unternehmen in den neuen Bundesländern. = Schriften des Instituts für Mittelstandsforschung NF 62. Stuttgart.

O'Farrell, P. (1986): Entrepreneurs and Industrial Change. Dublin.

Reynolds, P.D. (1996): The role of entrepreneurship in economic systems: developed market and post-socialist economies. In: Brezinski/Fritsch 1996, S. 7–34.

Sinn, G. u. H. W. Sinn (1993): Kaltstart - Volkswirtschaftliche Aspekte der deutschen Vereinigung. 3. Aufl. München.

SÖSTRA (1994): Beschäftigungsperspektiven von Treuhandunternehmen und Ex-Treuhandfirmen im Verleich – Befragung April 1994. Berlin (mimeo).

Statistisches Bundesamt (1990): DDR 1990. Stuttgart.

Thomas, M. (1996): How to become an entrepreneur in East Germany: condition, steps and effects of the constitution of new entrepreneurs. In: Brezinski/Fritsch 1996, S. 227–232.

Treuhandanstalt (1994): Daten und Fakten zur Aufgabenerfüllung der Treuhandanstalt. Berlin (mimeo).

# FÖRDERUNG INNOVATIVER UNTERNEHMEN DURCH TECHNOLOGIE- UND GRÜNDERZENTREN IN OSTDEUTSCHLAND
## Konzeption und Wirkungen

Christine Tamásy, Hannover

## 1. Einleitung und Begriffsdefinition

Technologie- und Gründerzentren (im folgenden TGZ) werden in Ostdeutschland seit der deutschen Wiedervereinigung von der Bundes-, Landes- und Kommunalpolitik als Instrument zur Förderung innovativer Unternehmen eingesetzt. Ungeachtet der derzeit 36 eröffneten Einrichtungen und einer unbekannten Anzahl weiterer Projekte, die sich im Planungsstadium befinden, fehlen bisher ausreichend theoretisch sowie empirisch fundierte Untersuchungen zu den Wirkungen der Zentren in Ostdeutschland und ihrer Determinanten. Angesichts der schwierigen wirtschaftlichen Umstrukturierungsprozesse ist es allerdings notwendig, frühzeitig Informationen über die Wirksamkeit der TGZ zu erhalten, um Fehlentwicklungen bereits im Anfangsstadium identifizieren und ihnen entgegenwirken zu können. Eine qualifizierte Beurteilung sollte sich vor allem an den selbst gesetzten Zielen der TGZ orientieren.

Die folgende Darstellung hat zum Ziel, die Förderung innovativer Unternehmen durch TGZ in Ostdeutschland im Sinne einer Zwischenbilanz zu bewerten.[1] Grundlage sind Erhebungen in 36 TGZ (Rücklaufquote 100 %) und 272 Unternehmen (42 %), die Ende 1993 im Rahmen eines an der Abteilung Wirtschaftsgeographie des Geographischen Instituts der Universität Hannover durchgeführten und Ende 1995 abgeschlossenen Forschungsvorhabens „Wirkungsanalyse der Technologie- und Gründerzentren in Deutschland" erfolgten. Weitere Schwerpunkte des Gesamtprojektes sind die Längs- und Querschnittanalyse der TGZ in Westdeutschland (vgl. Behrendt 1995) sowie die einzel- und regionalwirtschaftliche Bewertung der aus den Zentren erfolgreich ausgezogenen Unternehmen (vgl. Seeger in Vorbereitung).[2] Die Methodik basiert auf der Studie von Sternberg (1988), die 1986 177 Unternehmen aus 31 westdeutschen TGZ untersuchte.

Der Begriff „Technologie- und Gründerzentrum" wird in Wissenschaft und Politik nicht allgemeingültig definiert und mit zum Teil verschiedenen Bezeichnungen belegt (Innovationszentrum, Technologiepark, Innovationspark u.v.m.), so daß eine inhaltliche Klärung an dieser Stelle notwendig erscheint:

*Ein Technologie- und Gründerzentrum ist ein innovationspolitisches Instrument, dessen primäres Ziel die Förderung von Neugründungen und Jungunternehmen ist, die neue bzw. wesentlich verbesserte Produkte, Verfahren oder Dienstleistungen unter Anwendung neuen technischen Wissens erforschen, ent-*

---

[1] Für wertvolle Anmerkungen zum Manuskipt danke ich Herrn Prof. Dr. R. Sternberg.
[2] Die Ergebnisse der drei Teilprojekte, die auf Erhebungen in insgesamt 857 Betrieben und 103 TGZ beruhen, werden vergleichend in Behrendt u.a. (in Vorbereitung) analysiert.

*wickeln, produzieren und am Markt einführen. Maßnahmen zur Zielerreichung sind ein räumlich konzentriertes Angebot an Mietflächen, Gemeinschaftseinrichtungen, technischen Dienstleistungen und Beratungsleistungen.*

## 2. Zeitliche Entwicklung und regionale Verteilung

Die Errichtung von TGZ begann in Ostdeutschland während der politischen „Wende" 1989/90, die eine drastische Veränderung der ökonomischen Rahmenbedingungen zur Folge hatte. Die deformierten Wirtschaftsstrukturen, die schnell steigende Arbeitslosigkeit und der technologische Rückstand der ehemaligen DDR erzeugten einen enormen politischen Handlungsdruck. Mit der Eröffnung des ersten ostdeutschen TGZ in Berlin-Wuhlheide im Mai 1990 setzte eine „Gründungswelle" ein, wie sie Mitte der 1980er Jahre auch in Westdeutschland zu beobachten war (vgl. Abb. 1). Im Jahr 1991 wurde mit 17 Neueröffnungen das Maximum erreicht, die „Gründungseuphorie" ließ in den darauffolgenden Jahren allmählich nach. Ende 1993 sind 122 deutsche TGZ in Betrieb, davon 36 in Ostdeutschland. Die massive öffentliche Förderung hat dazu geführt, daß in Ostdeutschland im Verhältnis zur Einwohner- und Beschäftigtenzahl bereits heute eine höhere TGZ-Dichte besteht als in Westdeutschland.

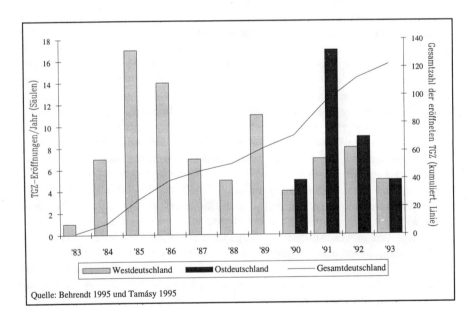

Abbildung 1: Neueröffnungen von Technologie- und Gründerzentren in West- und Ostdeutschland, 1983–1993

Die Anfangsphase der Gründungsaktivitäten nach 1989 läßt sich in Ostdeutschland als „flächendeckende Improvisation" (Gielow 1993, S. 200) charakterisieren. Das Angebot an disponiblen Gewerberäumen konnte die schnell einsetzende Nachfrage in quantitativer und qualitativer Hinsicht bei weitem nicht befriedigen. Für die Gründung und Entwicklung innovativer Unternehmen fehlten geeignete Infrastrukturen, um die notwendigen Serviceleistungen (u.a. Beratung, Finanzierung) bereitzustellen. Die Verwaltungen der Bundesländer und Kommunen befanden sich im Umstrukturierungs- bzw. Aufbauprozeß, so daß nur das innovationspolitische Engagement des Bundes die schnelle Arbeitsfähigkeit der ostdeutschen TGZ gewährleisten konnte.

Mit dem Ziel, die ostdeutschen Bundesländer und Kommunen zur Förderung von TGZ anzuregen, startete das Bundesministerium für Forschung und Technologie (BMFT) in Abstimmung mit dem Ministerium für Forschung und Technologie (MFT) der ehemaligen DDR 1990 den Modellversuch „Förderung des Auf- und Ausbaus von Technologie- und Gründerzentren". Die Maßnahme soll an 15 Standorten dazu beitragen, jungen Technologieunternehmen in Ostdeutschland geeignete Finanzierungs- und Beratungsleistungen bereitzustellen. Zusätzlich fördert das BMFT weitere zehn Planungsphasen zur Errichtung von TGZ, wenn die jeweiligen Bundesländer die Anschlußfinanzierung sicherstellen.[3] Im Rahmen der ostdeutschen Systemtransformation berücksichtigt die nationale Innovations- und Technologiepolitik erstmals seit Bestehen der Bundesrepublik explizit räumliche Ziele. Der TGZ-Modellversuch verfolgt ein dreistufiges Förderkonzept (vgl. BMFT 1992):

– In einer ersten Orientierungsphase können die künftigen Träger von TGZ (z.B. Städte, FuE-Einrichtungen) Zuschüsse bis maximal 5 TDM zu Reise- und Aufenthaltskosten für kurzzeitige Informationsbesuche in den westdeutschen Zentren erhalten. Die entsprechenden Informationen können auch „vor Ort" vermittelt werden.
– In der anschließenden Planungsphase kann für konzeptionelle Arbeiten, die aufzeigen, wie ein TGZ an einem bestimmten Standort realisierbar ist, ein Zuschuß bis zu 75 %, maximal 100 TDM, gewährt werden. Die Planungsarbeiten werden von einem sogenannten Partnerzentrum oder einer anderen „erfahrenen Einrichtung" aus Westdeutschland durchgeführt.
– In der Auf- und Ausbauphase stellt das BMFT maximal 2,5 Mio. DM, 75 % der Gesamtsumme, für einmalige Investitionen sowie für laufende Personal- und Sachkosten bereit. Voraussetzung einer Förderung ist, daß nach erfolgreichem Abschluß der Planungsphase nachgewiesen wird, daß für junge Technologieunternehmen geeignete Mieträume, Gemeinschaftseinrichtungen, technische Dienstleistungen und Beratungsleistungen bereitgestellt werden können. Zudem müssen die Bundesländer bzw. Kommunen zusichern, die jeweiligen TGZ zu unterstützen.

---

3 Der Standort Rostock/Warnemünde umfaßt zwei eigenständige TGZ, die unter einem gemeinsamen Dachverband (VITRO - Verband der Innovations- und Technologiezentren der Hansestadt Rostock e.V.) zusammengeschlossen sind. Das BMFT fördert somit insgesamt 26 TGZ an 25 Standorten.

Förderung innovativer Unternehmen durch Technologie- und Gründerzentren 37

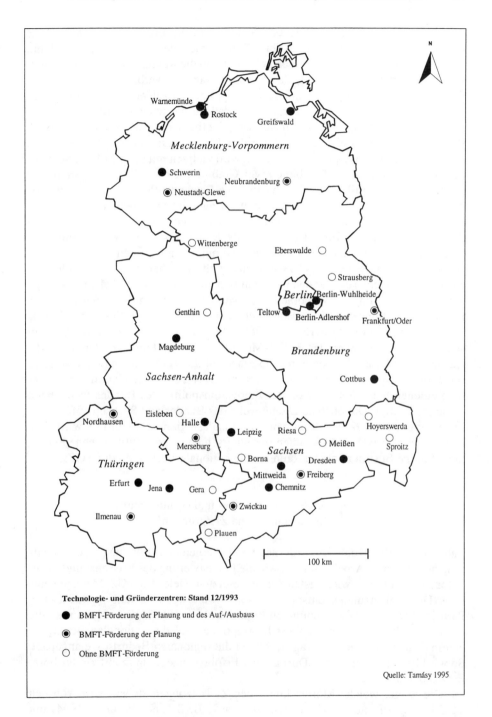

Abbildung 2: Technologie- und Gründerzentren in Ostdeutschland

Über den BMFT-Modellversuch hinaus wird die Errichtung weiterer TGZ durch spezielle innovationspolitische Maßnahmen der Bundesländer und mit Investitionsmitteln der Kommunen gefördert, um die Revitalisierung der ostdeutschen Regionen zu forcieren, das Standortimage zu verbessern und positive Beschäftigungswirkungen zu induzieren. Die Zentren zählen zu den Einrichtungen der wirtschaftsnahen Infrastruktur, so daß für die Investitionskosten zudem Zuschüsse aus der Gemeinschaftsaufgabe „Verbesserung der regionalen Wirtschaftsstruktur" (GRW) beantragt werden können. Die Zuschußhöhe beträgt 50 % bis 90 % der Investitionskosten und wird vielfach mit den Fördermitteln aus dem TGZ-Modellversuch kombiniert (vgl. Grabow/Gielow 1992). Die Flankierung der Innovationspolitik kann als „dynamische Bestandspflege" interpretiert werden, die u.a. Sitte (1994) aufgrund der zu geringen interregionalen Ansiedlungserfolge für die Regionalförderung in Ostdeutschland empfiehlt. Die Förderung der wirtschaftsnahen Infrastruktur ist als Maßnahme zur Verbesserung der Standortqualität in der Literatur weitgehend unumstritten, auch wenn durch die Bewilligungspraxis der GRW zwischenzeitlich ein Überangebot an Industrie- und Gewerbeflächen entstanden ist und mithin ein verstärktes „Flächenrecycling" gefordert wird, um Industriebrachen zu vermeiden und Pufferzonen zwischen Industrieansiedlungen und Erholungsgebieten zu sichern (vgl. Belitz u.a. 1995).

Abb. 2 verdeutlicht die regionale Verteilung der ostdeutschen TGZ. Es zeigt sich, daß die im Rahmen des BMFT-Modellversuchs und insbesondere im Auf-/ Ausbau geförderten Zentren in hohem Maße auf die Verdichtungsräume konzentriert sind. Ausgleichsorientierte Zielsetzungen etwa zugunsten ländlich-peripherer Regionen bleiben somit von der Innovationspolitik des Bundes weitgehend unberücksichtigt. Die höchste Dichte weist das Bundesland Sachsen auf, wo die Errichtung von TGZ verstärkt von der Landesregierung gefördert wird. Die innovationspolitischen Aktivitäten der unterschiedlichen Politikebenen sind somit wichtige Bestimmungsfaktoren für die regionale Verteilung der TGZ.

## 3. Konzeption der Technologie- und Gründerzentren: Zielsetzungen und Zielgruppen

Tab. 1 verdeutlicht, daß die Förderung von Unternehmensgründungen, die Schaffung qualifizierter Arbeitskräfte sowie die Intensivierung des Wissens- und Technologietransfers die wichtigsten selbst gesetzten Ziele des TGZ-Managements sind. Die Zielsetzungen entsprechen somit weitestgehend den westdeutschen Partner- bzw. Vorbildeinrichtungen (vgl. Sternberg 1988). Vielfach wurden die (vermeintlich) erfolgreichen West-Konzeptionen auf die regionalen Bedingungen in Ostdeutschland übertragen, d.h. an die regionalen Bedürfnisse angepaßt. So wird beispielsweise das „Dortmunder Erfolgskonzept" in modifizierter Form in Dresden umgesetzt.

Die Frage, welche Motive hinter den Zielsetzungen stehen, wird von den TGZ-Managern und verschiedenen Autoren (z.B. Baranowski/Groß 1994) mit hoher Übereinstimmung beantwortet. Der Umbruch in der ostdeutschen Wirtschaft ist mit dem Abbau zahlreicher Arbeitsplätze im FuE-Bereich der Unternehmen und öffentlichen Einrichtungen verbunden. Die TGZ sollen dazu beitragen, dieses Gründerpotential zu nutzen und die Abwanderung qualifizierter Arbeitskräfte zu verhindern. Mit der Unternehmensgründung können zudem wissenschaftliche Forschungsergebnisse in die Praxis transferiert werden (Wissens- und Technologietransfer).

Tabelle 1: Zielsetzungen des Managements von Technologie- und Gründerzentren

| Zielsetzung | Wertung (n = 36) | | | |
|---|---|---|---|---|
| | sehr wichtig | wichtig | weniger wichtig | kein Ziel |
| Förderung von Unternehmensgründungen | 33 | 2 | 1 | 0 |
| Schaffung qualifizierter Arbeitsplätze | 28 | 5 | 2 | 1 |
| Intensivierung des Wissens- und Technologietransfers | 19 | 15 | 2 | 0 |
| Ansiedlung bereits bestehender Unternehmen | 12 | 18 | 4 | 2 |
| Unterstützung externer Unternehmen in der Region | 9 | 21 | 6 | 0 |
| Nutzung brachliegender Industrieflächen | 5 | 5 | 9 | 17 |

Quelle: Tamásy 1995

Die Förderung der Planungsphase durch das BMFT und die Unterstützung durch die westdeutschen Partnereinrichtungen werden von den TGZ-Managern mehrheitlich positiv beurteilt.[4] Die ostdeutschen Initiatoren konnten im Rahmen der West-Ost-Kooperationen vor allem betriebswirtschaftliche Defizite kompensieren. Ähnliche regionale Strukturprobleme, Städtepartnerschaften und Fördermaßnahmen der westdeutschen Bundesländer waren wesentliche Ausgangspunkte für die Zusammenarbeit. Zusätzlich vermittelte die Arbeitsgemeinschaft Deutscher Technologie- und Gründerzentren (ADT) im Rahmen von Seminarreihen, Tagungen etc. informelle Kontakte zwischen den TGZ-Managern. Im Ergebnis entstanden u.a. Partnerschaften zwischen den Zentren in West- und Ost-Berlin, zwischen Aachen und Chemnitz, Dortmund und Dresden, Essen und Cottbus, Hannover und Halle, Lübeck und Warnemünde.

Die Zielgruppen sind ein wichtiges Kriterium, um TGZ von anderen regionalen Initiativen zur Förderung (innovativer) Unternehmen abzugrenzen (vgl. auch die Begriffsdefinition im Abschnitt 1). Tab. 2 illustriert, wie erwartet, daß innovative Gründer und Jungunternehmen die wichtigste unternehmerische Zielgruppe der befragten Zentren sind, gefolgt von innovativen etablierten Unternehmen. Als Innovation wird dabei in einigen Zentren auch die regionale Neuheit aner-

---

4 In vier TGZ wird die geförderte Planungsphase negativ bewertet. In drei Fällen, weil die konzeptionelle Vorbereitung ohne Beteiligung der ostdeutschen Initiatoren erfolgte. In einem Fall fehlte der notwendige „regionale Konsens" für die Errichtung von TGZ, so daß die Erarbeitung des Konzeptes erschwert wurde.

kannt, d.h. das Produkt oder die Dienstleistung werden erstmals in der Region realisiert. Bedingt durch das nicht ausreichende innovative Potential nehmen die TGZ nach eigenen Angaben mehrheitlich auch Gründer und Jungunternehmen auf, die hinsichtlich des Neuerungsgrades weniger anspruchsvoll sind, sofern sie den Mindestanforderungen genügen (z.B. kein Einzelhandel). Etablierte Unternehmen ohne Innovationsaktivitäten und nicht auf Gewinnerzielung gerichtete Unternehmen bzw. Institutionen (z.B. Technologietransfereinrichtungen) sind zwar in den TGZ mehrheitlich auch erwünscht, haben allerdings als einzelne Zielgruppen eine nachrangige Bedeutung.

Tabelle 2: Zielgruppen des Managements von Technologie- und Gründerzentren

| Zielgruppe | Rangfolge (n = 36) | | | |
| --- | --- | --- | --- | --- |
| | Rang 1 | Rang 2 | nachrangig genannt | nicht genannt |
| Innovative Gründer und Jungunternehmen (maximal zwei Jahre alt) | 36 | 0 | 0 | 0 |
| Innovative etablierte Unternehmen | 0 | 16 | 13 | 7 |
| Gründer und Jungunternehmen allgemein (maximal zwei Jahre alt) | 0 | 15 | 13 | 8 |
| Nicht auf Gewinnerzielung gerichtete Unternehmen/Institutionen | 0 | 3 | 27 | 6 |
| Etablierte Unternehmen allgemein | 0 | 0 | 24 | 12 |

Quelle: Tamásy 1995

Während innovative Neugründungen und Unternehmen die dominanten Zielgruppen der westdeutschen TGZ sind, kommt den Gründern ohne Innovationsaktivitäten in Ostdeutschland und damit dem Aufbau eines Mittelstands eine relativ große Bedeutung zu. Eine konzeptionelle Besonderheit ist die Tatsache, daß immerhin zwei Drittel der TGZ auch etablierte Unternehmen ohne Innovationsaktivitäten aufnehmen. Diese Zielgruppe ist in den westdeutschen Zentren mehrheitlich nicht erwünscht (vgl. Sternberg 1988). Die Interviews mit den TGZ-Managern haben verdeutlicht, daß die erweiterte Zielgruppenorientierung aus dem begrenzten Potential an innovativen Unternehmen resultiert.

### 4. Meßbare regionalwirtschaftliche Effekte der Unternehmensförderung durch Technologie- und Gründerzentren

A. Förderung von Unternehmensgründungen

Der Erfolg von TGZ als Instrument zur Förderung von Unternehmensgründungen hängt zunächst davon ab, in welchem Umfang es gelingt, potentielle Gründer zum Schritt in die Selbständigkeit zu motivieren und läßt sich, quasi im Umkehrschluß, durch die Quantifizierung etwaiger Mitnahmeeffekte analysieren. Die Untersuchungsergebnisse belegen, daß nur 1,5 % der ostdeutschen Unternehmen bei Nicht-Existenz der TGZ nicht gegründet worden wären. Die Mehrheit der Unternehmer hatte den Schritt in die Selbständigkeit bereits vor Einzug in die TGZ vollzogen. Die Wirkung der TGZ auf die Anregung von Unternehmensgründungen ist damit gering, auch wenn die Unternehmer dazu neigen, die Bedeutung der Zentren für die Realisierung des Gründungsvorhabens zu unterschätzen (vgl. Pett 1994).

Der zweite und wichtigere Einfluß ist die Förderung der Unternehmensentwicklung, d.h. die Schaffung geeigneter Rahmenbedingungen, um die Überlebens- und Erfolgschancen der TGZ-Unternehmen zu verbessern. Die Analyse zeigt, daß für die ostdeutschen Unternehmer mit der Ansiedlung in einem TGZ tatsächlich mehr Vorteile als Nachteile verbunden sind. Als wichtigster Vorzug hebt sich die Verfügbarkeit von Mieträumen hervor, die im Untersuchungszeitraum auf einem Mangel an eigentums- und planungsrechtlich abgesicherten und disponiblen Gewerbeflächen zurückzuführen sein dürfte. Die generelle Standortbeurteilung ist relativ eindeutig, da nur in einem Fall keine Vorteile benannt wurden. Andererseits gaben 62,5 % der Unternehmer Nachteile an, denen allerdings mehrheitlich eine geringe Bedeutung beigemessen wird. Der wichtigste Standortnachteil ist die Unmöglichkeit des räumlichen Wachstums bei Vollauslastung der TGZ. Wie wichtig das Leistungsangebot der TGZ für die Entwicklung der Unternehmen ist, zeigt Abb. 3.

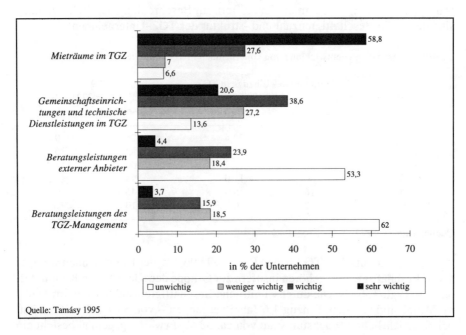

Abbildung 3: Bedeutung des Leistungsangebots für die Entwicklung der Unternehmen in Technologie- und Gründerzentren

Abb. 3 bestätigt erneut, daß die Rauminfrastruktur in den TGZ der entscheidende Standortvorteil ist: die Mieträume haben für 86,4 % der Befragten eine wichtige oder sehr wichtige Bedeutung für die Unternehmensentwicklung. Die mehrheitlich hohe Relevanz der Gemeinschaftseinrichtungen und technischen Dienstleistungen in den TGZ ist auf das zum Befragungszeitpunkt (noch) ungenügende externe Angebot zurückzuführen. Im Anschluß an die deutsche Wiedervereinigung war das marode und unzureichende Telefonnetz das einschneidendste Defizit der technischen Infrastruktur. Die innerhalb und außerhalb der TGZ in Anspruch genommenen Beratungsleistungen sind für die Unternehmensentwicklung von geringerer Bedeutung. Möglicherweise ist die notwendige Sensibilisierung der Unternehmer seitens des TGZ-Managements nicht oder nur ungenügend erfolgt, so daß die Grundvoraussetzung für die Versorgung der Gründer mit existenznotwendigen und -sichernden Informationen nicht gegeben ist und der Beratungsbedarf unterschätzt wird. Die vielfach in Wissenschaft und Politik geführte Diskussion, welche der Leistungskomponenten in den TGZ für die Unternehmer am wichtigsten ist, kann somit eindeutig beantwortet werden: die Raum- und Einrichtungsinfrastruktur.

### B. Schaffung qualifizierter Arbeitsplätze

Das Ziel „Schaffung qualifizierter Arbeitsplätze" belegt bei der Bewertung durch das TGZ-Management Rang zwei (vgl. Abschnitt 3). Die Beschäftigungswirkungen der TGZ entstehen direkt in den geförderten Unternehmen und indirekt über Multiplikatoreffekte. Geeignete Kennziffern zur Beschreibung der Zielerreichung sind daher die Beschäftigtenzahl und -struktur der TGZ-Unternehmen.

Tabelle 3: Beschäftigtenentwicklung von Unternehmen in Technologie- und Gründerzentren

| Zahl der Beschäftigten | Zeitpunkt des Einzugs in TGZ (n = 272) | | 1993 (n = 272) | |
|---|---|---|---|---|
| | absolut | % | absolut | % |
| 1 | 61 | 22,4 | 26 | 9,6 |
| 2–3 | 117 | 43,0 | 82 | 30,2 |
| 4–5 | 46 | 16,9 | 50 | 18,4 |
| 6–10 | 30 | 11,0 | 58 | 21,3 |
| 11–20 | 16 | 5,9 | 46 | 16,9 |
| > 20 | 2 | 0,7 | 10 | 3,7 |

Quelle: Tamásy 1995

In den ostdeutschen TGZ haben Ende 1993 96,3 % der Unternehmen weniger als 20 Beschäftigte und gehören insofern zur Gruppe der Kleinst- und Kleinunternehmen (vgl. Tab. 3). Die durchschnittliche Beschäftigtenzahl hat sich im TGZ - im Mittel sind seit dem Einzug 1,6 Jahre vergangen – von 3,81 auf 6,36 erhöht, bei einer jährlichen Wachstumsrate von ca. 38 %. Erwartungsgemäß besteht ein positiver Zusammenhang zwischen der Aufenthaltsdauer und dem Beschäftigten-

wachstum, der allerdings gering ausfällt[5] und durch sogenannte „Ausreißer" verzerrt wird (vgl. Abb. 4). Ergänzend muß auf die folgenden Besonderheiten hingewiesen werden:
- in 5,2 % der Unternehmen hat sich die Beschäftigtenzahl reduziert;
- in 33,8 % der Unternehmen blieb die Beschäftigtenzahl konstant. Diese Unternehmen sind oftmals zu klein, um bei einer ungünstigen Geschäftsentwicklung Personal abzubauen, oder sind weniger als ein Jahr im TGZ eingemietet, so daß der Zeitraum zwischen Einzug und Befragung sehr kurz ist;
- ein Drittel des gesamten Beschäftigtenwachstums vollzog sich in 5,9 % der Unternehmen. Auf die acht wachstumsstärksten Unternehmen entfielen 20,2 % der neu geschaffenen Arbeitsplätze.

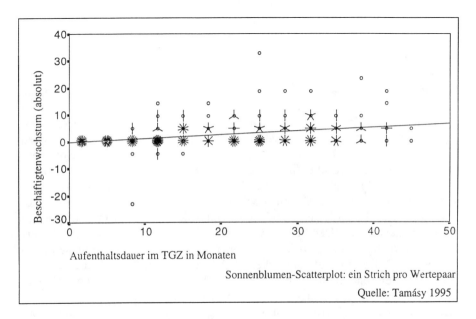

Abbildung 4: Beschäftigtenwachstum von Unternehmen in Technologie- und Gründerzentren nach der Aufenthaltsdauer

Insgesamt sind in den 36 ostdeutschen TGZ in 648 Unternehmen etwa 4.121 Beschäftigte tätig. Eine nennenswerte Entlastung des ostdeutschen Arbeitsmarktes ist somit durch TGZ kurz- bis mittelfristig sicherlich nicht zu erreichen, zumal die genannten Zahlen als Bruttowerte zu interpretieren sind. Zur Ermittlung des Netto-Beschäftigungseffektes müssen diejenigen Arbeitsplätze subtrahiert werden, die auch ohne die TGZ entstanden wären und somit nicht ursächlich auf die Unternehmensförderung zurückzuführen sind. Sternberg (1995) empfiehlt als Vorgehensweise, zumindest die Arbeitsplätze abzuziehen, die auf bereits lange

---

5 Berechnung des Zusammenhangs mit Hilfe des Korrelationskoeffizienten von Bravais-Pearson: $r = 0,35$ (Signifikanz unter 0,01).

vor dem Einzug bestehende Unternehmen entfallen. In der ehemaligen DDR konnten unter den damaligen Rahmenbedingungen keine innovativen Kleinunternehmen entstehen, so daß in den TGZ bislang mehrheitlich Jungunternehmen und Neugründungen angesiedelt sind. Lediglich 4,0 % der TGZ-Mieter bestehen vor dem Einzug in die TGZ mehr als zwei Jahre.

67 % der Beschäftigten in den TGZ-Unternehmen verfügen über einen Hoch- oder Fachschulabschluß. Der Qualifikationsaspekt hat in Ostdeutschland eine besondere Bedeutung, da durch die Umstrukturierung der Forschungslandschaft ein erhebliches Potential an Wissenschaftlern freigesetzt wurde, das zum Personaltransfer in die Wirtschaft genutzt werden kann. Die Arbeitsplätze in den TGZ-Unternehmen stellen für die von der Arbeitslosigkeit betroffenen Akademiker eine konkrete Alternative dar. Zugleich wird Humankapital an die Regionen gebunden, so daß langfristig ein qualifizierter regionaler Arbeitsmarkt entstehen kann.

### C. Intensivierung des Wissens- und Technologietransfers

Die Informationsvermittlung und Beratung der Unternehmen wurden von Beginn an als wichtige Aufgaben der ostdeutschen TGZ formuliert, da im Anschluß an die deutsche Wiedervereinigung keine innovationsfördernde Infrastruktur existierte und die Transaktionskosten der innovativen Unternehmensgründungen extrem hoch waren. Die Bedeutung des Beratungsangebots für die Unternehmensentwicklung wird allerdings vom TGZ-Management überschätzt und hat bislang als Standortvorteil eine vergleichsweise geringe Relevanz (vgl. Abschnitt 4.A). Weiterbildungsmaßnahmen sowie die Vermittlung von Kontakten zu Geschäftspartnern, Behörden und Banken werden in den TGZ noch am häufigsten in Anspruch genommen. Den betriebswirtschaftlichen Beratungsbedarf der Unternehmer befriedigen vor allem Anbieter außerhalb der TGZ. Eine mögliche Erklärung ist das Defizit an kaufmännischer Qualifikation beim TGZ-Management, da nur 15,5 % der Zentrenleiter über eine entsprechende Berufsausbildung verfügen. Die verstärkte Managementberatung wurde gleichzeitig von 26,9 % der Unternehmen als wichtiger Verbesserungsvorschlag für „ihr" TGZ genannt, so daß ein zusätzlicher Beratungsbedarf besteht.

Die Förderung innovativer Unternehmen ist ein wesentliches Kennzeichen der TGZ-Konzeption (vgl. Abschnitt 1 und 3). Der Personaltransfer, der sich mit der Unternehmensgründung vollzieht, ist die effektivste Form des Wissens- und Technologietransfers, sofern die TGZ zusätzliche Gründungen initiieren (vgl. Abschnitt 4.A). Die angestrebte unternehmerische Zielgruppe wird in bezug auf die technologische Basis bislang allerdings nur teilweise erreicht. Die folgenden Einzelindikatoren beschreiben das Innovationsniveau der Unternehmen und stellen teilweise eine Selbsteinschätzung der Unternehmer dar:

64,0 % der Unternehmen haben ihren funktionalen Tätigkeitsschwerpunkt im Bereich Forschung und/oder Entwicklung. Weitere Tätigkeitsschwerpunkte (Mehrfachnennungen) sind: Produktion (20,6 %), Handel (14,0 %) und Dienstleistungen (68,0 %).

21,3 % der Unternehmen haben bislang Patente angemeldet. Die Zahl der Patente pro Unternehmen liegt zwischen 1 und 14 (durchschnittlich 0,54 Patente/ Unternehmen).

75,4 % der Unternehmen verfügen über Kontakte zu Forschungs- und Entwicklungseinrichtungen (externe Innovationskanäle), die vor allem dem Informationsaustausch und der technologischen Zusammenarbeit dienen. Die Personalakquisition und die günstige Nutzung von Großgeräten sind dagegen weniger bedeutsam.

Etwa ein Drittel der Unternehmen ist durch Eigenschaften gekennzeichnet, die nicht die eigentliche Klientel der TGZ charakterisieren (sollten). Je weniger Unternehmen vorhanden sind, die den selbst gesetzten Anforderungen entsprechen – wichtigste Auswahlkriterien in den TGZ sind die wirtschaftlichen Erfolgsaussichten der angebotenen Produkte und/oder Dienstleistungen sowie das innovative Unternehmenskonzept –, desto mehr ist das TGZ-Management gezwungen, die formalen Selektionskriterien zu relativieren, um mögliche Leerstände zu vermeiden. In etwa einem Viertel der TGZ wird aufgrund des unzureichenden endogenen Gründer- und Innovationspotentials eine „pragmatische" Auswahl der Mieter gehandhabt. Die überregionale Unternehmensakquisition ist aufgrund der Standortverbundenheit der innovativen Gründer – 78,2 % stammen aus der TGZ-Region – eine wenig aussichtsreiche Strategiealternative. Die Standortwahl der Unternehmen wird in hohem Maße durch den Sitz der Inkubatoreinrichtung vorbestimmt, wobei vor allem private Gründe, wie z.B. der vorherige Wohnort oder bestehende persönliche Kontaktnetzwerke, von Bedeutung sind. Wichtigste Inkubatoreinrichtungen sind Privatunternehmen, Treuhandunternehmen oder Kombinate, in denen 48,9 % der Gründer vor ihrer unternehmerischen Selbständigkeit beschäftigt waren; weitere 40 % stammen aus öffentlichen Forschungseinrichtungen (Hochschulen, ehemalige Akademieinstitute etc.). TGZ in ländlich peripheren Räumen ohne Forschungseinrichtungen und nennenswertes Innovationspotential haben daher geringere Chancen, innovative Mieter zu akquirieren. Die regionalwirtschaftliche Ausgangssituation kann zu Auslastungsproblemen führen.

## 5. Fazit und politische Handlungsempfehlungen

Die Frage, ob die ostdeutschen TGZ ein wirksames Instrument zur Förderung innovativer Unternehmen darstellen und die Restrukturierung der Wirtschaft aktiv unterstützen, kann nach dem vorhandenen Wissensstand und gemessen an den selbst gesetzten Zielen des Zentrenmanagements grundsätzlich bejaht werden, auch wenn die innovationspolitische Bedeutung im Einzelfall stark variiert und die politischen Erwartungen beispielsweise hinsichtlich der zu erzielenden quantitativen Beschäftigungseffekte nicht zu hoch angesetzt werden dürfen. Die regionalwirtschaftliche Bedeutung der TGZ liegt vielmehr in mittel- bis langfristig zu erwartenden Verbesserungen der Wirtschaftsstruktur und des Innovationsklimas. Bezüglich der Wirkungsweise der TGZ bleibt einschränkend festzuhalten, daß die angebotenen Beratungsleistungen, die das zentrale Element der TGZ-Konzeption darstellen, bislang u.a. aufgrund von Qualifikationsdefiziten seitens des Zentrenmanagements nicht im erhofften Umfang zum Tragen kommen, obwohl bei den ostdeutschen Unternehmern ein objektiver und subjektiver Beratungsbedarf besteht. Die folgenden politischen Handlungsempfehlungen sind ableitbar:

*Verstärkte Nutzung regionaler Innovations- und Gründerpotentiale*: Die strategische Grundsatzentscheidung über die Errichtung von TGZ sollte auf der Basis von Durchführbarkeitsstudien getroffen werden, um sicherzustellen, daß die vorhandenen Standortvoraussetzungen und insbesondere das regionale Innovations- und Gründerpotential einen erfolgreichen TGZ-Betrieb prinzipiell ermöglichen. Die überregionale Akquisition der Mieter ist aufgrund der Standortverbundenheit der ostdeutschen Unternehmensgründer eine wenig aussichtsreiche Strategiealternative. Da keine generelle Einigkeit darüber besteht, was unter einem „erfolgreichen" TGZ zu verstehen ist, sind vorab definierte und terminierte Zielsetzungen festzulegen (vgl. Sternberg 1995), die es durch eine begleitende Evaluation zu überprüfen gilt, um zusätzlich Lerneffekte zu initiieren. Eine Spezialisierung auf einen oder wenige technologische Schwerpunkte ist in Ostdeutschland unter den gegebenen ökonomischen Rahmenbedingungen weder möglich noch sinnvoll. Vielmehr sollte die Diversifikation der Wirtschaftsstruktur (sektoral, unternehmensgrößenbezogen) im Vordergrund stehen.

*Verstärkte Anregung von Unternehmensgründungen*: Das TGZ-Management sollte potentielle Unternehmensgründer durch eine gezielte Öffentlichkeitsarbeit und in enger Kooperation mit den lokalen Forschungseinrichtungen zur Selbständigkeit motivieren, da bereits vor der Gründung bestehenden Informationsnetzwerken eine nicht zu unterschätzende Bedeutung zukommt. Potentielle Unternehmer scheuen in Ostdeutschland oftmals das Risiko einer Selbständigkeit; das Gründer- und Innovationspotential wurde daher an einigen TGZ-Standorten überschätzt.

*Akzentuierung der Beratungskompetenzen*: Die Beratung der Unternehmen und die Kontaktvermittlung zu Behörden, Banken, Kunden etc. sind die zentralen Elemente der TGZ-Konzeption und als solche wichtiger als die Raum- und Einrichtungsinfrastruktur. Das Zentrenmanagement sollte aus einem hauptberuflichen oder mehreren nebenberuflichen Managern bestehen, die über technische und betriebswirtschaftliche Qualifikationen sowie über Erfahrungen im Bereich Existenzgründungs- und Unternehmensberatung verfügen. In diesen Bereichen existiert bei den ostdeutschen Unternehmern ein unbefriedigter Beratungsbedarf, speziell im Marketing und Management.

Literatur:

Baranowski, G. u. B. Groß (1994): Technologie- und Gründerzentren in Deutschland - Bilanz und Perspektiven. In: Baranowski G. u. B. Groß (Hg.): Innovationszentren in Deutschland 1994/95. S. 19–34. Berlin.

Behrendt, H. (1995): Wirkungsanalyse von Technologie- und Gründerzentren in Westdeutschland. Diss. Hannover.
Behrendt, H., H. Seeger, R. Sternberg u. C. Tamásy: Wirkungsanalyse von Technologie- und Gründerzentren in Deutschland – Ergebnisse aus 103 Zentren und 857 Betrieben. Hannover. In Vorbereitung.
Belitz, H., D. Edler, F. Fleischer, K. Hornschild, A. Scherzinger u. F. Straßberger (1995): Aufbau des industriellen Mittelstands in Ostdeutschland. = Beiträge zur Strukturforschung 156. Berlin.
Bundesministerium für Forschung und Technologie (BMFT) (1992): Zwischenbilanz zum Gesamtkonzept geeigneter Betreuungs- und Finanzierungsstrukturen für junge Technologieunternehmen mit den Fördermaßnahmen "Technologieorientierte Unternehmensgründungen" (TOU) und "Auf- und Ausbau von 15 Technologie- und Gründerzentren" (TZ). Bonn.
Gielow, G. (1993): Perspektiven und Probleme der kommunalen Gewerbepolitik in den neuen Bundesländern. In: Pfeiffer, W. (Hg.): Regionen unter Anpassungsdruck. S. 195–212. Marburg.
Grabow, B. u. G. Gielow (1992): Innovations- und Technologiepolitik als kommunales Handlungsfeld. Berlin.
Pett, A. (1994): Technologie- und Gründerzentren. Empirische Analyse eines Instruments zur Schaffung hochwertiger Arbeitsplätze. = Europäische Hochschulschriften 1508. Frankfurt/M. u.a.
Seeger, H.: Technologie- und Gründerzentren. Einzel- und regionalwirtschaftliche Analyse erfolgreich ausgezogener Betriebe. Hannover. In Vorbereitung.
Sitte, R. (1994): Regionalförderung in den neuen Bundesländern – Zwischenbilanz und Perspektiven. In: WSI-Mitteilungen 4, S. 243–250.
Sternberg, R. (1988): Technologie- und Gründerzentren als Instrument kommunaler Wirtschaftsförderung. Bewertung auf der Grundlage von Erhebungen in 31 Zentren und 177 Unternehmen. Dortmund.
Ders. (1995): Technologie- und Gründerzentren als Instrument kommunaler Wirtschafts- und Technologieförderung. In: Ridinger, R. u. M. Steinröx (Hg.): Regionale Wirtschaftsförderung in der Praxis. S. 201–224. Köln.
Steinkühler, R.-H. (1994): Technologiezentren und Erfolg von Unternehmensgründungen. = Betriebswirtschaftslehre für Technologie und Innovation 9. Wiesbaden.
Tamásy, C. (1995): Förderung innovativer Unternehmen durch Technologie- und Gründerzentren in Ostdeutschland - eine regionalwirtschaftliche Analyse. Diss. Hannover.

# DER STRUKTURWANDEL IN DER OSTDEUTSCHEN SCHIENENFAHRZEUGINDUSTRIE
Entwicklung einer Branche unter neuen Markt- und Wettbewerbsbedingungen

Martin Heß, München

## 1. Einleitung

Die Marktbedingungen für ostdeutsche Betriebe haben sich seit der Wiedervereinigung und der vorangeschrittenen Öffnung Osteuropas drastisch verändert. Ausgehend von den Erfordernissen einer hochentwickelten Arbeitsteilung im gesamtdeutschen Kontext und der schrittweisen Einbindung der neuen Bundesländer in den Binnenmarkt der Europäischen Union (vgl. Berteit 1991) konnte die Wirtschaft der neuen Länder zwar alle Möglichkeiten und Vorteile des Gemeinsamen Marktes nutzen, war aber zugleich dem Wettbewerb aus Westdeutschland und anderen Ländern voll ausgesetzt. Dies hatte zur Folge, daß die Mehrzahl der ostdeutschen Unternehmen einen großen Teil ihrer Absatzmärkte verlor (vgl. Prescher 1995, S. 23). In vielen Industriebetrieben sank die Produktion um 70% bis 80% oder wurde ganz eingestellt (vgl. Engelen-Kefer u. a. 1995, S. 307 f.).

Um wettbewerbsfähige Unternehmensstrukturen im industriellen Sektor zu schaffen, wurden die früheren Kombinate aufgelöst und, zumeist in Form einzelner Betriebseinheiten, durch die Treuhandanstalt privatisiert (zur Kritik an diesem Vorgehen und die daraus resultierenden sozial- und wirtschaftsräumlichen Entwicklungen vgl. Grabher 1994, S. 182 f.). Einer der letzten großen Privatisierungsfälle war die Deutsche Waggonbau AG (DWA), das frühere Kombinat Schienenfahrzeuge. In diesem Kombinat war mit Ausnahme der LEW Hennigsdorf faktisch der gesamte ostdeutsche Schienenfahrzeugbau konzentriert, es war das weltweit größte Waggonbauunternehmen. Heute zählt es zu den wenigen Großunternehmen in Ostdeutschland, die als rechtlich selbständige Konzerne unter ostdeutscher Leitung agieren. Während der Entwicklung von Kleinbetrieben in Ostdeutschland vergleichsweise viel Aufmerksamkeit gewidmet wird (vgl. z.B. Fritsch 1994), wurden überlebende Großbetriebe aufgrund ihrer stark gesunkenen gesamtwirtschaftlichen Bedeutung bisher weniger untersucht. Dies deckt sich auch mit dem gestiegenen Interesse in der Industriegeographie der letzten Jahre an kleinen und mittleren Unternehmen und deren regionalwirtschaftlicher Bedeutung (vgl. z. B. Schmude 1994 zur Gründungsforschung oder Storper/ Walker 1989 zur These der „industrial districts"). Inwiefern auch größere Unternehmen in der Lage sind, Wettbewerbsfähigkeit und Flexibilität zu erhalten oder zu gewinnen und welche Effekte dies für die Standortregionen haben kann, soll im folgenden am Beispiel der DWA dargestellt werden.

## 2. Tendenzen industrieller Organisation und Produktion

Etwa seit Mitte der 70er Jahre vollzieht sich ein deutlicher Wandel in den Organisations- und Produktionsstrukturen von Unternehmen westlicher Industrieländer (vgl. Läpple 1993, S. 1). Die allmähliche Sättigung vieler Märkte und ein sich immer schneller wandelndes Konsumverhalten zwang die Produzenten zu schneller Anpassung an Kundenwünsche, größerer Flexibilität der Produktion und neuen Formen der Organisation (vgl. Milne/Waddington/Perey 1994, S. 154). Zunehmender Wettbewerb auf internationaler Ebene und neue Produktionstechniken führten zu weitreichenden Restrukturierungen von Industrieunternehmen und zu neuen Unternehmensstrategien, die den sich ändernden Rahmenbedingungen am ehesten gerecht werden (vgl. MacLachlan 1992, S. 128 ff.; Schoenberger 1994). In diesem Kontext werden vor allem die inner- und zwischenbetrieblichen Interaktionen als wesentlicher Bestandteil wettbewerbsfähiger Strukturen identifiziert (vgl. Appold 1995, S. 27).

Viele Autoren halten eine industrielle Organisation, welche auf starker vertikaler Integration basiert und durch hierarchisch geführte Großunternehmen repräsentiert wird, für untauglich, um auf das sich schnell verändernde Konsumentenverhalten und den gestiegenen Wettbewerbsdruck angemessen reagieren zu können („Krise des Fordismus", vgl. dazu u.a. Best 1990). Stattdessen besäßen Netzwerke von kleinen und mittleren, unabhängigen Betrieben deutliche Vorteile hinsichtlich ihrer Fähigkeit, flexibel zu operieren und notwendige Produkt- und Prozeßinnovationen schnell und effizient umzusetzen. Unternehmensinterne Arbeitsteilung wird dabei ersetzt durch über den Markt erfolgende zwischenbetriebliche Interaktionen. Räumliche Nähe wird in diesem Zusammenhang als ein wesentlicher Faktor beurteilt, um die Transaktionskosten der in einem solchen Netzwerk beteiligten Firmen zu minimieren, und durch (häufig informell organisierte) Kooperationen einen besseren Know-how-Transfer im Sinne eines kreativen Milieus (vgl. Aydalot 1986) gewährleisten zu können.

Dem gegenüber steht die Auffassung, daß insbesondere große, vertikal integrierte Unternehmen in der Lage sind, im zunehmend internationaler werdenden Wettbewerb zu bestehen. Die Gründe hierfür liegen zum einen darin, daß economies of scale als nach wie vor wichtig betrachtet werden, um Kostenvorteile zu realisieren, und kleinere Firmen diesen Vorteil nicht im nötigen Maße nutzen können (vgl. Lazonick 1991). Zum anderen wird großen Unternehmen ein Wettbewerbsvorteil aufgrund ihrer besseren Kapitalausstattung zugeschrieben. Verbunden mit „ownership advantages" (vgl. Schoenberger 1988, S. 105) können größere Möglichkeiten der Preiskontrolle und eine stärkere Marktposition erreicht werden. Um die hohen Investitionen in gebundenes Kapital abzusichern, versuchen diese Firmen, ihren Einfluß durch Vorwärts- und Rückwärtsintegration zu stärken (vgl. Chandler 1977).

Zwischen den beiden hier skizzierten Extremen von Konzentration und marktbasierter Interaktion existiert eine beachtliche Bandbreite intermediärer Formen von Integration. Sie lassen sich nicht durch ein Markt-Hierarchie-Kontinuum beschreiben, jedoch durch zwei Integrationsdimensionen: Eigentumsintegration (ownership integration) und Koordinationsintegration (coordination integration, vgl. Abb. 1). Letztere kann sich äußern z.B. in langfristigen Lieferverträgen mit hoher Bindungswirkung oder der gemeinsamen Entwicklung von Produkten. In diesen Fällen ist die Koordinationsintegration hoch, auch wenn die beteiligten Unternehmen formal selbständig sind.

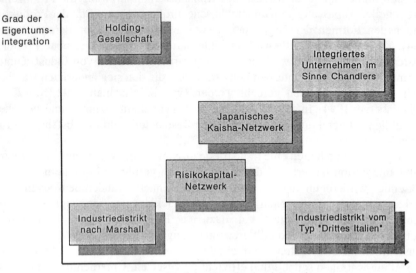

Abbildung 1: Zwei Dimensionen von Integration; Quelle: Robertson/Langlois 1994, verändert

Neben vertikaler Integration bzw. Desintegration spielt die horizontale Integration eine ebenso wichtige Rolle (vgl. Robertson/Langlois 1994, Anderson 1995). Wurde diese früher vor allem in Form von Beteiligungen, Fusionen oder Akquisitionen erreicht, spielen heute angesichts von Fusionskontrollen und kartellrechtlichen Vorschriften andere Formen der Kooperation, wie z.B. strategische Allianzen zwischen konkurrierenden Unternehmen, eine zunehmende Rolle in vielen Branchen (quasi-horizontale Integration). Sie reflektieren eher einen Prozeß von „flexibler Integration" zwischen Oligopolisten als einen Trend hin zu Desintegration und damit verbundenem Verlust an zentralisierter Kontrolle (vgl. Amin 1993, S. 290 f.; Haraldsen 1995, S. 7 ff.). Ähnliches gilt für Partnerschaften und Allianzen zwischen Kunden und Zulieferunternehmen, welche man als quasi-vertikale Integration bezeichnen kann.

Auch die Formen industrieller Produktion haben sich unter den eingangs beschriebenen Rahmenbedingungen verändert. Deshalb begab man sich auf die Suche sowohl nach Alternativen zur fordistischen Massenproduktion als auch nach neuen Möglichkeiten für die Massenproduktion (vgl. Hudson 1995). Zu letzteren zählen insbesondere just-in-time-Produktion, lean production, flexible Automatisierung und Massenproduktion für fragmentierte Märkte, d.h. die Kombination der Vorteile von economies of scale mit größerer Produktdifferenzierung (auf die Kundenwünsche zugeschnittene Einzellösungen, im Extremfall Losgrößen von eins). Diese Produktionsformen erlauben es auch großen Unternehmen, die Produktion zu flexibilisieren und Produktinnovationen schneller umzusetzen.

Wettbewerb findet nicht nur zwischen Unternehmen derselben Branche statt, sondern auch zwischen Regionen um (zukunftsträchtige) Arbeitsplätze und Investoren (Haraldsen 1995). Endogenes Potential nutzbar zu machen und lokale/regionale Verflechtungen aufzubauen (Multiplikatoreffekte), wird dabei als ein Ziel betrachtet, externe Abhängigkeiten zu verhindern und die regionale Wirtschaftsentwicklung selbsttragend zu gestalten. Dies soll erreicht werden einerseits durch die Förderung kleiner und mittelständischer Betriebe mit starkem Beschäftigungspotential, die das Entstehen von Produktionsclustern im Sinne der Lokalisationshypothese auch in bisher weniger erfolgreichen Regionen unterstützen können (vgl. Huggins 1995, Wiig/Wood 1995). Andererseits können auch Zweigbetriebe von Großunternehmen über den direkten Beschäftigungseffekt hinaus positive regionalökonomische Beiträge leisten. Voraussetzung dafür ist, daß es sich nicht mehr um „verlängerte Werkbänke" ohne dispositive Funktionen handelt, sondern daß diese Betriebe aufgrund ihrer Struktur ebenfalls ein gewisses Maß an regionalen Verflechtungen entwickeln. Daß dies möglich ist, hat Potter (1995) für die in externem Eigentum befindliche Industrie in zwei britischen Regionen nachgewiesen. Morgan (1995) nennt diese Form von Zweigbetrieben „smart branch plants".

## 3. Die Wettbewerbssituation der deutschen Bahnindustrie

Lokomotiv- und Waggonbau existieren in Deutschland bereits seit ca. 150 Jahren. Die erste Lokomotive wurde 1839 in Übigau bei Dresden gebaut. Die Zahl der Hersteller wuchs mit der Expansion des Eisenbahnnetzes rasch an und die Standorte der Unternehmen orientierten sich an der Entwicklung der Eisenbahnlinien. Dadurch entstand ein vergleichsweise disperses Standortmuster, das auch heute noch charakteristisch ist (vgl. Abb. 2). Aufgrund eines nur in begrenztem Umfang expansionsfähigen Marktes begann jedoch schon sehr früh ein Prozeß der Unternehmenskonzentration, der sich bis heute weiter verstärkt hat und noch nicht zum Abschluß gekommen ist. Gab es Ende des 19. Jahrhunderts noch 41 Betriebe, die Lokomotiven produzierten, so schrumpfte diese Zahl auf 17 im Jahr 1935 (vgl. Hochbruck 1992, S. 102). Bereits zu dieser Zeit wurde dem Problem von Überkapazitäten und geringer Nachfrage mit der Zuteilung von Quoten begegnet, deren Ankauf zu einer Dominanz von nur vier Anbietern führte (Henschel, AEG-Borsig, Krupp und Schwarzkopff hielten einen Quotenanteil von 90,58%). Heute sind im Verband der deutschen Bahnindustrie noch 11 Betriebe genannt, die in der Fachgruppe Lokomotivbau organisiert sind (vgl. VDB 1995). Ähnliches gilt für den Waggonbau, der heute noch von 20 im Verband organisierten Unternehmen durchgeführt wird.

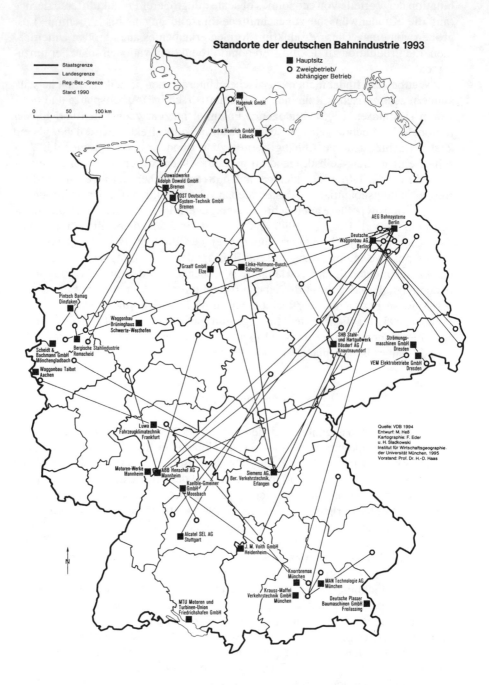

Abbildung 2: Standorte der deutschen Bahnindustrie 1993

War der Schienenfahrzeugbau zu Beginn noch eine klassische Domäne des Maschinenbaus, so überwiegt heute der Anteil der Elektronik / Elektrotechnik gegenüber den mechanischen Komponenten. Lange Zeit war kein Hersteller in der Lage, allein eine Lokomotive zu liefern. Die Arbeitsteilung zwischen Mechanikfirmen und Herstellern von Elektrokomponenten war etabliert und durch den Systemintegrator Deutsche Bundesbahn wurden die zahlreichen Schnittstellen im Entwicklungs- und Produktionsprozeß koordiniert. Dadurch gab es kaum Aufträge mit großen Stückzahlen, so daß keiner der Hersteller überdurchschnittliche Marktanteile gewinnen konnte, um Kostendegressionen durch größere Serien zu realisieren (vgl. Pörner 1993, S. 197). Mit der vertikalen Integration von Elektrotechnik und Mechanik wurde von einigen Produzenten v.a. auf dem Wege von Fusionen der Schritt zum Systemanbieter vollzogen. Dies schien der einzige Weg zu sein, auf bis dahin stark national ausgerichteten, stagnierenden oder schrumpfenden Märkten bestehen zu können. Neben vertikale Integration tritt zunehmend auch eine horizontale Integration durch den Zusammenschluß von Komplettanbietern. Die jüngst bekannt gewordenen Fusionsbestrebungen von Daimler-Benz Transportation und ABB setzen diesen Trend fort und führen zu einem de-facto Duopol (AEG-ABB und Siemens) im Bereich der Systemanbieter von schienengebundenen Verkehrsmitteln. Die Reichweite der Unternehmenszusammenschlüsse ist dabei zunehmend international, um die Exportchancen zu erhöhen und den local-content-Forderungen der ausländischen Kunden entgegenzukommen. Ein Beispiel hierfür ist der britisch-französische Bahntechnik-Konzern GEC-Alsthom.

Wettbewerbsfähige Unternehmensstrukturen und damit verbundene regionale Effekte lassen sich nur schwer verallgemeinern und hängen von den unterschiedlichen Rahmenbedingungen ab, unter denen eine Branche agiert. „Each industry has a specific techno-economic basis which may be regarded as an outcome of three related factors: a) the characteristics of the process and product technology, b) the size and composition of demand and c) the degree of appropriability of innovation (Dosi 1988, Pavitt 1984). These factors represent conditions common to all firms competing in an industry" (Haraldsen 1995, S. 2). Für die Bahnindustrie sind dies:

a) die zunehmende Bedeutung der Standfertigung kleiner Serien im Unterschied zur Linienfertigung großer Serien. Die Märkte für Nahverkehrsfahrzeuge werden im Rahmen der Regionalisierung 1996 noch stärker segmentiert werden, eine wachsende Diversifikation der Produkte für eine größere Anzahl von Kunden wird damit unumgänglich. Die im Zuge der Deregulierung und Liberalisierung der Verkehrsmärkte wachsenden Exportmöglichkeiten erfordern die Anpassung der Produkte an die jeweiligen Spezifika der ausländischen Kunden. Dies ist insbesondere im Sektor Schienenverkehr ein nicht zu unterschätzendes Kriterium. So existieren allein in der EU zwei Spurweiten, vier verschiedene Bahnstromsysteme und 13 verschiedene Sicherheits- und Leitsysteme, die kaum kompatibel sind.

b) ein dynamischer Markt, der weltweit zwar Wachstumsraten von 6% bis 7% aufweist und für das Jahr 2000 auf rund 60 Mrd. DM (ohne Fahrwege und

Gebäude) geschätzt wird, jedoch immer wieder Phasen der Stagnation erreicht. Die Privatisierung der Staatsbahnen in Ländern wie Frankreich, Großbritannien oder der Bundesrepublik führte häufig dazu, daß die Staatsbahngesellschaften als frühere Betreiber keine Neufahrzeuge mehr anschafften, während sich die neuen privaten Betreiber angesichts der unsicheren Entwicklung mit Aufträgen an die Industrie noch zurückhielten. Solche Nachfragebedingungen führten in Großbritannien dazu, daß das ABB-Werk in York 1995 wegen fehlender Inlandsaufträge schließen und 750 Beschäftigte entlassen mußte. Auf der anderen Seite haben manche Staatsbahnen wie die französische SNCF durch langfristige Optionen an die heimische Industrie verhindert, daß ausländische Firmen im Rahmen der EU-Ausschreibungspflicht auf dem französischen Markt in absehbarer Zeit „zum Zuge" kommen.

c) die Verkürzung der Produktzyklen in einer bis vor wenigen Jahren nur mäßig innovativen Branche sowohl in Hinblick auf Produkt- wie auf Prozeßinnovationen. Gestiegene Anforderungen an Energieeinsparung, flexible Einsatzmöglichkeiten, Geschwindigkeit und Komfort bei sinkender Stückzahl führten zu wachsendem Einsatz von innovativen Fertigungsmethoden (z.B. Standfertigung, Gruppenarbeit), neuen Techniken (z.B. C-Technologien im Entwicklungs- und Produktionsbereich, Einsatz von Aluminium und glasfaserverstärkten Kunststoffen, Mehrstromtriebköpfe) und verbesserten Komponenten (z.B. Hochgeschwindigkeitsdrehgestelle, Bremsanlagen mit Energierückgewinnung). Dies führte zu einem deutlichen Anstieg der F&E-Ausgaben, gemessen am Umsatz der Branche.

Durch die Wiedervereinigung Deutschlands erhöhten sich schlagartig die Produktionskapazitäten im (west-)deutschen Schienenfahrzeugbau. Da das Kombinat Schienenfahrzeuge mehr Waggons produzierte als die Konkurrenz in den alten Bundesländern, verschärfte sich das Problem der Überkapazitäten beträchtlich. Auch die LEW Hennigsdorf wurde zu einer neuen inländischen Konkurrenz für die westdeutschen Hersteller. Die ostdeutschen Unternehmen sahen sich gezwungen, den für sie neuen, für die westlichen Vertreter der Branche aber bereits bekannten Markt- und Wettbewerbsbedingungen strukturell und produktbezogen zu begegnen.

### 4. Der Strukturwandel der ostdeutschen Schienenfahrzeugindustrie – das Beispiel der Deutschen Waggonbau AG

Das ehemalige Kombinat Schienenfahrzeugbau der DDR entwickelte sich in den vier Jahrzehnten vor der Wiedervereinigung aus dem Zusammenschluß mehrerer, z.T. seit über 100 Jahren existierender Waggonbaubetriebe und der Eingliederung von Zulieferfirmen in den Kombinatsverbund. So entstand der weltweit größte Hersteller für spurgebundene Personen- und Güterwagen mit ca. 25.000 Beschäftigten und einem Umsatz von 3,5 Mrd. Mark der DDR (Jahresumsatz 1989, vgl. Kasiske 1990). Die Fertigungstiefe von nahezu 100% wurde erreicht durch die vertikale Integration fast aller Vormaterial- und Komponentenher-

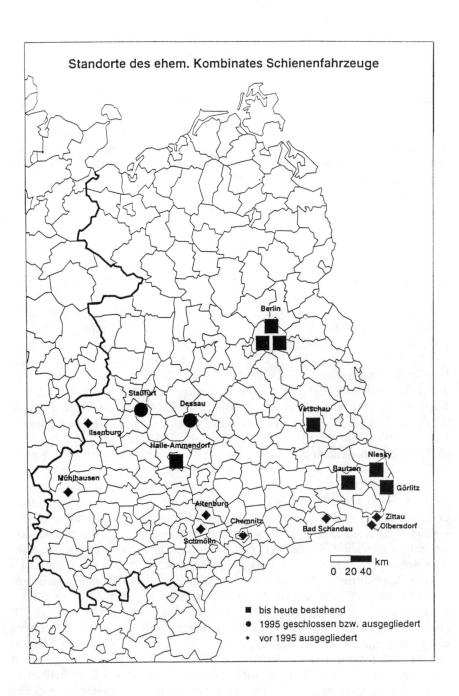

Abbildung 3: Standorte des ehemaligen Kombinates Schienenfahrzeuge

steller von der Gießerei über Radsatz- und Drehgestellfabriken bis zur Fahrzeugsitzeproduktion, dem Prinzip der „reproduktiven Geschlossenheit" folgend (vgl. Grabher 1994, S. 179). Die Standorte der beteiligten Betriebe waren zumeist historisch gewachsen und standen in keiner engen räumlichen Beziehung zueinander (vgl. Abb. 3). Außer der Nutzung des regionalen Arbeitsmarktes hatten die Betriebe des Kombinates nur wenige wirtschaftliche Verflechtungen mit der Standortregion. Das Kombinat Schienenfahrzeuge produzierte nahezu ausschließlich für den Export, v.a. in die RGW-Staaten, und war als Alleinproduzent keinem Wettbewerb ausgesetzt, weder in der DDR noch in den Abnehmerländern. Die Produktion für den Inlandsmarkt wurde von Betrieben der Reichsbahn in Eigenregie durchgeführt. Die Situation veränderte sich wie auch für andere Wirtschaftszweige nach dem Fall der Mauer dramatisch. Im Mai 1990 wurde das Kombinat umgewandelt in die Deutsche Waggonbau Aktiengesellschaft (DWA) und ging in das Eigentum der Treuhandanstalt Berlin über.

A. Anpassung an die veränderte Marktsituation durch organisatorischen Wandel und Personalabbau

Seit der Umwandlung in die DWA richtete sich das Unternehmen verstärkt darauf aus, für neue Märkte zu produzieren, wenngleich zunächst die GUS-Staaten noch den größten Umsatzanteil ausmachten. Die Reformen und politischen Veränderungen führten jedoch zu Zahlungsschwierigkeiten, so daß die DWA ihre Exporte in die GUS bzw. deren Nachfolgestaaten nur noch in begrenztem Umfang und mittels Hermes-Bürgschaften tätigen konnte. Der Umsatz der Deutschen Waggonbau AG fiel von rund 2 Mrd. DM 1992 um nahezu die Hälfte auf ca. 1,1 Mrd. DM 1994. Der Wegfall der Ostmärkte konnte durch den Inlandsmarkt nicht kompensiert werden, während der Zugang zu neuen Märkten in Westeuropa und Übersee nicht in nennenswertem Umfang gelang. Die Umwandlung der DWA-Standorte in rechtlich selbständige Gesellschaften war der Versuch, organisatorisch auf die Markt- und Wettbewerbsentwicklung zu reagieren. Die Kompetenzen in den Unternehmensbereichen Einkauf und Konstruktion wurden dezentralisiert und an die einzelnen Standorte übertragen, in der Berliner Zentrale verblieb das Controlling. Dabei wurde die schon zu Kombinatszeiten existierende weitgehende Spezialisierung auf bestimmte Produktbereiche im wesentlichen beibehalten. Die Güterwagenproduktion erfolgte in Dessau und Niesky, Reisezugwagen wurden vornehmlich in Ammendorf und Görlitz produziert, während sich der Betrieb in Bautzen v.a. auf Nahverkehrssysteme (Trambahnen, U-Bahnen) konzentrierte. Darüber hinaus wurden alle früheren Kombinatsteile aus der DWA ausgegliedert, die mit dem Kerngeschäft nicht unmittelbar verbunden waren, d.h. neben den Finalbetrieben, dem Institut für Schienenfahrzeuge IfS (1990 neu gegründetes Grundlagenforschungszentrum) und dem Elektrokomponentenhersteller FAGA gehörten bis 1994 nur das Achslagerwerk Staßfurt und der Drehgestelleproduzent in Vetschau zum Unternehmen. Es erfolgte somit zunächst eine vertikale Desintegration, verbunden mit einem Stellenabbau in großem Umfang, der zum Teil mit Ausgesellschaftungen einherging, zum größeren Teil aber über Entlassungen, freiwillige Abgänge, Vorruhestandsregelungen und Sozialpläne erfolgte. Der Anteil der direkt gewerblich, d.h. in der Produktion Beschäftigten stieg bis 1994 auf 51% an, da viele Aktivitäten des früheren Kombinates im Dienstleistungs-, Transport- und Sozialbereich aufgegeben oder ausgegliedert wurden.

Tabelle 1: Personalentwicklung der DWA-Standorte 1989 bis 1994

| Standort    | 30. 9. 1989 | 14. 3. 1991 | 21. 21. 1994 | Veränderung in % 1989–1994 |
|-------------|-------------|-------------|--------------|----------------------------|
| Ammendorf   | 4752        | 4080        | 1810         | –61,9 %                    |
| Bautzen     | 3296        | 2340        | 1037         | –68,5 %                    |
| Dessau      | 3665        | 2728        | 810          | –77,9 %                    |
| Görlitz     | 3710        | 2958        | 1541         | –58,5 %                    |
| Niesky      | 1926        | 1503        | 511          | –73,5 %                    |
| Vetschau    | 543         | 427         | 195          | –64,1 %                    |
| IfS Berlin  | 0           | 168         | 90           | –48,0 %*                   |
| FAGA Berlin | 2156        | 1238        | 402          | –81,4 %                    |
| Summe       | 20048       | 15442       | 6396         | –68,1 %                    |

*1990–1994; Quelle: DWA 1995

Der Personalabbau der DWA zwischen 1989 und 1994 (vgl. Tab. 1) schwankte an den einzelnen Standorten zwischen 48,0% und 81,4%. Insbesondere die Güterwagenproduktion in Dessau und Niesky war durch den Stellenabbau betroffen. Darin spiegelt sich die Tatsache wider, daß die materialaufwendigere und weniger technologieintensive Herstellung von Güterwagen aufgrund mangelnder Nachfrage kaum noch rentabel war und im Falle der Waggonbau Niesky GmbH zu einer Verlagerung von Produktionsteilen ins Ausland (Tschechien, Polen) führte. Die Endmontage in Dessau, wo Spezialkühlwagen für die GUS bzw. Rußland gefertigt wurden, ist zum 1.6.1995 eingestellt worden, während die Waggonbau Niesky GmbH durch einen überraschenden Großauftrag und die genannten Produktionsverlagerungen zumindest vorübergehend gesichert werden konnte. Für Dessau bedeutete dies einen Verlust von über 3600 Arbeitsplätzen, von denen nur ein Bruchteil durch Ausgründungen erhalten blieb. Nahverkehrs- und Reisezugwagenproduktion fanden dagegen in der Deutschen Bundesbahn und später der Deutschen Bahn AG neue Nachfrager, welche nicht zuletzt aus struktur- und industriepolitischen Gründen (große Bedeutung der DWA als Arbeitgeber in Ostsachsen, Erhaltung industrieller Kerne) Aufträge an die Deutsche Waggonbau vergaben. Doch auch bei gegenwärtig guter Auslastung wird das Stammpersonal nicht mehr erhöht, stattdessen werden bei guter Auftragslage externe Zeitarbeitskräfte eingesetzt.

Die Produktivität als Indikator für die Wettbewerbsfähigkeit der Branche, die in den letzten fünf Jahren durch die großen (von der DWA mitverursachten) Überkapazitäten und monopsonistische Inlandsnachfrage einen Preisverfall von ca. 25% hinnehmen mußte, stagniert gegenwärtig auf einem Niveau, das unterhalb dem der Hauptkonkurrenten aus den alten Bundesländern liegt. Der massive

Absatzrückgang ließ trotz des Personalabbaus den Umsatz je Beschäftigten von 1993 auf 1994 wieder sinken.

Um eine langfristige, dynamische Wettbewerbsfähigkeit zu erreichen, wurde im Zuge der Privatisierung der DWA durch den Verkauf an den amerikanischen Investor Advent International die Refusionierung der selbständigen DWA-Tochtergesellschaften zur Konzernmutter in Berlin beschlossen. Ausgenommen davon bleiben das F&E-Zentrum IfS und der Elektronikproduzent FAGA, beide in Berlin. Mit dieser vertikalen Reintegration sind die Ziele verbunden, den Weg zum Systemanbieter zu beschreiten und durch größere Einkaufsmengen die Nachfragemacht gegenüber den Zulieferunternehmen zu steigern. Neben die Refusionierung treten verstärkt Kooperationen und Konsortialverbindungen mit den Hauptkonkurrenten Siemens, ABB und AEG, da ein eigener Antriebshersteller bisher nicht zur Verfügung steht. Im Gegensatz zu den Sanierungsmaßnahmen bei vielen anderen Großunternehmen, die u.a. aus einer Zergliederung der Konzerne in einzelne, selbständige Einheiten bestanden, beschreitet die DWA gegenwärtig den Weg der vertikalen Integration und horizontalen Quasi-Integration, um lebensfähig zu bleiben. Diese Strategie führt jedoch dazu, daß Kompetenzen der einzelnen Standorte wieder stärker in Berlin zentralisiert werden. Dies gilt für den Einkauf, in noch stärkerem Maße allerdings für die F&E-Aktivitäten in den einzelnen Betrieben, die sich voraussichtlich reduzieren werden auf bestimmte Bereiche der Konstruktion, so daß ein Verlust an qualitativ hochwertigen Arbeitsplätzen in den DWA-Betrieben von Sachsen und Sachsen-Anhalt unausweichlich scheint - eine arbeitsmarktpolitisch unerfreuliche Situation.

B. Der Wandel in Beschaffung und Produktion

Die bereits erwähnte Reduktion der Fertigungstiefe bedeutete auch wesentliche Veränderungen in der Zulieferstruktur. Während früher faktisch die gesamte Wertschöpfung innerhalb der damaligen DDR erfolgte, sind die Bindungen zu früheren Lieferanten innerhalb und außerhalb des Kombinates zum größten Teil weggebrochen. Zwar bestehen noch vielfältige Kontakte zu früheren „Netzwerken" besonders im Dienstleistungs-, Transport- und Bausektor, doch hat sich die regionale Verteilung der Zulieferer für die Produktion deutlich verschoben, insbesondere bei wertschöpfungsintensiven Teilen. Die Ursachen dafür liegen in drei Bereichen: neue technische und qualitative Anforderungen, Modularisierung und Etablierung von Systemlieferanten und eine stark ausgeprägte Nachfragemacht, welche die Wahlfreiheit der Lieferanten einschränkt.

Der Zwang zu Produktinnovationen und Qualitätssicherung sowie völlig neue Regelwerke und Richtlinien der Kunden führten zu Anforderungen, denen viele ostdeutsche Hersteller offensichtlich nicht gewachsen waren. Allein die Waggonbau Bautzen hatte im Jahr 1994 rund 1000 Qualitätsmängel bei den Zulieferunternehmen zu beanstanden. Da häufig auch Terminprobleme auftraten, führte dies zu einer verstärkten Auftragsvergabe an Unternehmen aus den alten Bundesländern oder dem Ausland. Daß sich deren Anteile mit der Produktion neuer Fahrzeuggenerationen noch erhöhen werden, zeigt das Beispiel des IC-NeiTech, eines neuen Hochgeschwindigkeitszuges, den die DWA als Konsor-

Der Strukturwandel in der ostdeutschen Schienenfahrzeugindustrie

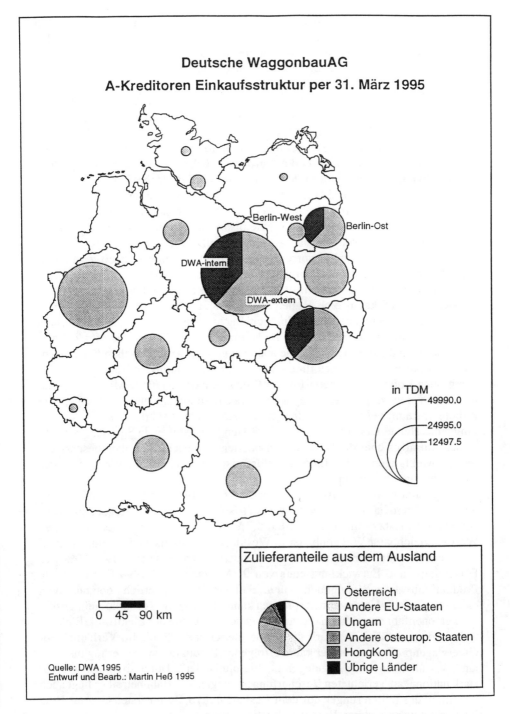

Abbildung 4: Deutsche Waggonbau AG: A-Kreditoren Einkaufstruktur 1995

tialführer zusammen mit anderen Firmen produzieren wird. Die Zulieferungen aus den neuen Bundesländern werden bei diesem Produkt dann nur noch 6% bis 7% ausmachen. Für einen Schlafwagen, der an Rußland geliefert wird, stammen hingegen rund 60% der Teile aus Ostdeutschland, die Zulieferbetriebe haben jahrelange Erfahrung mit diesem Produkt.

Die Produktionsweisen haben sich im Rahmen des Unternehmensumbaus in einer Weise verändert, die eine wesentlich größere Flexibilität erlaubt. Die Instrumente der Flexibilisierung werden allerdings selektiv eingesetzt. Während in Ammendorf etwa bei der Herstellung von Reisezugwagen nach wie vor eine Einlinienfertigung praktiziert und auf größere Stückzahlen angewandt wird (das dafür entwickelte Fertigungssystem wurde in den 70er Jahren in Lizenz nach Frankreich verkauft), wurde im Nahverkehrssektor des Waggonbau Bautzen auf die sogenannte Standfertigung umgestellt, bei der „Meisterfamilien" jeweils ein komplettes Produkt erstellen, anstatt wie bisher in der Durchlaufproduktion für ein bestimmtes Segment zuständig zu sein. Auf diese Weise ist es möglich, innerhalb eines Jahres an 14 verschiedenen Produkttypen gleichzeitig zu arbeiten. Der Waggonbau Görlitz hingegen produziert im Jahr nicht mehr als drei Fahrzeugtypen. Aufgrund der insgesamt geringen Stückzahlen spielt das Logistik-Konzept JIT kaum eine Rolle. Neben der zunehmenden Einbindung von Systemlieferanten und neben der Entwicklung hin zum single sourcing ist das ein weiterer Grund für die abnehmende Bedeutung der räumlichen Nähe für Zulieferer. Eine Ausnahme bilden hier, wie auch bei einigen westdeutschen Konkurrenten, Kunststoffauskleidungen für die Fahrzeuge. Auf räumliche Nähe kann durch den großen Koordinationsbedarf in der Produktion (individuelle Maße der Teile) und durch den vergleichsweise hohen Transportaufwand nach Aussagen der Zulieferer kaum verzichtet werden. In der Konsequenz führte dies zur Ansiedlung eines Herstellers von glasfaserverstärkten Kunststoffen in Sachsen, der 60% seines Umsatzes über die DWA erwirtschaftet. Angesichts der oben beschriebenen Entwicklungen in den Lieferstrukturen ist dies aber in Bezug auf regionale Verflechtungen kaum impulsgebend.

Insgesamt wurden vom Unternehmen ca. 600 Millionen DM in die Produkt- und Prozeßinnovation investiert, was sich sowohl in einem steigenden F&E-Anteil am Umsatz (von 3,0% 1991 auf 8,8% 1994, das entspricht dem doppelten Wert vergleichbarer Waggonbauer in Westdeutschland) als auch in einer schnell wachsenden Zahl von Patenten und Schutzrechten äußerte. Etwa 60% des Forschungs- und Entwicklungsetats von 91 Millionen DM 1994 flossen in die Produktinnovation. Wenngleich man im Fall der DWA sicherlich noch nicht von einem High-Tech-Unternehmen sprechen kann, so steigt die Technologieintensität der Personenfahrzeuge durch die zunehmende Bedeutung der Elektronik/Elektrotechnik doch deutlich an. Darin liegt einer der Gründe für die im Verhältnis zur Güterwagenproduktion bisher kaum erfolgende Produktionsverlagerung ins Ausland, vor allem in die nahegelegen „Billiglohnländer". Durch die nach wie vor stark national ausgerichteten Beschaffungsstrategien der Bahnbetreiber liegt auch der Anteil der Zulieferungen aus dem Ausland mit 10,5% im ersten Quartal 1995 im Verhältnis zu anderen Branchen relativ niedrig.

C. Neue, wettbewerbsfähige Unternehmensstrukturen in der ostdeutschen Schienenfahrzeugindustrie?

Der Schienenfahrzeugbau in Ostdeutschland zeigt zwei auf den ersten Blick gegensätzliche Entwicklungsmuster: auf der einen Seite ist die Branche durchaus imstande, im Sinne postfordistischer Produktionsweisen innovative Produkte zu entwickeln und mit modernen Prozeßtechnologien zu fertigen, während gleichzeitig die Strukturen der Unternehmensorganisation eher fordistischen Prinzipien entsprechen. Vertikale Verflechtungen, wie sie bereits zu Kombinatszeiten existierten, bedeuten für Unternehmen der Bahnindustrie offensichtlich keinen Wettbewerbsnachteil im Sinne von Inflexibilität, sondern sind im Gegenteil ein wesentliches Erfordernis angesichts der für Schienenfahrzeuge herrschenden Marktsituation. In diesem Sinne erscheinen manche Strukturen der ostdeutschen Schienenfahrzeugindustrie keineswegs als neu, im Bereich der Produktpolitik und der Produktionstechniken dagegen hat man sich weitgehend Prinzipien angenähert, die auch in anderen Branchen zunehmend befolgt wurden. Dies gilt v.a. für die Flexibilisierung der Produktion als Anpassung an veränderliche Kundenwünsche. Früher vorhandene räumliche Verflechtungen innerhalb der Branche brachen auf und wurden durch weiterreichende nationale, in steigendem Maße auch internationale Lieferbeziehungen ersetzt. War der Waggonbau bis zur Wende im wesentlichen auf Sachsen, Sachsen-Anhalt und Berlin beschränkt, so werden nun häufig Systemlieferanten außerhalb dieser Regionen bevorzugt.

## 5. Zusammenfassung

Wettbewerbsfähige Unternehmensstrukturen wurden in der industriegeographischen Literatur der letzten Jahre vor allem in Form von Netzwerken flexibler, regional eingebundener Unternehmen kleiner bis mittlerer Größe dargestellt. Die Struktur und der Sättigungsgrad vieler Märkte bedingen jedoch Konzentrationsprozesse unter den für sie produzierenden Unternehmen. Auch die Großkombinate der früheren DDR mußten bzw. müssen sich neuen Herausforderungen stellen. Welche Strategien dabei allerdings eingeschlagen werden, hängt zu einem großen Teil von den branchenspezifischen Marktbedingungen ab und läßt sich nicht nach allgemeinen Rezepten wie „small is beautiful" oder „economies of scale" beurteilen. Dies gilt auch für die Deutsche Waggonbau AG, ebenso wie für die gesamte ostdeutsche Schienenfahrzeugindustrie.

Vom vormals eine ganze Region prägenden Kombinat Schienenfahrzeuge ist ein Unternehmen übriggeblieben, das seine vormalige Bedeutung als Arbeitgeber und industrieller Kern weitgehend verloren hat (vgl. auch DIW 1995), auch wenn etwa die sächsische Landeszentrale für politische Bildung den Wirtschaftsraum Sachsen noch 1993 sehr dezidiert mit der Deutschen Waggonbau AG in Verbindung bringt (vgl. Graute u. a. 1993). Dennoch kann sich die DWA bisher auf dem Markt halten, nicht zuletzt dank staatlicher Unterstützung und staatlicher Auftragsvergabe. Verstärkte Kooperation mit großen Systemanbietern und innovative Produktpolitik werden der einzige Weg zur Erhaltung der Wettbewerbsfähigkeit sein, falls es nicht gelingt, durch den Zukauf von Antriebstechnik-Herstellern zum Komplettanbieter von Schienenfahrzeugen aufzusteigen. Eine weitere Aufspaltung des Konzerns in kleinere (häufig als flexibler erachtete) Einheiten ist unter den gegebenen Markt- und Wettbewerbsbedingungen offensichtlich nicht zweckmäßig. Eine durch die DWA als „Katalysator" ausgelöste Wirtschaftsentwicklung bei Zuliefern im regionalen Umfeld kann nur gelingen, wenn sich in den betreffenden Regionen Systemlieferanten etablieren, die es ihrerseits vermögen, in den Standortregionen neue oder bereits vorhandene Zulieferbetriebe in den Produktionsprozeß einzubinden. Gelingt dies nicht, werden die Werke der DWA in Sachsen und Sachsen-Anhalt eher dem entsprechen, was Grabher als „Cathedrals in the East German Desert" (Grabher 1994, S. 189 ff.) bezeichnet, ohne wirklich Multiplikatoreffekte erzeugen zu können.

## Literatur:

Amin, A. (1993): The Globalization of the Economy. An Erosion of Regional Networks? In: G. Grabher (Hg.): The Embedded Firm. On the Socioeconomics of Industrial Networks. S. 278–295. London u. New York.

Anderson, M. (1995): The Role of Collaborative Integration in Industrial Organization: Observations from the Canadian Aerospace Industry. In: Economic Geography 71, 1, S. 55–78.

Appold, S. J. (1995): Agglomeration, Interorganizational Networks, and Competitive Performance in the U.S. Metalworking Sector. In: Economic Geography 71, H. 1, S. 27–54.

Aydalot, P. (Hg.) (1986): Milieux innovateurs en Europe. Paris.

Berteit, H. (1991): Strukturelle Anpassungsprozesse in Ostdeutschland und ihre Folgen für den Arbeitsmarkt in den neuen Bundesländern. In: Ifo-Studien zur Arbeitsmarktforschung 7, S. 61–67.

Best, M. H. (1990): The New Competition: Institutions of Industrial Restructuring. Cambridge/Ma.

Chandler, A. D. (1977): The Visible Hand: The Managerial Revolution in American Business. Cambridge/Ma.

Deutsches Institut für Wirtschaftsforschung (DIW) (Hg.) (1995): Gesamtwirtschaftliche und unternehmerische Anpassungsfortschritte in Ostdeutschland. Dreizehnter Bericht. URL: http: // www. diw - berlin. de / diwwbd / 95-27-1. html.

Dosi, G. (1988): The Nature of the Innovation Process. In: Dosi, G. u. a. (Hg.): Technical Change and Economic Theory. S. 221–138. London.

Deutsche Waggonbau AG (DWA) (Hrsg.): Geschäftsberichte. Verschiedene Jahrgänge.

Engelen-Kefer, U. u. a. (1995): Beschäftigungspolitik: Wege zur Vollbeschäftigung im Europäischen Binnenmarkt. 3. Aufl. Köln.

Fritsch, M. (Hg.) (1994): Potentiale für einen ‚Aufschwung Ost'. Wirtschaftsentwicklung und Innovationstransfer in den Neuen Bundesländern. Berlin.

Grabher, G. (1994): The Disembedded Economy: The Transformation of East German Industrial Complexes into Western Enclaves. In: Amin, A. u. N. Thrift (Hg.): Globalization, Institutions, and Regional Development in Europe. S. 176–195. Oxford.

Graute, U. u. a. (1993): Wirtschaft in Sachsen. Dresden.

Haraldsen, T. (1995): Spatial Conquest. The Territorial Extension of Production Systems. Paper presented to the RSA European Conference on Regional Futures in Gothenburg, 6–9 May.

Hochbruck, H. (1992): Die Entwicklung der Schienenfahrzeugindustrie in Deutschland und Europa. In: Zeitschrift für den Eisenbahnverkehr 116, Nr. 4, S. 100–114.

Hudson, R. (1995): Regional Futures: Industrial Restructuring, New Production Concepts and Spatial Development Strategies in the New Europe. Paper presented to the RSA European Conference on Regional Futures in Gothenburg, 6–9 May.

Huggins, R. (1995): Competitiveness and the Global Region: The Role of Networking. Paper presented to the RSA European Conference on Regional Futures in Gothenburg, 6–9 May.

Kasiske, H. (1990): Der Schienenfahrzeugbau der DDR. Entwicklung, Leistungsprofil und Ziele des Waggonbaus. In: Zeitschrift für den Eisenbahnverkehr, Nr 8. S. 251–266.

Läpple, D. (1993): Räumliche Auswirkungen neuer Produktions- und Unternehmenskonzepte - Thesen zum Vortrag. In: Akademie für Raumforschung und Landesplanung (Hg.): Räumliche und funktionale Netze im grenzüberschreitenden Rahmen. Deutsch-Schweizerisches Fachgespräch 17./18. September 1992 in Zürich. S. 1–8. Hannover.

Lazonick, W. (1991): Business Organization and the Myth of the Market Economy. Cambridge/Ma.

MacLachlan, I. (1992): Plant Closure and Market Dynamics: Competitive Strategy and Rationalization. In: Economic Geography 68, H. 2, S. 128–145.

Milne, S., R. Waddington u. A. Perey (1994): Toward More Flexible Organization? Canadian Rail Freight in the 1990s. In: Tijdschrift voor Economische en Sociale Geografie 85, S. 153–164.

Morgan, K. (1995): Vortrag auf der RSA-Konferenz ‚Regional Futures' in Göteborg, 6-9 Mai.

Pavitt, K. (1984): Sectoral Patterns of Technical Change: Towards a Taxonomy and a Theory. In: Research Policy 13, Nr. 6, S. 343–373.

Pörner, R. (1993): Der europäische Schienenverkehrsmarkt und -wettbewerb im Umbruch — Strategische Erfolgsfaktoren für die Bahnindustrie. In: Droege, W., K. Backhaus u. R. Weiber (Hg.): Strategien für Investitionsgütermärkte. Landsberg/Lech.

Potter, J. (1995): Branch Plant Economies and Flexible Specialisation: Evidence from Devon and Cornwall. In: Tijdschrift voor Economische en Sociale Geografie 86, S. 162-176.

Prescher, J. (1995): Wirtschaftlicher Strukturwandel in Sachsen. In: Wirtschaftsdienst, Zeitschrift der IHK Dresden, Nr. 2, S. 22–24.

Robertson, P. L. u. R. N. Langlois (1994): Innovation, Networks, and Vertical Integration. URL: http: // netec. mcc. ac. uk / ~ adnetec / WoPEc / wuwpio9406006.

Schmude, J. (1994): Geförderte Unternehmensgründungen in Baden-Württemberg. = Erdkundliches Wissen 114. Stuttgart.

Schoenberger, E. (1988): Multinational Corporations and the New International Division of Labor: A Critical Appraisal. In: International Regional Science Review 11, Nr 2, S. 105–119.

Ders. (1994): Corporate Strategy and Corporate Strategists: Power, Identity, and Knowledge within the Firm. In: Environment and Planning A 26, S. 435–451.

Storper, M. u. R. Walker (1989): The Capitalist Imperative. Oxford.

Verband der Deutschen Bahnindustrie (Hg.) (1995): Firmenportraits 1995. Frankfurt am Main.

Wiig, H. u. M. Wood (1995): What Comprises a Regional Innovation System? An Empirical Study of Innovation in the Norwegian Region of More and Romsdal. Paper presented to the RSA European Conference on Regional Futures in Gothenburg, 6–9 May.

# DER MITTELSTÄNDISCHE EINZELHANDEL IN DEN NEUEN LÄNDERN
Räumliche Strukturen und Entwicklungsperspektiven

Matthias Achen, Heidelberg

## 1. Einleitung

Der Einzelhandel in den neuen Ländern unterliegt seit 1990 einem tiefgreifenden Anpassungsprozeß von zentralverwaltungs- an marktwirtschaftliche Strukturen, der im Zeitraffertempo ablief und bereits weit fortgeschritten ist. Die Entflechtung und Privatisierung der staatlichen Handelsorganisation (HO), die maßgeblich den Einzelhandel der ehemaligen DDR bestimmt hat, konnte schon 1991 abgeschlossen werden. Weiterhin ist der überwiegende Teil der Konsumgenossenschaften, die mit ihren Geschäften vornehmlich auf dem Land vertreten waren, mittlerweile aus dem Markt ausgeschieden. Der zur DDR-Zeit private Handel, auf den 1988 zwar noch 30% der Verkaufsstellen, aber nur 11% des Umsatzes entfielen, hat sich ebenso vielfach im Wettbewerb nicht behaupten können. Entscheidend für die rasche Strukturveränderung war der Markteintritt der westdeutschen Handelsunternehmen, die mit hohen Investitionen bislang unbekannte Betriebsformen wie Verbraucher- und Fachmärkte, Discounter sowie Einkaufszentren installiert und die verschiedenen Kundensegmente im hohen Maße erfolgreich angesprochen haben. Die Verkaufsfläche hat sich in den neuen Ländern damit vor allem im Non-Food-Bereich sehr stark erhöht.

Gleichzeitig haben seit der Wende viele neue mittelständische Geschäfte eröffnet, die oftmals durch öffentliche Existenzgründungsprogramme gefördert wurden. Durch einen leistungsfähigen Mittelstand werden nicht nur die Angebotsvielfalt im Einzelhandel erhöht und wesentliche Beschäftigungsimpulse geliefert, sondern auch die regionale Wertschöpfung gesteigert. Weiterhin liefert er wegen seiner Zentrenorientierung wichtige ökonomische Ansatzpunkte für die Revitalisierung der ostdeutschen (Innen-)Städte. Bislang zeichnet sich die räumliche Entwicklung des Einzelhandels in den neuen Ländern durch eine extreme Kapazitätsausweitung an peripheren Standorten aus, während der Aufbau der innerstädtischen Strukturen vergleichsweise schleppend verläuft. Eine umfassende Statistik über den mittelständischen Einzelhandel in den neuen Ländern ist bislang nicht verfügbar. Deshalb werden im folgenden zwei wesentliche Teilsegmente des Mittelstands behandelt, und zwar einerseits die geförderten Existenzgründer, andererseits die einheimischen Händler.

Die Untersuchung der Existenzgründungen bezieht sich auf das ERP-Förderprogramm der Deutschen Ausgleichsbank für den Zeitraum von 1990 bis 1994. Dieses Programm zählt mit zu den wichtigsten mittelstandspolitischen Maßnahmen und sieht für originäre Gründungen und Geschäftsübernahmen die Gewährung zinsgünstiger Darlehen bis zu 2 Mio. DM bei einer Laufzeit bis zu 20 Jahren vor, wobei höchstens 5 Jahre tilgungsfrei sind (vgl. Achen/Zarth 1994).

Die Untersuchung des einheimischen Handels bezieht sich auf Fallstudien in vier Städten aus Brandenburg (Cottbus, Frankfurt/Oder, Finsterwalde, Templin), in deren Rahmen im Herbst 1994 eine mündliche Befragung des Einzelhandels durchgeführt wurde. In diesen Interviews sind quantitative und qualitative Informationen zur betrieblichen Struktur und wirtschaftlichen Lage geliefert worden (vgl. Achen 1995).

## 2. Existenzgründungsförderung über das ERP-Programm

### A. Entwicklung des Gründungsgeschehen

Nachdem die ERP-Existenzgründungsförderung im Frühjahr 1990 auf die damalige DDR ausgedehnt worden war und 1991 fast 10.000 Anträge im Einzelhandel bewilligt wurden, ging diese Zahl in den folgenden Jahren kontinuierlich zurück und sank 1994 auf unter 3.000. Das Gründungsgeschehen hat sich jedoch auch in anderen Wirtschaftsbereichen nach 1991 deutlich abgeflacht. Unmittelbar nach der Wende wurden offensichtlich gute Chancen für selbständige Kaufleute gesehen, was maßgeblich auf die gesicherte Nachfrage, das umfangreiche Übernahmepotential sowie die niedrigen Markteintrittsbarrieren zurückzuführen sein dürfte. Mittlerweile hat sich die Situation grundlegend verändert. Einerseits sind viele der zunächst bestehenden Angebotsengpässe beseitigt worden, anderseits ist die Konkurrenz durch die westdeutschen Handelsketten stark angestiegen. Weiterhin dürfte sich die allgemeine wirtschaftliche Entwicklung, die durch eine vergleichsweise hohe Arbeitslosigkeit und geringe Kaufkraft gekennzeichnet ist, ungünstig für den neuen Mittelstand auswirken, da die Bevölkerung im hohen Maße preisgünstige, großflächige Angebotsformen aufsucht.

In den fünf Jahren seit der deutschen Einigung sind in den neuen Ländern mit insgesamt über 28.000 Anträgen etwa doppelt so viele Anträge wie in den alten Ländern bewilligt worden. Die Gründungsrate, gemessen an dem Indikator bewilligte Anträge je 10.000 Einwohner der Gründerpopulation (20- bis unter 50-jährige), fällt sogar über achtmal so hoch aus. Generell läßt sich feststellen, daß die ERP-Gründungsförderung im Einzelhandel im hohen Maße in Anspruch genommen worden ist. In den Jahren 1990 bis 1994 wurden Darlehen in Höhe von insgesamt 1,72 Mrd. DM bewilligt. Damit wurde ein Investitionsvolumen von rund 5,88 Mrd. DM induziert sowie etwa 146.000 Arbeitsplätze einschließlich der Arbeitsplätze der Existenzgründer geschaffen oder gesichert (vgl. Tab. 1).

Tabelle 1: Daten zur ERP-Gründungsförderung in den neuen Ländern im Einzelhandel 1990–1994

|  | 1990 | 1991 | 1992 | 1993 | 1994 | Insgesamt |
| --- | --- | --- | --- | --- | --- | --- |
| Bewilligte Anträge | 5.357 | 9.697 | 6.320 | 4.247 | 2.653 | 28.274 |
| Geförderte Investitionen (Mio. DM) | 621 | 1.665 | 1.485 | 1254 | 853 | 5.878 |
| Zugesagte Kredite (Mio. DM) | 168 | 498 | 442 | 362 | 251 | 1.720 |
| Beschäftigte (einschl. Gründer) | 21.490 | 49.289 | 34.678 | 25.130 | 15.197 | 145.784 |

Wie bei vielen anderen Förderprogrammen gleicht sich die sektorale Struktur der bewilligten Anträge immer mehr der westdeutschen Struktur an. Während 1990 in etlichen Branchen deutliche Differenzen bestanden, ist die Verteilung 1994 weitgehend ähnlich. Für den gesamten Zeitraum zeigen sich einige Unterschiede, wobei in erster Linie der größere Anteil des Einzelhandels mit Nahrungs- und Genußmitteln auffällt. Über 22 % der in neuen Ländern bewilligten Anträge stammen aus diesem Segment, wohingegen es in den alten Ländern weniger als 16 % waren. Da der Food-Bereich schon zur DDR-Zeit ein höheres Gewicht besaß, dürfte hier zunächst ein größeres Übernahmepotential an – allerdings zumeist recht kleinen – Geschäften bestanden haben. Der starke Rückgang der Förderfälle im Lebensmittelbereich, der 1992 einsetzte, dürfte als Anpassung an die gestiegene Konkurrenz durch großflächige Angebotsformen und Discounter zu interpretieren sein. Er läßt die langfristigen Marktchancen vieler Existenzgründer durchaus fraglich erscheinen. Eine wachsende Bedeutung innerhalb des ostdeutschen Gründungsgeschehens kommt dagegen dem Einzelhandel mit Möbeln und Einrichtungsgegenständen sowie Bekleidung zu, der von der günstigen Baukonjunktur und dem Modebewußtsein profitieren dürfte.

Unter den geförderten Existenzgründungen haben größere Vorhaben rasch an Bedeutung gewonnen. Die durchschnittliche Investition je Förderfall war 1994 (322.000 DM) nicht nur fast dreimal so hoch wie 1990, sondern lag auch deutlich über der entsprechenden Investition in den alten Ländern. Ebenso ist die durchschnittliche Beschäftigtenzahl je Förderfall im Gegensatz zu den westlichen Ländern fast kontinuierlich angestiegen. Während 1990 im Mittel vier Beschäftigte einschließlich der Gründer auf einen Förderfall kamen, waren es 1994 fast sechs; in den alten Ländern schwankte dieser Wert um fünf. Da das geförderte Investitionsvolumen in den neuen Ländern stärker wuchs als die Zahl der Beschäftigten, hat sich der je Beschäftigten geförderte Investitionsbetrag 1994 (56.000 DM) gegenüber 1990 nahezu verdoppelt und überstieg damit ebenso den westdeutschen Durchschnitt.

Für diesen Größenanstieg lassen sich mehrere Gründe anführen. In der Euphorie des Einigungsprozesses wurden anscheinend viele Vorhaben beantragt und auch genehmigt, die von ihrem Investitionsvolumen her kleiner konzipiert waren und nicht längerfristig geplant wurden, während die größeren Vorhaben erst mit einer gewissen Zeitverzögerung realisiert werden konnten. Bürokratische Hindernisse und ungeklärte Eigentumsrechte dürften zu weiteren Verzögerungen geführt haben. Schließlich ist anzunehmen, daß mittlerweile in den neuen Ländern der Anteil der Neugründungen, die einen höheren Finanzbedarf als Übernahmen erfordern, steigt und die Vorhaben zunehmend mit Bauinvestitionen einhergehen, um der gestiegenen Konkurrenz gewachsen zu sein.

### B. Räumliche Strukturen

Die Inanspruchnahme der ERP-Fördermittel durch Existenzgründer weist in den neuen Ländern bemerkenswerte räumliche Unterschiede auf, und zwar sowohl auf der Ebene der Länder als auch der siedlungsstrukturellen Kreistypen. Das räumliche Muster ist durch ein starkes Land-Stadt-Gefälle und ein leichtes Süd-

Der mittelständische Einzelhandel in den neuen Ländern 67

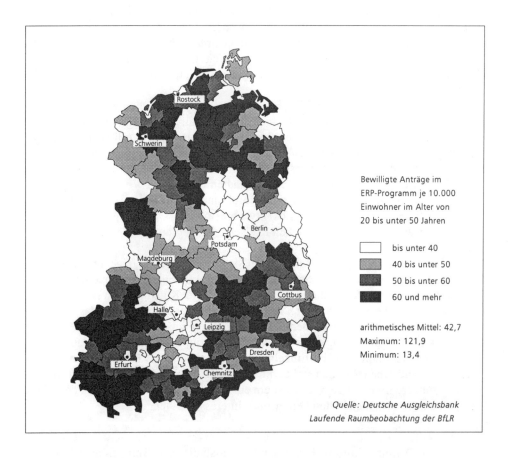

Abbildung 1: ERP-Gründungsförderung im Einzelhandel 1990–1994

Nord-Gefälle charakteristiert (vgl. Abb. 1). Die Muster bestehen gleichermaßen im Food- und Non-Food-Bereich und besitzen eine recht hohe zeitliche Stabilität. Während des Zeitraums von 1990 bis 1994 wurden im Einzelhandel im Durchschnitt 42,7 Anträge je 10.000 Einwohner der Gründerpopulation bewilligt.

Auf der Länderebene liegt Thüringen klar vor Mecklenburg-Vorpommern und Sachsen, wo der westliche Landesteil günstiger als der östliche Teil abschnitt. Berlin-Ost weist als Kernstadt eines Verdichtungsraums einen charakteristisch niedrigen Wert auf. Dazwischen befinden sich Sachsen-Anhalt und Brandenburg mit schwachen Werten im Umland von Berlin. Zur Erklärung des Süd-Nord-Gefälles lassen sich einerseits wirtschaftshistorische Aspekte anführen: So war der Mittelstand im Süden der früheren DDR nicht nur vor 1989, sondern bereits vor 1945 stark vertreten. Andererseits verläuft die allgemeine ökonomische Entwicklung in Thüringen und im westlichen Sachsen vergleichsweise günstig, was mit steigender Kaufkraft verbunden ist. Die sektorale Struktur der bewilligten Anträge unterscheidet sich zwischen den Ländern nur in wenigen Punkten. Auffällig ist die schwächere Inanspruchnahme für Lebensmittel in Berlin-Ost, während im überwiegend ländlich geprägten Mecklenburg-Vorpommern und in Brandenburg die Gründungsaktivität in diesem Segment deutlich höher ausfiel.

Die Inanpruchnahme der ERP-Fördermittel ist in ländlichen Räumen grundsätzlich höher als in verdichteten Gebiete; dies gilt für alle siedlungsstrukturellen Regionstypen. Das Land-Stadt-Gefälle ist im Food-Bereich deutlich stärker ausgeprägt als im Non-Food-Bereich und hat sich im Zeitablauf eher noch verschärft als abgeschwächt. Für den Untersuchungszeitraum zwischen 1990 und 1994 war z.B. die Gründungsaktivität in den Kernstädten der großen Verdichtungsräume noch nicht einmal halb so hoch wie im Durchschnitt aller Stadt- und Landkreise, im Food-Bereich lag sie sogar nur bei etwa einem Drittel. Demgegenüber fiel die Gründungsaktivität in den ländlichen Kreisen aller Regionstypen weit überdurchschnittlich aus.

Für dieses Land-Stadt-Gefälle lassen sich verschiedene Ursachen anführen. Offensichtlich waren in den Städten die wirtschaftlichen Rahmenbedingungen für selbständige Kaufleute durch die rasch gestiegene Konkurrenz westdeutscher Unternehmen, die vielfach ungeklärten Eigentumsverhältnisse und das knappe Angebot an günstigen Gewerberäumen wesentlich schwieriger als im Umland und auf dem Lande. Möglicherweise bestand dort nach der Wende auch ein niedrigerer Nachholbedarf im Einzelhandel, der schneller gesättigt werden konnte. In den ländlichen Räumen stellte die zuvor existierende Einzelhandelsstruktur - insbesondere im Food-Bereich - zudem ein Übernahmepotential dar, an dem die westdeutschen Handelsketten kein großes Interesse besaßen.

### 3. Der einheimische Einzelhandel: Fallstudien aus Brandenburg

#### A. Verkaufsflächen und Eröffnungen

Im Rahmen von Fallstudien wurden im Herbst 1994 in Cottbus, Frankfurt/Oder, Finsterwalde und Templin eine Kartierung und mündliche Befragungen im Einzelhandel durchgeführt, die insgesamt 1108 Geschäfte mit 284.000 qm Verkaufsfläche umfaßten. Wenn man diese Fläche an der Einwohnerzahl relativiert, wird deutlich, daß das Defizit, das im ostdeutschen Einzelhandel unmittelbar nach der Vereinigung im Vergleich zu den alten Ländern bestanden hat, im Untersuchungsgebiet bereits im hohen Maße abgebaut worden ist. Für jeden Einwohner haben dort rechnerisch 1.17 qm zur Verfügung gestanden. Jedoch ist zu berücksichtigen, daß alle vier Städte eine zentralörtliche Bedeutung besitzen und somit das Einzelhandelsangebot nicht nur auf die Bevölkerung vor Ort ausgerichtet ist.

Der überwiegende Teil der Geschäfte, die im Herbst 1994 erfaßt wurden, ist erst nach der Wende eröffnet worden. Etwa 10% der Läden sind zu Zeiten der DDR gegründet worden, 5% bereits vor dem zweiten Weltkrieg. Obwohl es sich um eine „Momentaufnahme" handelt, in der keine Gewerbeabmeldungen enthalten sind, legen die Zahlen nahe, daß die Gründungsaktivitäten im Untersuchungsgebiet Höhepunkte in den Jahren 1990/1991 und 1993 aufwiesen. Dies ist einerseits durch den großen Nachholbedarf unmittelbar nach der deutschen Vereinigung und das umfangreiche Privatisierungsangebot erklären, andererseits durch das vielfältige Angebot moderner Einzelhandelsflächen in Einkaufszentren, die trotz der im Vergleich zu den alten Ländern kürzeren Planungs- und Bauzeiten erst frühestens 1993 fertiggestellt wurden. Trotz eines Rückgangs sind aber auch 1994 immer noch viele – u.a. mittelständische – Geschäfte eröffnet worden.

B. Betriebstypen

Der Einzelhandel im Untersuchungsgebiet wird – bezüglich der Zahl der Geschäfte – eindeutig von einheimischen Betrieben geprägt. Bei einer Differenzierung nach der Organisation sind 50% der Läden Einbetriebsunternehmen, 22% der Läden gehören zu Mehrbetriebsunternehmen mit Betrieben am Ort oder in der Region und 7% zu Mehrbetriebsunternehmen mit Filialen in den neuen Ländern. 21% der Läden entstammen Mehrbetriebsunternehmen, die auch in den alten Ländern mit Filialen vertreten sind. Hier liegt auch fast immer der Firmensitz. Diese vier Typen werden im folgenden als *Einzelläden, lokale Filialisten, ostdeutsche Filialisten* und *westdeutsche Filialisten* bezeichnet.

Die starke Position des einheimischen Einzelhandels muß jedoch relativiert werden, da die mittlere Verkaufsfläche der Einzelläden und lokalen Filialisten unter 100 qm, der ost- und westdeutschen Filialisten dagegen weit über 500 qm liegt. Diese Differenzen weisen auf eine unterschiedliche Kapitalkraft und unterschiedliche Marktstrategien sowie den Tatbestand hin, daß bei der Privatisierung des staatlichen Handels Objekte über 100 qm in erster Linie an westdeutsche Ketten vergeben wurden. Somit entfällt die Verkaufsfläche im Untersuchungsgebiet nur zu einem Viertel auf einheimische Läden und einem Sechstel auf ostdeutsche Filialisten, aber zu weit über die Hälfte auf westdeutsche Filialisten. Diese Zahlen zeigen, welch großes Gewicht die westdeutschen Unternehmen in der kurzen Zeit seit der Wende erlangt haben, was als durchaus typisch für die neuen Länder betrachtet werden kann (vgl. Meyer 1992).

Das Gewicht des einheimischen Handels fällt in den einzelnen Branchen sehr unterschiedlich aus. Bezüglich der Verkaufsfläche werden hohe Werte bei Büchern, Blumen, Büro-/Spielwaren und Uhren/Optikerwaren erreicht, mittlere Werte bei Möbeln/Einrichtungsgegenständen, Elektrowaren und Bekleidung sowie niedrige Werte bei Drogerieartikeln, Schuhen und dem Handel mit verschiedenen Waren und Lebensmitteln. Die ortsansässigen Anbieter sind offensichtlich eher in Branchen mit einem hohen Bedarf an individueller Beratung und Service vertreten, während die auswärtigen Anbieter stärker in Branchen mit einem hohen Preiswettbewerb zu finden sind.

Ebenso deutlich unterscheidet sich die Position des einheimischen Handels zwischen den einzelnen Orten. Während ihm in Finsterwalde (53%) und in Templin (42%) eine starke Position zukommt, vereinigt er in Frankfurt (17%) und Cottbus (25%) weitaus weniger Verkaufsfläche auf sich. Hier dominieren eindeutig die westdeutschen Filialisten. Offensichtlich haben die Unternehmen aus den alten Ländern ihre Standortaktivitäten zunächst in erster Linie auf die Gebiete mit einem vergleichsweise hohen Absatzpotential gerichtet, so daß in den Mittelzentren und im ländlichen Raum bislang vergleichsweise günstige Marktchancen für den einheimischen Mittelstand bestehen dürften. Allerdings gibt es etliche Anzeichen, daß die westdeutschen Handelsketten ihre Aktivitäten dort langfristig verstärken werden.

Weiterhin bestehen starke Differenzen in der Bedeutung der einzelnen Betriebstypen zwischen verschiedenen Standorten, wobei im folgenden die Unterschiede zwischen *Innenstadt* und *Einkaufszentren*, die sich bislang zumeist an peripheren Standorten befinden, für die Städte Cottbus und Frankfurt ausgeführt werden. Die sechs Einkaufszentren und -passagen mit knapp 110.000 qm vereinigen fast die Hälfte der gesamten Verkaufsfläche für Cottbus und Frankfurt auf sich, während auf die beiden Stadtzentren nur ein Sechstel der Fläche entfällt. Eines der sechs Einkaufszentren, der „Oderturm", liegt inmitten der Frankfurter City. Selbst bei einer Zuordnung dieses Zentrum zur Kategorie *Innenstadt* fiele das Übergewicht der *Einkaufszentren* immer noch ungefähr doppelt so hoch aus. Der einheimische Einzelhandel stellt in den Innenstädten drei Viertel der Geschäfte und ein Drittel der Verkaufsfläche, dagegen in den Einkaufszentren ein Drittel der Geschäfte und nur 1/25 der Verkaufsfläche. Obwohl diese Werte damit nicht den Schluß zulassen, daß der einheimische Handel in den Einkaufszentren überhaupt keine Berücksichtigung fände, darf aber nicht übersehen werden, daß er – gemessen an der Verkaufsfläche und am Umsatz – in der Regel nur marginale Bedeutung aufweist. Solche Zentren dürften überall eindeutig von westlichen Handelsketten dominiert werden.

## C. Bewertung der wirtschaftliche Situation

Die wirtschaftliche Situation des vergangenen Geschäftsjahres ist sehr verschieden eingeschätzt worden, wobei diese Frage von der weit überwiegenden Anzahl der Geschäfte bereitwillig beantwortet wurde (vgl. zu methodischen Aspekten Ifo/FfH 1992, S. 90ff. und Sailer-Fliege 1995, S. 65ff.). 5% der Läden bewerteten die eigene Situation als *sehr gut*, 28% als *gut*, 32% als *mittel*, 24% als *schlecht* und 11% als *sehr schlecht*, so daß sich insgesamt positive und negative Wertungen etwa die Waage halten. Der beachtliche Anteil negativer Noten läßt sich als Indiz für die Vermutung anführen, daß der Transformationsprozeß im ostdeutschen Einzelhandel noch nicht abgeschlossen ist.

Zwischen den Betriebstypen bestehen jedoch erhebliche Unterschiede (vgl. Abb. 2). Bei einer Gegenüberstellung der positiven und negativen Noten zeigt sich eine klare Abfolge von den westdeutschen Filialisten (positiv 50%, negativ 14%) über die lokalen Filialisten (positiv 40%, negativ 31%) und ostdeutschen Filialisten (positiv 29%, negativ 36%) bis zu den Einzelläden (positiv 26%, negativ jedoch 42%). Diese Unterschiede stellen dabei weder einen Branchen- noch einen Größeneffekt dar. Die westdeutschen Läden weisen damit – nach ihrer Selbsteinschätzung – eindeutig die beste Situation auf, was aufgrund ihrer meist günstigen Standorte, zeitgemäßen Objekte und modernen Konzeptionen nicht überrascht. Bemerkenswert ist die deutliche Differenz zwischen lokalen

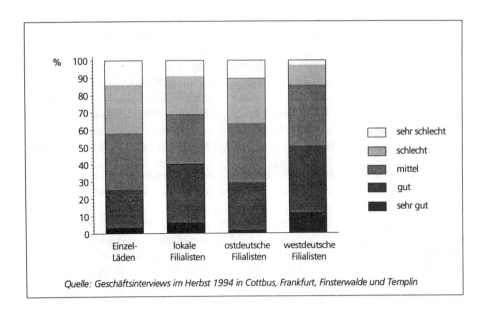

Abbildung 2: Bewertung der wirtschaftlichen Situation nach Betriebstypen

Filialisten und Einzelläden, die auf das sich verstärkende Wechselverhältnis von Unternehmensform und -größe und wirtschaftlichem Ergebnis zurückgehen dürfte.

Weiterhin gibt es innerhalb des einheimischen Handels deutliche Unterschiede zwischen den Branchen, Orten und Standorten. So wird die Situation z.B. bei Blumen, Uhren/Optikwaren und Bekleidung im Durchschnitt günstiger eingeschätzt als bei Büro-/Spielwaren, Lebensmitteln und Drogerieartikeln, ebenso in Finsterwalde und Templin günstiger als in Cottbus und Frankfurt. Zwar spiegelt sich darin tendenziell das Ausmaß der auswärtigen Konkurrenz wider (d.h. je kleiner der Marktanteil der einheimischen Anbieter, umso ungünstiger ihre Situation), jedoch ist dieser Zusammenhang jeweils nicht sehr stark. Es ist nicht möglich, von der Branche oder dem Ort zuverlässig auf die wirtschaftliche Situation des einzelnen Anbieters zu schließen. In den Einkaufszentren wird die Situation von den einheimischen Händlern – wie auch von den anderen Wettbewerbern – im Mittel weitaus günstiger eingeschätzt als in den Innenstädten, was auf die große Akzeptanz solcher Zentren in der Bevölkerung und die schwierige Position der Innenstädte als Einkaufsstandort hinweist.

Ebenso wirkt sich das Eigentum an den Geschäftsräumen und der Anschluß an eine Kooperation tendenziell günstig auf die wirtschaftliche Situation aus, obgleich diese Merkmale nur auf eine geringe Anzahl der einheimischen Händler zutreffen. Die Größe der Verkaufsfläche besitzt dagegen keinen entscheidenden Einfluß auf die jeweilige Einschätzung, selbst bei den kleinsten Läden (bis 25 qm) steigt der Anteil der negativen Noten nicht signifikant an. Offensichtlich sind für solche Läden gegenwärtig andere Faktoren wichtiger, z.B. die Erreichbarkeit und Passantenfrequenz des Standortes sowie Qualität, Preis und Präsentation des Warenangebots.

Während die Bewertung zwischen Gründungen vor 1989 und nach 1989 in der Summe kaum differiert, zeigen sich jedoch innerhalb des neuen Mittelstands deutliche Unterschiede, und zwar in erster Linie bei Einzelläden. Die Einschätzungen fallen bei den späteren Gründungen (1992 bis 1994) tendenziell weitaus günstiger aus als bei den früheren Gründungen, wobei vor allem die 1991 eröffneten Einzelläden ihre Situation oftmals als schlecht oder sehr schlecht bewerteten.

Offensichtlich wurden in der Euphorie des Einigungsprozesses viele Geschäfte gegründet, die sich unter den heutigen Wettbewerbs- und Standortanforderungen nur noch schwer behaupten können. Nach den Eindrücken aus den Interviews erfolgten solche Gründungen oft in immenser Hoffnung, aber auch starker Unerfahrenheit. Unterschiede bei frühen Gründungen könnten damit zu erklären sein, daß sich unter den Inhabern der Geschäfte, die bereits 1990 eröffnet wurden, viele innovative „Unternehmer" mit beträchtlicher Risikobereitschaft befunden haben, die ihre Selbständigkeit aktiv gestalten wollten, während sich etliche Geschäftinhaber, die erst 1991 an den Markt gingen, eher passiv an das veränderte wirtschaftliche Umfeld – z.B. die einsetzende Arbeitslosigkeit – angepaßt haben. Demgegenüber lassen die besseren Noten bei den späteren Gründungen auf ein gelungeneres Geschäftskonzept schließen, insbesondere vor dem Hintergrund, daß die Konkurrenz durch Einkaufszentren sowie großflächige Verbraucher-/Fachmärkte auf der „grünen Wiese" bereits seit längerem in der Presse thematisiert worden war. Weiterhin kann die günstigere Situation auch als Folge einer mittlerweile weitaus restriktiveren Kreditvergabe durch die Bewilligungsinstanzen, d.h. einer stärkeren Positivauslese verstanden werden.

Dagegen bestehen bei den lokalen Filialisten kaum Unterschiede zwischen früheren und späteren Eröffnungen, was darauf schließen läßt, daß innerhalb dieser Gruppe auch die früheren Gründungen recht durchdachte Konzeptionen aufweisen. Grundsätzlich ist zu beachten, daß etliche erfolgreiche Einzelläden, die 1990/1991 gegründet wurden, mittlerweile Filialen eröffnet haben, was eine weitere Erklärung für die schwierige Situation der – übriggebliebenen – Einzelläden aus der frühen Periode darstellen dürfte. Der typische Verlauf einer solchen Einzelhandelskarriere bestand darin, zunächst einen Einzelladen an einem zwar eher abseits gelegenen, deshalb aber kostengünstigen Standort mit einer geeigneten Waren- und Preis-Konzeption zu gründen, um dann später eine Filiale an einem besser gelegenen Standort zu eröffnen, was durch die hohe Fluktuation und das ausgeweitete Verkaufsflächenangebot unschwer möglich war.

## 4. Zusammenfassung und Fazit

Die Existenzgründungsförderung im ostdeutschen Einzelhandel aus dem ERP-Programm weist im Zeitraum von 1990 bis 1994 ein hohes Volumen auf, wobei die Entwicklung seit 1992 stark rückläufig ist. Zunächst bestehende Angebotsengpässe sind offensichtlich weitgehend behoben. Die sektorale und größenmäßige Struktur der Anträge, die 1990 deutliche Unterschiede zu den alten Ländern auswies, hat sich mittlerweile nahezu angeglichen. Die Wettbewerbsfähigkeit der späteren Gründungen dürfte tendenziell weitaus günstiger ausfallen. Die Inanspruchnahme der ERP-Fördermittel weist ein starkes Land-Stadt-Gefälle auf, was auf die starke Konkurrenz durch westdeutsche Handelsunternehmen vor allem in den verdichteten Regionen hinweist. Ebenso liegt die Inanspruchnahme in Thüringen, wo sich die wirtschaftliche Entwicklung vergleichsweise günstig vollzieht, deutlich über dem Durchschnitt. Das räumliche Muster des Gründungsgeschehens besitzt insgesamt eine hohe zeitliche Stabilität.

Die Einzelhandelsentwicklung besitzt weiterhin eine hohe Dynamik, an der auch mittelständische Betriebe beteiligt sind. Der einheimische Handel stellt – wie im Rahmen von Fallstudien in Cottbus, Frankfurt, Finsterwalde und Templin festgestellt worden ist – zwar einen großen Anteil an den Geschäften, jedoch nicht an der Verkaufsfläche, wobei sich starke sektorale und räumliche Unterschiede zeigen. Das Gewicht des einheimischen Mittelstands liegt in den Mittelzentren höher als in den Oberzentren, ebenso in den Innenstädten höher als in den Einkaufszentren auf der „grünen Wiese". Die Bewertung der wirtschaftlichen Situation fällt im einheimischen Handel im Mittel weit schlechter aus als bei westdeutschen Filialisten. Bemerkenswert ist die durchschnittlich günstigere Einschätzung der einheimischen Geschäfte, die seit 1992 eröffnet haben, sich in den Einkaufszentren befinden und/oder zu einem lokalen Mehr-Betriebs-Unternehmen gehören.

Zusammenfassend läßt sich feststellen, daß seit 1990 in den neuen Ländern eine Vielzahl von Einzelhandelsbetrieben eröffnet worden sind, von denen sich allerdings etliche – vor allem im Food-Bereich – nicht auf Dauer halten dürften. Es ist damit zu rechnen, daß sich die Unternehmensstrukturen in den nächsten Jahren spürbar verändern werden, in erster Linie zu Lasten des Mittelstands. Viele Geschäftskonzeptionen und Standorte, die sich unmittelbar nach der Wende rentierten, sind mittlerweile angesichts der hohen Konkurrenz insbesondere durch westdeutsche Filialisten kaum noch wettbewerbsfähig (vgl. Hussein 1993, Handelsblatt v. 14. Sept. 1995, S. 11).

Zwar hat sich die Marktposition des mittelständischen Einzelhandels auch in den alten Ländern seit vielen Jahren verringert (vgl. Batzer u. a. 1991, S. 458f.). Die wirtschaftlichen Probleme vieler kleinerer Betriebe in den neuen Ländern sind trotzdem nicht nur als „typische Anpassungsprobleme" (Monopolkommision 1994, S. 70), sondern auch als Folge einer ungleich schwierigeren Ausgangssituation aufzufassen. Die mangelnde Erfahrung, das unzureichendes Eigenkapital, das rasches Entstehen einer immensen Konkurrenz und die politischen Rahmenbedingungen (z.B. das Fördergebietsgesetz mit der Sonderabschreibungsmöglichkeit für Handelsimmobilien) haben die Entwicklung des ostdeutschen Mittelstands oftmals stark beeinträchtigt (vgl. Bienert 1991, Weitz 1992, Spannagel 1995). Ein entscheidendes Handikap für den mittelständischen Handel in den neuen Ländern ist weiterhin, daß er von den hohen Passantenfrequenzen in Einkaufszentren sowie großflächigen Einrichtungen in der Regel nur in geringem Maße profitieren kann, weil sich der überwiegende Teil solcher Objekte – abseits der eigenen Standorte – auf der „grünen Wiese" befindet.

In den neuen Ländern sind die Probleme des mittelständischen und innerstädtischen Einzelhandels eng miteinander verknüpft. Hierzu wird mitunter die Position vertreten, daß sich beide Problemlagen mittelfristig entspannen werden. Einerseits würden demnächst in etlichen Städten ausgedehnte Einzelhandelsobjekte in zentralen Lagen fertiggestellt, für die ohnehin eine längere Bauzeit als für Objekte auf der „grünen Wiese" einzukalkulieren war, womit die Bedeutung der City als Einkaufsziel wieder anstiege, andererseits wüchsen mit der wirtschaftlichen Entwicklung und sozialen Differenzierung auch die spezifischen Chancen für den einheimischen Mittelstand (vgl. Lachner u. a. 1995, S. 77). Gegenüber dieser Sichtweise sind zwei Punkte anzumerken. Zum einen ist die Marktposition der nicht-integrierten Standorte in vielen Regionen mittlerweile so hoch, daß sich das Verhältnis zwischen Innenstadt und „grüner Wiese" bezüglich der Verkaufsfläche durch die innerstädtischen Neueröffnungen nur geringfügig verändern wird. Zum anderen ist die Arbeitslosen- und Unterbeschäftigungsquote in vielen Regionen weiterhin so hoch, daß die derzeitigen Entfaltungsmöglichkeiten des Mittelstands dort eher skeptisch zu beurteilen sind und eher mit umfangreichen Abgängen aus dem Unternehmensbestand zu rechnen ist. Die geförderten Existenzgründer sind vor allem nach Ablauf der tilgungsfreien Jahre gefährdet.

Die langfristigen Marktchancen des mittelständischen Einzelhandels in den neuen Ländern sind gegenwärtig kaum abschätzbar. Im folgenden werden daher nur einige Punkte angeführt, die die Entwicklung des Mittelstands maßgeblich beeinflussen dürften, wobei zunächst die Argumente genannt sind, die für eine günstige Entwicklung sprechen, anschließend die Gegenargumente.

Auf längere Sicht könnten sich für den Mittelstand durchaus – im Vergleich zur gegenwärtigen Situation – günstigere Chancen ergeben, wenn die weiterhin vorhandenen „Ausbaureserven" (Jörissen 1995, S. 5) für eine Revitalisierung der ostdeutschen Innenstädte genutzt würden. Weiterhin ist zu vermuten, daß sich nicht alle Objekte an peripheren Standorten auf Dauer halten werden, was ebenso die Umgestaltungsspielräume erhöht (vgl. BMBau 1995). Einen wichtigen Impuls für die Entwicklung des innerstädtischen und des mittelständischen Handels in den neuen Ländern könnte eine räumliche Differenzierung der Ladenöffnungszeiten – mit Vorteilen für die Innenstadt – liefern, die unlängst von Bundesbauminister Töpfer vorgeschlagen wurde, um die externen Kostenvorteile der „grünen Wiese" auszugleichen (vgl. FAZ v. 24. Aug. 1995, S. 1). Das größte Gewicht dürfte jedoch eine nachhaltig positive gesamtwirtschaftliche Entwicklung besitzen, die die allgemeine Kaufkraft erhöht und damit die Marktchancen des Mittelstands verbessert, der in seiner Wettbewerbsstrategie stärker auf Qualität und spezifische Kundenbetreuung als auf den Preis setzt.

Gegen diese Sichtweise läßt sich einwenden, daß die angeführten Ausbaureserven – das Bundeswirtschaftsministerium hat im September 1995 einen Wert von 1/3 der mittleren Verkaufsfläche pro Einwohner aus den alten Ländern genannt (BMWi 1995) – räumlich unterschiedlich ausfallen dürften und in einigen Regionen bereits jetzt ein Verkaufsflächenüberhang besteht („Overstoring Ost"). Weiterhin hat die Entwicklung des westdeutschen Einzelhandels gezeigt, daß ein Boom in Innenstädten, der in der Regel mit einem starken Anstieg der Mietpreise verbunden ist, den Mittelstand ebenso vor Schwierigkeiten stellt. Schließlich ist bei einer langsamen wirtschaftlichen Erholung zu befürchten, daß die „Durststrecke" für viele einheimische Einzelhändler zu lang wird und sie aus dem Wettbewerb ausscheiden.

Generell läßt sich feststellen, daß die Transformation des Einzelhandels in den neuen Ländern bereits weit fortgeschritten ist, bislang aber weder aus räumlicher noch aus betrieblicher Sicht als abgeschlossen gelten kann. Dabei erscheint es insgesamt eher fraglich, ob es gelingt, in diesem Wirtschaftsbereich auf Dauer mittelständische Strukturen im Ausmaß der alten Länder zu etablieren.

## Literatur:

Achen, M. (1995): Räumliche Aspekte des Strukturwandels im Einzelhandel in den neuen Ländern. Fallstudien zur Angebotsstruktur in Brandenburg. Bericht für das Deutsche Seminar für Städtebau und Wirtschaft (DSSW). Heidelberg.

Achen, M. u. M. Zarth (1994): Existenzgründungen im ostdeutschen Einzelhandel. Der ländliche Raum als Nische für den neuen Mittelstand? In: Raumforschung und Raumordnung 52, H. 4/5, S. 322–330.

Batzer, E. u. a. (1991): Der Handel in der Bundesrepublik Deutschland - Strukturelle Entwicklungstrends und Anpassungen an veränderte Markt- und Umweltbedingungen. = Ifo-Studien zu Handels- und Dienstleistungsfragen 40. München.

Bienert, M. (1991): Mittelstandsentwicklung Ost: Muß der Staat eingreifen? In: BAG-Nachrichten 11, S. 9–11.

Bundesministerium für Raumordnung, Bauwesen und Städtebau (BMBau) (1995): Großflächige Einzelhandelseinrichtungen in den neuen Ländern. Strategiepapier. Bonn.

Bundesministerium für Wirtschaft (BMWi) (1995): Wirtschaftspolitische Aspekte der Revitalisierung ostdeutscher Städte. Berlin.

Hussein, M. (1993): Mittelstand und Mittelstandsförderung in den neuen Bundesländern: Bestandsaufnahme zum Jahresbeginn 1993. In: KfW - Aktuelle volkswirtschaftliche Themen 2, S. 1–4.

Ifo-Institut für Wirtschaftsforschung / Forschungsstelle für den Handel (FfH) (1992): Entwicklung des Handels in den neuen Bundesländern. Strukturbegleitende Untersuchung. Dritter Zwischenbericht. München u. Berlin.

Jörissen, H. (1995): Der Transformationbeitrag des Handels in Ostdeutschland. In: Lachner, J. u. a. (Hg.): Entwicklung des Handels in den neuen Bundesländern. = Ifo-Studien zu Handels- und Dienstleistungsfragen 47, S. 1–10. München.

Lachner, J. u. a. (1995): Handel: Hohe Wettbewerbsintensität fördert Anpassungsprozeße. In: Ifo-Schnelldienst 17–18, S. 72–77.

Meyer, G. (1992): Strukturwandel im Einzelhandel der neuen Bundesländer. Das Beispiel Jena. In: Geographische Rundschau 44, S. 246–252.

Monopolkommission (Hg.) (1994): Marktstruktur und Wettbewerb im Handel. Sondergutachten der Monopolkommission gemäß §24b Abs. 5 Satz 4 GWB. Baden-Baden.

Sailer-Fliege, U. (1995): Jüngere Veränderungen im Einzelhandel in der Heidelberger Hauptstraße. In: Fricke, W. u. U. Sailer-Fliege (Hg.): Untersuchungen zum Einzelhandel in Heidelberg. = Heidelberger Geographische Arbeiten 97, S. 49–82. Heidelberg.

Spannagel, R. (1995): Entwicklung der kleinen und mittleren Unternehmen im Einzelhandel. In: Lachner, J. u. a. (Hg.): Entwicklung des Handels in den neuen Bundesländern. S. 199–220. München.

Weitz, R. (1992): Die Existenznot der kleinen Läden dringt nicht bis zu den Politikern durch. In: Handelsblatt vom 16. März 1992, S. 15.

# FACHSITZUNG 2:
# ARBEITSMARKTSTRUKTUREN UND MOBILITÄT
Sitzungsleitung: Gerhard O. Braun

## EINLEITUNG

Gerhard O. Braun, Berlin

In der Bundesrepublik Deutschland hat die Integration der Neuen Bundesländer den global wirkenden Strukturwandel aufgrund des Nachholbedarfs nach traditionellen Konsumgütern für Jahre aussetzen lassen. Dieses Retardieren in der Anpassungsentwicklung an veränderte globale Randbedingungen hat in den Alten Bundesländern mehrerlei Effekte bewirkt. Die wirtschaftliche Gesamtentwicklung erzeugte Pseudo- und Echtgewinner ebenso wie Verlierer. Die vom Strukturwandel besonders betroffenen Altindustriegebiete erhielten zum einen Teil durch den erheblichen Nachholbedarf nach alten Produkten hinreichend Substanz, ihre defizitären Absatz- und Arbeitskräftemärkte so aufzubessern, daß sie gestärkt den unterbrochenen Strukturwandel fortsetzen und dessen Effekte überwinden können. Für einen anderen Teil reichte jedoch das Ausgangs- und transferierte Potential während der Hochphase der wirtschaftlichen Integration nicht aus, um die Struktureffekte überwinden zu können. Der Zeitverlust für diese Anpassung und die während dieser Zeit erfolgte langfristige Bindung von neu getätigten Investitionsmitteln in die Herstellung bzw. Nutzung von alten Produkten und Technologien aufgrund kurzfristiger Nachfrage hat dazu geführt, daß diese Regionen als Pseudogewinner langfristig die Hauptverlierer darstellen werden. Zu den langfristigen Gewinnern zählen vor allem diejenigen, die ihren Strukturwandel nicht nachhaltig aufgeschoben haben, die ohnehin zu den neuen Industrien zählen und die durch Migration aufgrund dieser Innovationen erhebliche, vor allem qualifizierte Arbeitskräftepotentiale hinzugewonnen haben.

In den Neuen Bundesländern wird die regionale „Gewinn- und Verlustrechnung" vor allem bestimmt von der Betriebsgrößenstruktur der privatisierten ehemaligen Staatsbetriebe, vom Kapitalstock, von der Komplexität der Produktionsverfahren, der Exportquote, der Lokalisation von Forschung und Entwicklung sowie von Führung und Kompetenz. Der Abbau von Arbeitsplätzen z.B. in der Landwirtschaft oder klassischen Industrien ist zwar von der Geschwindigkeit her problematisch, vom Grundsatz her jedoch nicht vermeidbar. Selbst bzw. gerade in funktionierenden Volkswirtschaften beträgt der Job-turnover 8%. Diese Ziffer bedeutet, daß jeder Arbeitsplatz ca. alle 12 Jahre ersetzt werden muß, nur um das Beschäftigungsniveau zu halten. Sind nun Arbeitsplätze durch politische Beschäftigungsprogramme über Jahrzehnte fixiert, wird der Lebenszyklus der Arbeitsplätze unterlaufen, die Volkswirtschaft kollabiert.

Die Effekte dieser Vereinigungsentwicklung haben für eine relativ kurze Dauer die Situation stabil halten können und damit scheinbar die Struktur-,

Konjunktur- und Konkurrenzeffekte verdrängen können. Seit 1993 jedoch setzen Countereffekte ein, die sich in steigenden Insolvenzen in Ost (+44.6% zwischen 5.1994 und 5.1995) und West (+15.9%), in steigender Arbeitslosigkeit, Überangebot und nachlassender Nachfrage ausdrücken. Die gegenwärtige Arbeitsmarktentwicklung zeigt darüber hinaus, daß zukünftig immer weniger Beschäftigte erforderlich sind bzw. erwerbsfähige Personen in den Arbeitsmarkt integriert werden können, während sich gleichzeitig die Beschäftigtennachfrage in hoch- und nicht-qualifizierte durch Lohndifferenzierung und Ausbildungsanforderungen splittet. Diese Effekte führen zu einer Zunahme neuer Disparitäten und steiler Hierarchie, während doch durch die flächenhafte Diffusion neuer Technologien eher flache Hierarchien möglich sein sollten.

Als Wachstumsregionen gelten besonders die Regionen, die in komplexem Umfang regionales Kapital (Qualifikation, Umwelt, Kultur, Kapitalstock) vorhalten können. Deren Produktivität ist dann besonders hoch, wenn die Lohnkosten und damit insbesondere die Beschäftigtenzahl gering gehalten werden können und der Außeneinfluß durch Bildung eines eigenen Unternehmertums abgebaut werden kann.

In der aktuellen Arbeitsplatzdynamik, die u.a. in den Neuen Bundesländern ca. 5 Mio. Arbeitsplätze durch Schrumpfung wegfallen und 4 Mio. neue durch Expansion und Gründung entstehen ließ, zeigt sich, daß Arbeitsplätze zunehmend teuer (über DM 300.000.– pro Arbeitsplatz), kurzlebig und immobil sind. Neue Arbeitsplätze entstehen vor allem durch kleine Betriebe besonders in den professionellen Dienstleistungen und nur noch selten in Sektoren, für die Qualifikationen aufgrund erfolgter Deindustrialisierung vorliegen. Es erweisen sich im Rahmen dieses Strukturwandels vor allem die Regionen als wettbewerbsfähig, die eine hohe Gründungs- und Schließungsrate aufweisen, d.h. marktgeprüft sind.

Bei derartigen Entwicklungen erhebt sich die Frage nach staatlichen Förderprogrammen, die insbesondere durch Finanztransfers von West nach Ost sektoral differenziert zu einer selbsttragenden Wirtschaft zur Erlangung nationaler und internationaler Wettbewerbsfähigkeit führen und gleichzeitig den Weg dorthin durch soziale Programme stützen sollen. Die Frage nach der Dauer, Intensität und der Herkunft der Subventionen und deren Nachhaltigkeit für die Bezugsregionen ist wissenschaftlich ebenso wenig beantwortet wie die Frage nach den Rückkopplungen auf die Geberregionen. Die hierfür erforderlichen räumlichen Konzepte reichen u.a. von dezentraler Konzentration, Netzwerkentwicklungen, räumlichem Gesundschrumpfen durch Mobilitätsförderung bis hin zu Konzepten einer Regionalgliederungsreform und überspannen damit nur traditionelle Rahmen. Zu beklagen ist somit das Fehlen geeigneter raumbezogener Prognosen, die vor dem Hintergrund sich abzeichnender 1/3-2/3-Gesellschaften, eines wachsenden Zweiten Arbeitsmarktes bzw. Informellen Sektors Struktur-, Konjunktur- und Wettbewerbseffekte modellieren.

Die nachfolgenden Beiträge beziehen sich in ihrer Analyse auf unterschiedliche räumliche Niveaus des Arbeitsmarktes: Kammerbezirk (Potsdam), Bundesland (Sachsen-Anhalt), die Neuen Bundesländer zusammen sowie die Neuen

Bundesländer im europäischen Kontext. Ein abschließender Beitrag kann trotz einschränkender Randbedingungen aufgrund des inhaltlichen Kontextes der Semiperipherie in den Vergleich der Ergebnisse einbezogen werden. Ursachen für disparitäre Entwicklungen werden in den Defiziten lokalisierter und mobilisierbarer Raumpotentiale, in der Kapitalschwäche der Betriebe, im geringen Branchenmix, in den Disproportionen der Unternehmenstypen und deren (endogenen) Interaktionen, in der Höhe des Lohnniveaus sowie dessen Relation zum Produktivitätsniveau und insbesondere in Defiziten im Qualifikationsniveau, dem kulturellen, sozialen und symbolischen Kapital der Regionen erkannt. Eine Frage bleibt über die nachfolgenden Analysen und deren Ergebnisse der Beiträge hinweg. Obwohl die Turbulenz des Strukturwandels gegenwärtig deutlich abnimmt, spielt sich der Wandel auf einem niedrigen Beschäftigungsniveau ab: was ist dann in den Regionen zu leisten, in denen sich trotz Finanztransfers kein eigenständiges Wachstum entwickelt?

# WIRTSCHAFTS- UND ARBEITSMARKTPOLITISCHE IMPLIKATIONEN DER ENTWICKLUNG WETTBEWERBSFÄHIGER UNTERNEHMENSSTRUKTUREN IN BRANDENBURG

Peter Egenter, Potsdam

Die Industrie- und Handelskammern als Selbstverwaltungsorgane der Wirtschaft sind auch nach einer Antwort gefragt, ob die aktuelle Wirtschaftspolitik, die Instrumentarien der Wirtschaftsförderung und die Arbeitsmarktpolitik geeignet sind, entsprechende wirtschaftliche Rahmenbedingungen für eine erfolgreiche Unternehmensentwicklung zu sichern und zu schaffen, und damit die Voraussetzung zu bieten, die arbeitsmarktpolitischen Zielstellungen zu erreichen.

## 1. Entwicklung des Unternehmensbestandes

Im folgenden werden Merkmale und Probleme der Wirtschaftsentwicklung im Bezirk der IHK Potsdam vorgestellt und daraus Hinweise für die regionale Wirtschaftspolitik abgeleitet.

Die Landesregierung Brandenburg hat sich das Ziel gestellt, die Arbeitslosigkeit auf 10 Prozent bis zum Ende der Legislaturperiode 1999 zurückzudrängen. Derzeit liegt die Arbeitslosenquote im Land Brandenburg bei 14,5 Prozent. So wie in allen neuen Bundesländern hat die Wirtschaft seit 1990 auch in Brandenburg und in unserem Kammerbezirk einen schweren Struktur- und Anpassungsprozeß durchlaufen, der bis Ende 1992/Mitte 1993 mit einem deutlichen Rückgang der wirtschaftlichen Leistung und mit einem drastischen Abbau der Beschäftigung verbunden war. Der Beschäftigungsabbau nahm in den einzelnen Branchen einen zeitlich differenzierten Verlauf, reichte aber im verarbeitenden Gewerbe in Brandenburg bis in die Mitte des Jahres 1994 hinein. Andererseits hat sich im Verlauf der vergangenen fünf Jahre der Mittelstand in den neuen Ländern wieder weitgehend neu entwickelt. Der Boom des Existenzgründungsgeschehens lag im Bereich der Industrie- und Handelskammer Potsdam in den Jahren 1990 und 1991. Inzwischen verläuft die Bestandsentwicklung bei den Mitgliedsunternehmen merklich flacher (s. Abb. 1)

Dieser anfangs relativ rasche und breite Aufbau der mittelständischen Wirtschaft im Bereich der IHK Potsdam kann gleichermaßen für das Land Brandenburg und für die neuen Bundesländer festgestellt werden. Die Förderung „Aufbau Ost" hat einen wesentlichen Beitrag zu dieser Entwicklung geleistet und die Mehrzahl der mittelständischen Existenzgründungen ermöglicht. Ohne die insgesamt positiv zu bewertende Entwicklung der mittelständischen Wirtschaft gäbe es heute sicher arbeitsmarktpolitische Probleme in noch dramatischerer Dimension zu lösen.

Im Hinblick auf die weiteren Perspektiven der Entwicklung der mittelständischen Wirtschaft im Land Brandenburg ist der gegenwärtig erreichte Stand

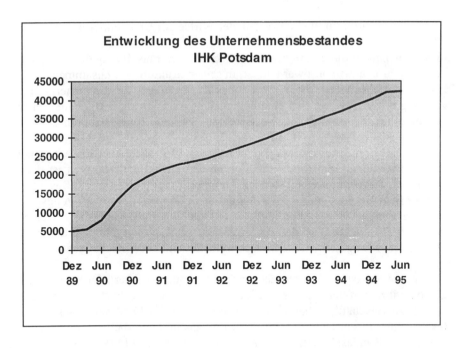

Abbildung 1

jedoch auch mit Problemen und Engpässen behaftet, die die Gefahr eines Rückschlages in sich bergen. Die seit 1990 entstandenen Unternehmen gingen ihrer Herkunft nach auf die Privatisierung und Reprivatisierung von Treuhandunternehmen, auf die Ansiedlung und Neugründung von Unternehmen zurück. Die Landesstatistik weist seit 1990 bis zum Jahresende 1994 955 privatisierte und 131 reprivatisierte Treuhandunternehmen und etwa 465 Ansiedlungen bei insgesamt 66.200 Nettogewerbeanmeldungen aus. Für die weitere Wirtschaftsentwicklung stehen Privatisierungen und Reprivatisierungen aus dem Bestand der Treuhand als Quellen einer Ausdehnung der Unternehmenslandschaft nicht mehr zur Verfügung. Die Ansiedlung von Unternehmen ist schwieriger geworden. Politisch motivierte Ansiedlungen wie zu Beginn des wirtschaftlichen Umbruchs sind kaum noch zu erwarten. Über ihre Standorte entscheiden die Unternehmen einzig und allein anhand der ökonomischen Fakten und Standortbedingungen. Mit spektakulären Ansiedlungen von außerhalb ist weder im Land Brandenburg noch sonst irgendwo zu rechnen. Bleiben als Quelle des Unternehmenszuwachses künftig noch die Existenzneugründungen. Obwohl der Existenzgründungswille in Brandenburg noch immer hoch ist, ist auch hier nur noch mit einer sich auf das Normalmaß einpendelnden Gründungsaktivität zu rechnen. Die Wirtschaftspolitik, die sich lange Zeit bevorzugt auf das Existenzgründungsgeschehen konzentrierte, muß sich umstellen und künftig gleichrangig nebeneinander Unternehmensansiedlung, Unternehmenskonsolidierung und Existenzneugründungen betreiben. Letzteres umso mehr, als die Geschäftsbanken verstärkt auf notleidende Darlehen hinweisen.

## 2. Strukturelle Schwächen der Wirtschaft Brandenburgs

So begrüßenswert die umfangreiche und schnelle Herausbildung des Mittelstandes im Land Brandenburg war und ist, in seiner strukturellen Zusammensetzung zeigen sich Schwächen, die Risiken eines Rückschlages für die bisherige Entwicklung bergen. Es hat sich eine Unternehmensstruktur herausgebildet, in der das verarbeitende Gewerbe im Vergleich zu den alten Bundesländern drastisch unterrepräsentiert ist (s. Abb. 2).

Im Land Brandenburg sind gegenwärtig nur 14 Prozent aller Erwerbstätigen im verarbeitenden Gewerbe beschäftigt. In den alten Bundesländern ist dieser Anteil mit 28 Prozent doppelt so hoch. Umgekehrt verhält es sich im Baugewerbe. Hier liegt Brandenburg mit 15 Prozent beim doppelten Beschäftigungsanteil der alten Bundesländer. Allerdings verstärkten sich gerade hier die Anzeichen drohender Insolvenzen, so daß der insgesamt schwach ausgebildete Sekundärsektor gegenwärtig keine Gewähr einer selbsttragenden Wirtschaftsentwicklung bietet.

Ein zweiter Aspekt der Schwäche in der entstandenen Unternehmenslandschaft besteht in ihrer Größenstruktur. Die Landesstatistik Brandenburgs, die Unternehmen ab 20 Beschäftigte berücksichtigt, errechnete im Landesdurchschnitt 111 Beschäftigte auf ein Unternehmen des Bergbaus und verarbeitenden Gewerbes. In den alten Bundesländern liegt dieser Durchschnitt bei 144 Beschäftigten. Ein völlig anderes Bild ergibt sich, wenn die überproportional vorhandenen kleinen Unternehmen der Größenordnung von 1–19 Beschäftigten einbezogen werden. Auf diese Größenklasse fallen beinahe 97 Prozent aller Betriebe mit einem Anteil von 44 Prozent aller Beschäftigten. Die durchschnittliche Zahl der Beschäftigten je Unternehmen sinkt dann auf 34.

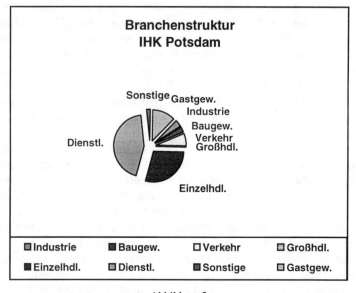

Abbildung 2

Es ist allgemein anerkannt, daß die Leistungsfähigkeit und Wettbewerbsfähigkeit einer Volkswirtschaft in engem Zusammenspiel von großen und kleinen Unternehmen zu sehen ist. Bei geeigneten Rahmenbedingungen entwickelt sich organisch ein optimaler Mix von Unternehmenstypen und Größenklassen. Eine solche Mischung der Unternehmensstrukturen hat sich in der Zeit des Umbruchs nicht herausbilden können. Sie ist gegenwärtig Resultat eines „wilden" Gründungsgeschehens. Ihr Hauptmangel besteht in einer unzureichenden kooperativen Vernetzung der Unternehmen. Besonders trifft dies für den industriellen Mittelstand zu. Die wenigen industriellen Großunternehmen, die im Land Brandenburg agieren, nutzen die eingefahrenen Kunden- und Lieferantenbeziehungen, die vorwiegend in die alten Bundesländer weisen. Auch die Einkaufsinitiative Ost, gestartet, um diesen Mangel an kooperativer Verflechtung und Aufträgen für den Mittelstand zu beheben, hat bisher nicht den erhofften Erfolg gebracht. Im Rahmen der intensiven Bemühungen, vor allem der Großunternehmen, um schlanke, wettbewerbsfähige innere Unternehmensstrukturen verlieren außerdem die Bemühungen um neue Kooperationsketten mit Unternehmen in den neuen Bundesländern zugunsten einer verstärkten Orientierung auf Osteuropa an Bedeutung.

Ein weiteres schwerwiegendes Defizit des neu entstandenen Mittelstandes besteht in der mangelnden Kapitalausstattung. Die Gründungskonzepte, die der Kammer vorgelegt werden, sind fast immer auf ein eng begrenztes Geschäftsfeld und möglichst sparsamen Investitionseinsatz ausgerichtet, nicht zuletzt wegen der immer auch zu berücksichtigenden unternehmerischen Unwägbarkeiten und der damit verbundenen persönlichen Risiken des Gründers. Andererseits sind sie getragen von dem Optimismus, notwendige, sinnvolle ergänzende Geschäftsfelderweiterungen oder Rationalisierungsmaßnahmen später aus Erträgen erfolgreicher Geschäftstätigkeit vornehmen zu können. Die Folge davon ist, daß bereits gering vom Unternehmenskonzept abweichende Marktbedingungen die Wettbewerbsfähigkeit stark einschränken und letztlich dazu führen, daß notwendige Anpassungsmaßnahmen mangels Reaktionsreserven bzw. von vornherein konzipierter Universalität und Flexibilität nicht mehr finanziert werden können. Wettbewerbsfähige Unternehmen unter den Bedingungen des gegenwärtig ausgeprägten Verdrängungswettbewerbes zu gründen, erfordert ein Gründungskonzept, das auf Wettbewerbsüberlegenheit ausgerichtet ist. Für die wachsenden jungen Unternehmen ist die Unterkapitalisierung ein schwerwiegendes Problem. Hier ist sie häufig die Ursache für die zunehmend feststellbaren existenzgefährdenden Liquiditätskrisen. Das rasche Wachstum führt zu einem wachsenden Bedarf an Eigenkapital und erhöht das Insolvenzrisiko, wie sich derzeit vor allem in der Bauwirtschaft zeigt. Nur wenn die Unternehmen längere Zeit Gewinne erwirtschaften, können sie allmählich auch eine ausreichende Eigenkapitalbasis herausbilden. Dies setzt voraus, daß auch der Unternehmer selbst bereit ist, seine persönlichen Ansprüche einer zur langfristigen Unternehmenssicherung notwendigen Gewinnverwendung unterzuordnen.

Weitere Engpässe in der entstandenen mittelständischen Unternehmenslandschaft Brandenburgs sind in der noch immer geringeren Produktivität der

Wirtschaft und in dem noch nicht wieder aufgebauten Potential der Industrieforschung und FuE-Infrastruktur zu sehen. Obwohl die Produktivitätsangleichung in der Wirtschaft in den neuen Bundesländern sukzessive vorankommt und in manchen Branchen und Unternehmen inzwischen auch schon erreicht ist, ist eine Reihe von Unternehmen mit Produktivitätsrückständen in seiner Existenz bedroht. Da diese Produktivitätsrückstände nicht nur Resultat der Nutzung veralteter Maschinen und Anlagen sind, sondern oft auf unzureichende Organisation, schlechte Logistik und mangelhaftes Management zurückgehen, ist Abhilfe durch weitere Investitionsförderungen keine Lösung, sondern selbstkritisches unternehmerisches Handeln dringend geboten.

Produktpflege, Produktweiterentwicklung, Industrieforschung sind notwendige Bestandteile eines Unternehmensmarketings zur Sicherung seiner Zukunftsperspektiven. Sie sind auf längere Zeit nicht verzichtbar, ohne Marktanteile zu verlieren, schon gar nicht, wenn es wie bei diesen jungen Unternehmen darum geht, Marktanteile zu gewinnen. Auch Anbieter in Nischen, als die sich viele der neu entstandenen mittelständischen Unternehmen verstanden wissen wollen, können nur dann erfolgreich sein, wenn sie in Bezug auf Preis, Qualität, Design und Produkteigenschaften ständig Innovationen realisieren.

Für die Brandenburger Unternehmen ist, wie für alle Unternehmen in den neuen Bundesländern, der ehemalige Markt zu einem hohen Prozentsatz zusammengebrochen. Das trifft sowohl auf die Absatz- als auch auf die Bezugsseite zu. Während sie auf der Bezugsseite erst als die neuen Nachfrager heimisch werden müssen und meist zu ungünstigeren Konditionen ihre Waren- und Materialbezüge regeln können als die etablierten Nachfrager, müssen sie sich auf der Absatzseite im Wettbewerb auf einem völlig neuen Markt in hohem Maße gegen andere Firmen durchsetzen. Die wirtschaftspolitisch prekäre Situation besteht in einem innerdeutschen Verdrängungswettbewerb auf in- und ausländischen Märkten, der Wirtschaftsförderung für Politiker zu einem Balanccakt zwischen Erhaltung und Vernichtung der Förderbasis, sprich der ursprünglich etablierten westdeutschen Wirtschaft, macht.

### 3. Aufgaben der regionalen Wirtschafts- und Arbeitsmarktpolitik

Was können Wirtschafts- und Arbeitsmarktpolitik in Anbetracht dieser Situation konkret für die weitere Entwicklung im Land Brandenburg tun? Von entscheidender Bedeutung wird die vorläufige Beibehaltung der bisherigen Ostförderung sein. Wenn der Staat und die Landesregierungen in den neuen Bundesländern als Auftraggeber ausfallen, entstehen Absatzprobleme für die mittelständische Wirtschaft.

Die neu entstandene ostdeutsche Wirtschaft findet sich häufig in der Rolle von Subunternehmen wieder. Unter dem Gesichtspunkt der eingangs erwähnten Defizite, Probleme und Schwächen muß damit gerechnet werden, daß insbesondere im Bergbau und produzierenden Gewerbe in den nächsten Jahren noch ein hoher Anteil an Arbeitsplätzen ersetzt werden muß. Ein nicht geringer Anteil von

Unternehmen in diesen Wirtschaftszweigen, aber auch im tertiären Sektor wird auf dem Markt nicht Fuß fassen können. Der Ausgleich, der Ersatz dafür, kann nur über Existenzneugründungen, Ansiedlungen und Unternehmenswachstum geschaffen werden. Förderung in Form der Eigenkapitalhilfe, Existenzgründungsdarlehen und ggf. Zuschuß für Existenzgründung aus Arbeitslosigkeit sind auch künftig nicht verzichtbar, wenn ein Rückgang des Mittelstandes in den neuen Bundesländern vermieden werden soll.

Notwendig sind auch Fördermaßnahmen, wie Zuschüsse und Darlehen für die Beschäftigung von FuE-Personal, zur Entwicklung und Erneuerung von Produkten in Schlüsseltechnologiebereichen, für Qualitätssicherungssysteme oder für Maßnahmen im Umweltschutzbereich.

Im Zuge einer stärker notwendigen Ausrichtung der Wirtschaftspolitik auf Unternehmenserhaltung kommt der Überwindung der Nachteile aus der verbreiteten Unterkapitalisierung der Unternehmen große Bedeutung zu. Es geht um die Erhaltung von Unternehmen mit grundsätzlich positiven Entwicklungschancen, die akuten Finanzbedarf für ihre Konsolidierung aufweisen. Die Industrie- und Handelskammer Potsdam hat die Schaffung entsprechender Darlehensprogramme wie LISI (Liquiditätssicherungsprogramm) nachhaltig gefordert und unterstützt.

Wenngleich die Ansiedlung von Unternehmen, wie bereits erwähnt, ein schwieriges Feld der Wirtschaftspolitik insbesondere durch die Globalisierung des Standortwettbewerbes geworden ist, im Interesse der Entfaltung einer zusätzlich nötigen brandenburgischen Wirtschaftsdynamik muß sie weiter intensiviert werden. Im Land Brandenburg steht die Ansiedlung von Unternehmen unter dem Leitbild des Konzepts der dezentralen Konzentration. In der guten Absicht, eine möglichst gleichmäßige regionale Verteilung der Arbeit in Brandenburg zu erreichen und die Folgen des Zusammenbruchs ehemaliger wirtschaftlicher Monokulturen in Städten wie Rathenow, Premnitz oder Wittenberge möglichst zu mindern, wirbt die Landesregierung mit hoher Infrastrukturförderung und Höchstsätzen an Investitionszuschüssen um die Ansiedlung von Investoren an solchen strukturschwachen Standorten, während strukturstarke Standorte nur gering oder nicht gefördert werden. Im Wettbewerb mit anderen Bundesländern, die ebenfalls Ansiedlungswerbung betreiben und die Höchstförderung auch an strukturstarken Standorten gewähren, kann Brandenburg so nicht erfolgreich sein. So ist der Ansiedlungspolitik nach dem Konzept der dezentralen Konzentration bisher auch der entscheidende Durchbruch versagt geblieben. Modifikationen des Konzepts wären zu überlegen. Sinnvoll wäre eine weitere zielgerichtete und geförderte Ansiedlung an bereits von der Wirtschaft akzeptierten Standorten im Land Brandenburg. Sie sollte verbunden sein mit einer möglichst breiten infrastrukturellen Vernetzung des Umlandes mit solchen wirtschaftlichen Konzentrationspunkten zur Nutzung des Spill-over-Effektes, d.h., der weiteren Ansiedlung ergänzenden Gewerbes im Umland und einer günstigen Heranführung der Arbeitskräfte und kooperativen Leistungen aus dem Einzugsgebiet. Eine solche Herangehensweise bietet den Vorteil, daß die notwendige Infrastrukturentwicklung an einem solchen Konzentrationspunkt gleichermaßen von der Wirtschaft, der Bevölkerung des Umlandes und der Politik akzeptiert werden kann, weil sie einem konkreten wirtschaftlichen Bedarf Rechnung trägt. Bei Infrastrukturförderung an strukturschwachen Standorten besteht die Gefahr von Fehlinvestitionen. Unter dem Aspekt, daß für den weiteren wirtschaftlichen Aufbau in Brandenburg noch bis 1999 jährlich etwa gleiche Finanzvolumina für die GA-Förderung zur Verfügung stehen, wäre zu überlegen, den Deckelungsbetrag der regional unabhängigen Gewährung des Höchstfördersatzes auf Investitionsvorhaben von bisher 2 Mio. DM anzuheben und die Höchstförderung (Infrastruktur und gewerbliche Wirtschaft) für größere Vorhaben ohne regionale Differenzierung zu gewähren.

Brandenburg verfügt über eine Reihe für die Entwicklung wettbewerbsfähiger Unternehmensstrukturen günstiger Potentiale. Es existiert inzwischen ein ausreichendes Angebot an baureifen Gewerbeflächen, ergänzt von entwicklungsfähigen Konversionsflächen für weitere Ansiedlungen, auch an wirtschaftlichen Konzentrationspunkten. Der bevorstehende Regierungsumzug von Bonn nach Berlin eröffnet dem Dienstleistungsbereich neue und erweiterte Perspektiven. Großprojekte wie der Transrapid, der Großflughafen BBI oder der Havelausbau bieten der Wirtschaft breiten Raum, sich einzubringen. Beispielsweise sind große Teile des technologischen Know-hows für den Bau, die Wartung und Instandhaltung und Weiterentwicklung des Transrapid im Land Brandenburg in der AEG-Schienenfahrzeuge in Hennigsdorf vorhanden. Ein günstiges Potential stellt gleichermaßen die weiter anhaltende verstärkte Bautätigkeit in Berlin und im Brandenburger Umland dar. Die Wirtschaft braucht kalkulierbare Rahmenbedingungen und Planungssicherheit, wenn sie sich engagieren soll. Es ist Standortmarketing gefragt an Standorten, die für die Wirtschaft attraktiv sind.

Nicht alles, was die wirtschaftliche Weiterentwicklung im Land Brandenburg behindert, kann von der landesspezifischen Wirtschafts- und Arbeitsmarktpolitik beeinflußt werden. Die Diskussion der letzten zweieinhalb Jahre zum Wirtschaftsstandort Deutschland hat deutlich gemacht, daß ein breiter angelegter Lösungsansatz gesucht und gefunden werden muß. Die Finanzpolitik der Bundesrepublik ist und bleibt in Anbetracht des erfolgten und des weiterhin noch notwendigen Finanztransfers in den Aufbau Ost expansiv und angespannt. Dennoch nimmt die Gefahr für Firmenzusammenbrüche, Produktionsverluste, Beschäftigungsrückgang und -stagnation zu, und dies trotz konjunktureller Erholung, trotz einer Unmenge von Arbeit, die mit einer Angleichung der Infrastruktur der Wohnungsbestände und der Maschinen- und Anlagenausstattung in den ostdeutschen Kommunen und Unternehmen an westdeutsche Standards einer Lösung harrt.

Es erscheint geboten, darüber nachzudenken, ob bei dem in Gang gekommenen gesellschaftlichen Umbruch die bisher für die Wirtschaft gültigen Rahmenbedingungen noch geeignet sind, zu einer vollen Entfaltung aller wirtschaftlichen Potenzen am Standort Deutschland beizutragen. Auch ohne die Wiedervereinigung, ohne den gesellschaftlichen und wirtschaftlichen Umbruch in Osteuropa hätte die deutsche Wirtschaft sich auf dem gemeinsamen europäischen Markt unter veränderten Wettbewerbsbedingungen behaupten müssen. Veränderungsbedarf für die Rahmenbedingungen war damit also auch schon lange vorher induziert.

Die hohe Steuerlast für die Unternehmen erweist sich in vielen Fällen als demotivierend für ein weitergehendes Engagement am Standort Deutschland. Auch sind die Tarifabschlüsse und die tarifpolitischen Anpassungsvereinbarungen für viele Unternehmen existenzbedrohlich. Die deutsche Wirtschaft ist durch solche Belastungen im Wettbewerb benachteiligt. Sie sucht diesen Nachteilen durch verstärkte Engagements im Ausland zu entgehen und steht für den wirtschaftlichen Aufbau und den Ausbau der kooperativen Verflechtungen mit den Unternehmen in den neuen Bundesländern nur noch im geringen Maße zur Verfügung.

Eine erfolgreiche Fortsetzung der Wirtschaftsentwicklung in der Bundesrepublik erfordert eine neue marktwirtschaftlich orientierte Ordnungspolitik. Ein wesentliches Element darin wäre eine Reform der Besteuerung, die eine Senkung der Steuersätze beinhaltet und somit Ausweichreaktionen der Wirtschaft vermeiden hilft. Natürlich ist ein solcher Weg nur möglich, wenn die Finanzpolitik gleichermaßen auch auf der Ausgabenseite ansetzt. Gefragt ist eine Rückführung der Staatsausgaben und die Veränderung ihrer Struktur. Auch eine Flexibilisierung der Arbeitszeitordnung, z.B. durch Aufhebung des Verbotes der Sonntagsarbeit oder Lockerung der Regelungen zur Mehrarbeitszeit, würde in vielen Bereichen der Wirtschaft durch Erhöhung der Maschinenauslastung kostenentlastend wirken und eine marktlagengerechte Produktionsablaufgestaltung möglich machen.

# DIE NEUEN LÄNDER DER BUNDESREPUBLIK DEUTSCHLAND IM EUROPÄISCHEN WETTBEWERB

Wilfried Görmar, Bonn

Das zusammenwachsende Europa ist auch mit zunehmender regionaler Zusammenarbeit und gleichzeitig stärkerem Wettbewerb der Regionen und Städte verbunden. Das „Herausfiltern" der spezifischen Chancen und Probleme der einzelnen Regionen in europaweiten Vergleichen und die Ableitung entsprechender Entwicklungs- und Förderkonzepte erhält vor diesem Hintergrund wachsende Bedeutung. Viel stärker als bisher muß dabei die Entwicklung der nord- und osteuropäischen Regionen beachtet werden. Dies gilt vor allem für die Regionen der neuen Länder angesichts ihrer geographischen Lage, ihrer Strukturen und ihrer Geschichte.

Der nachstehende Beitrag konzentriert sich anhand empirischer Belege auf die thesenhafte Herausarbeitung von Aussagen zur Wettbewerbsfähigkeit von Arbeitsmarktstrukturen der neuen Länder im europäischen Kontext. Andere Faktoren werden mehr in ihrer generellen Wirkung dargestellt.

## 1. Überdurchschnittliche Potentiale, relative Defizite

Die Entwicklungstendenzen, -potentiale sowie strukturellen Defizite der neuen Länder und ihrer Regionen werden im europäischen Maßstab stärker relativiert als allein bei Vergleichen mit den alten Ländern. Da viele Regionen der alten Länder im europäischen Maßstab zu den am höchsten entwickelten zählen, haben die bisher überwiegend vorgenommenen regionalen Vergleiche innerhalb Deutschlands relativ starke Disparitäten ergeben, die in dieser großräumigen Form in Europa nur noch innerhalb Italiens anzutreffen sind.

Potentiale der neuen Länder etwa im Bereich von Qualifikation (vgl. Abb. 1), Forschung, Netzdichte der Infrastruktur oder Lagegunst (im Hinblick auf eine wachsende Zuammenarbeit mit anderen mittel- sowie osteuropäischen Regionen) werden durch Vergleiche innerhalb des Territoriums der Europäischen Union kaum entwertet. In Mitteleuropa verfügen jedoch beispielsweise Regionen der Tschechischen Republik über ähnliche Entwicklungspotentiale.

Entwicklungsengpässe und Strukturschwächen der neuen Länder verlieren im europäischen Vergleich an Gewicht. Beispielsweise sind ein hoher Verschleißgrad von Gebäuden, Straßen und infrastrukturellen Netzen, unzureichende Abwasserbehandlung (vgl. Abb. 2) und hohe Umweltbelastungen auch für viele Regionen in Südeuropa, aber auch in Nordfrankreich, Belgien und England kennzeichnend. Als entscheidende Entwicklungsrückstande der neuen Länder bleiben im europäischen Vergleich vor allem die geringe Ausstattung im Bereich der Telekommunikation sowie hohe Umweltbelastungen mit bestimmten Schadstoffgruppen (Luftbelastung durch Schwefeldioxid, Kohlendioxid und Staub so-

Die neuen Länder im europäischen Wettbewerb

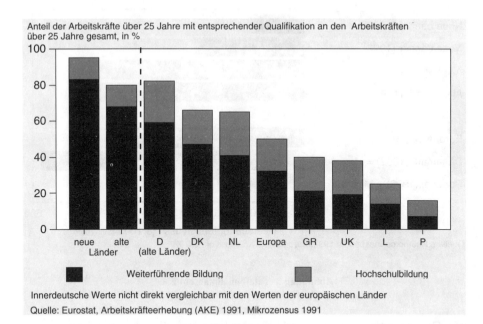

Abbildung 1: Qualifikationsniveau der Arbeitskräfte im innerdeutschen und europäischen Vergleich

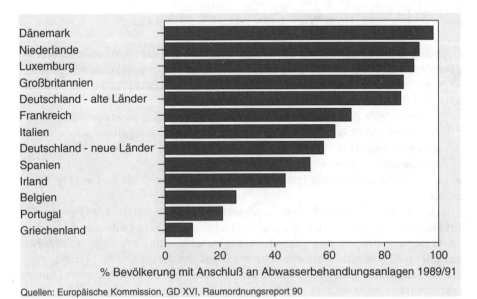

Abbildung 2: Anschluß an Abwasserbehandlungsanlagen

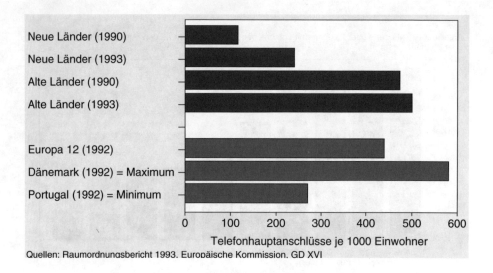

Abbildung 3: Telefonhauptanschlüsse

wie Grundwasserbelastung durch Nitrate) bestehen. Gerade im erstgenannten Bereich wurden jedoch seit 1990 bereits bedeutende Fortschritte erzielt (vgl. Abb. 3).

## 2. Hohe Wachstumsraten „ohne Eigenkapital"

Eckdaten der wirtschaftlichen Entwicklung lassen nach dem dramatischen Rückgang der Jahre 1990 und 1991 einen deutlichen Aufschwung erkennen (vgl. Abb. 4). Eine Reihe von Wachstumsindikatoren stellen dabei europäische Spitzenwerte (vgl. Tab. 1) dar, z.B.
– jährliche reale Zuwachsraten des Bruttoinlandsprodukts zwischen 6 und 10 %, der Arbeitsproduktivität über 10 % sowie der Bruttoanlageinvestitionen zwischen 15 und 20 %
– eine Bruttoinvestitionsquote um 50 %
– ein inzwischen höheres Pro-Kopf-Investitionsvolumen als in den alten Ländern.

Dennoch ist es geraten, diese Entwicklung eher als partielle und graduelle Erholung anzusehen. Partiell, weil der Aufschwung im verarbeitenden Gewerbe, im Forschungsbereich und generell in der Beschäftigung erheblich schwächer ausfällt und graduell, weil ein sehr niedriges Ausgangsniveau bestand, Abschwächungstendenzen unverkennbar sind und der Weg zum europäischen Durchschnittsniveau noch weit ist.

Nach wie vor wird die Investitionsdynamik von öffentlichen Investitionen bestimmt.

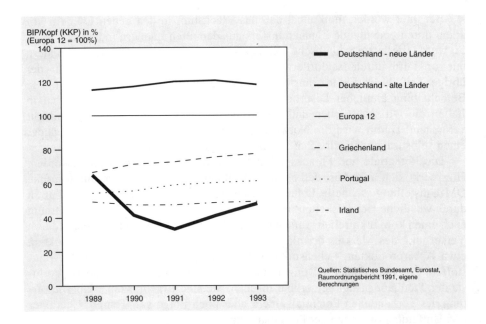

Abbildung 4: Entwicklung des Bruttoinlandsprodukts (BIP) der neuen Länder im europäischen Vergleich

Tabelle 1: Investitionen und Nachfrage in den neuen Ländern im europäischen Vergleich

|  | Jahr | Bruttoanlage-investitionen/ BIP<br>% BIP | Bruttoanlage-investitionen je Beschäftigter<br>1000 ECU | Inlandsnach-frage/BIP<br>% BIP |
|---|---|---|---|---|
| **neue Länder** | 1991 | 48.2 | 5.9 | 194.8 |
|  | 1992 | 49,5 | 9,0 | 184.7 |
|  | 1993 | 50,5 | 11.7 | 177.1 |
| **alte Länder** | 1991 | 21,4 | 9.4 | 93.6 |
|  | 1992 | 21,2 | 10,0 | 93,0 |
|  | 1993 | 20,0 | 10,1 | 92,1 |
| **Deutschland** | 1991 | 23,2 | 8,7 | 100,1 |
| **Europa 12 (ohne neue Länder)** | 1991 | 20,3 | 7,8 | 98,6 |
| **Europa 12 (einschl. neue Länder)** | 1991 | 20,8 | 7,5 | 99,9 |

Quellen: Statistisches Bundesamt 03/94, Eurostat, Europäische Kommission, DG II: Economic forcasts 1993-1994

Beachtet werden muß auch, daß das Wachstum in den neuen Ländern vor allem durch bedeutende Finanztransfers aus den alten Ländern induziert wurde. So wurde die letzte inländische Verwendung von Gütern in den neuen Ländern nur zur Hälfte durch das dort erwirtschaftete Bruttoinlandsprodukt gedeckt - der übrige Teil durch Finanztransfers aus den alten Ländern (vgl. Tab. 1). Die Beibehaltung ähnlicher Disproportionen über einen längeren Zeitraum hat in Italien die wirtschaftlichen und gesellschaftlichen Probleme entscheidend mit verursacht. Damit wird die Notwendigkeit unterstrichen, für die neuen Länder einen selbsttragenden wirtschaftlichen Aufschwung zu fördern.

Die Potentiale und Finanzspielräume hierfür sind jedoch enger geworden. Hier wirkt sich auch aus, daß es im Prozeß der Vereinigung (u.a. durch rasche DM-Umstellung, schnelle Lohnsteigerungen und Übernahme der Distribution durch westliche Handelsketten) nicht gelungen ist, über einen längeren Zeitraum auch einen konjunkturellen Aufschwung in den neuen Ländern zu fördern (durch Versorgung des Marktes der alten Länder mit preisgünstigeren Ost-Produkten, etwa Agrarprodukten, Lebensmitteln, bestimmten Haushaltwaren, Stahl, Baustoffen, Chemieprodukten, Düngemitteln u.a.). Weiterhin werden sich die Verluste der Treuhandanstalt bemerkbar machen. Sie sind Ergebnis einer Überbewertung des vorhandenen Potentials, mehr aber noch Folge von Tempo, Charakter und Umfeldbedingungen der Privatisierung selbst.

Damit wird vor allem das Finanzvolumen für die Förderung der wirtschaftlichen Entwicklung der neuen Länder begrenzt. Mittelfristig negative Wirkungen für die Wettbewerbsfähigkeit der Regionen der alten Länder sind nicht auszuschließen. Eine Angleichung an das Durchschnittsniveau der Gemeinschaft kann auch deshalb selbst bei Beibehaltung hoher Zuwachsraten (was wenig realistisch ist) nur über einen längeren Zeitraum erwartet werden.

## 3. Neue Beschäftigungsstrukturen „ohne" Industrie

Die Entwicklung der Arbeitsmarktstrukturen ist im Hinblick auf den europäischen und weltweiten Wettbewerb differenziert zu beurteilen. Die nicht marktgerechten Beschäftigungsstrukturen (überhöhter Arbeitskräftebesatz in Industrie und Landwirtschaft, Mangel an unternehmensbezogenen Dienstleistungen) haben sich rasch aktuellen Markterfordernissen angepaßt und auch dem EU-Durchschnitt angenähert (vgl. Tab. 2). Dies erfolgte allerdings bei Reduzierung der Gesamtbeschäftigtenzahl um mehr als 3,5 Millionen. Der Zuwachs in einigen Bereichen des Dienstleistungswesen war zu gering, um die enormen Freisetzungen, vor allem aus Industrie und Landwirtschaft, zu kompensieren. Insgesamt ist der Anteil der Industriebeschäftigten (einschl. Baugewerbe) an der Bevölkerung im arbeitsfähigen Alter in den neuen Ländern von mehr als 40 % 1989 auf unter 20 % 1993 gefallen und liegt damit unter dem Niveau der alten Länder und dem EU-Durchschnitt. Die Karte des regionalen Industriebesatzes in Deutschland hat sich innerhalb von 3 Jahren umgekehrt (vgl. Abb. 5). Der Industriebesatz der 1989 am höchsten industrialisierten Regionen der neuen Länder liegt jetzt auf dem Niveau Schleswig-Holsteins.

Tabelle 2: Beschäftigungsanteile der Sektoren in den neuen Ländern im europäischen Vergleich

|  | Jahr | Gesamt-beschäf-tigung % | Landwirt-schaft % | Industrie % | Dienst-leistungen % |
|---|---|---|---|---|---|
| **neue Länder** | 1989 | 100 | 10,0 | 45,0 | 45,0 |
|  | 1990 | 100 | 8,9 | 44,7 | 46,4 |
|  | 1991 | 100 | 6,2 | 41,6 | 52,2 |
|  | 1992 | 100 | 4,4 | 36,6 | 59,0 |
| **alte Länder** | 1990 | 100 | 3,7 | 38,6 | 57,4 |
| **Deutschland** | 1990 | 100 | 4,4 | 40,1 | 55,5 |
| **Europa 12 (ohne neue Länder)** | 1990 | 100 | 8,1 | 32,3 | 59,7 |

Quellen: Statistisches Bundesamt: Zur wirtschaftlichen und sozialen Entwicklung in den neuen Bundesländern 11/93, Statistisches Jahrbuch für das vereinte Deutschland 1992 (Beschäftigung November 1990), Europäische Kommission, DG XVI. Regional profiles (Beschäftigung alte Länder und Europa 12)

Es sind Zweifel angebracht, ob der absolute und relative Bedeutungsverlust von Industrie und Landwirtschaft generell in den entwickelten Staaten und speziell in den neuen Ländern tatsächlich Gesetzmäßigkeiten widerspiegelt oder ob nicht vielmehr die Arbeitsplatzpotentiale einer wirklich modernen Industrie und einer modernen Landwirtschaft in Verbindung mit entsprechenden Forschungs- und Dienstleistungspotentialen nicht ausgeschöpft werden. Die Strukturen in den neuen Ländern waren und sind z.T. immer noch günstig. Hierzu müssen auch die hochqualifizierten Arbeitnehmer, vor allem weibliche Arbeitnehmer gezählt werden. Trotz Qualifizierungsbedarf in bestimmten Bereichen muß dies als ein im europäischen Maßstab überdurchschnittliches Potential eingeschätzt werden (vgl. Abb. 1). Der Erhalt dieses Potentials ist jedoch im Hinblick auf die abgelaufenen wirtschaftlichen Prozesse und die Leistungsfähigkeit der weitgehend übernommenen Bildungssyteme der alten Länder eher kritisch einzuschätzen.

Der Beschäftigungsabbau hat allerdings maßgebend zur dynamischen Produktivitätsentwicklung der Wirtschaft in den neuen Ländern beigetragen. Da sich gleichzeitig die Lohnentwicklung nicht im Tempo der Jahre 1991/92 fortsetzte, konnte die Tendenz von geringer Produktivitäts- und demgegenüber stärkerer Lohnentwicklung gestoppt werden (vgl. Abb. 6). Das Produktivitätsniveau lag jedoch 1991/92 erst knapp bei 40% und auch 1993/94 erst bei knapp der Hälfte des westeuropäischen Durchschnitts. Das Lohnniveau liegt inzwischen weit über dem Osteuropas. Die Arbeitskosten der alten Länder liegen (1993) nur rund 30 % über denen der neuen Länder. Die Arbeitskosten in Südostasien (Südkorea, Singapur, Taiwan) 70% und in den Nachbarstaaten Polen, Tschechien und Ungarn 80% bis 90% darunter. Es ist die Frage, ob es gelingt, genügend hochwertige, kapitalintensive Arbeitsplätze zu schaffen, die diese Schere ausgleichen und gleichzeitig die Unterbeschäftigung abbauen.

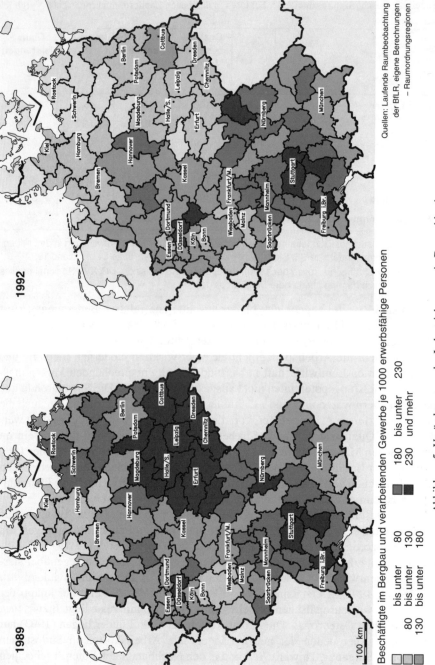

Abbildung 5: Veränderungen des Industriebesatzes in Deutschland

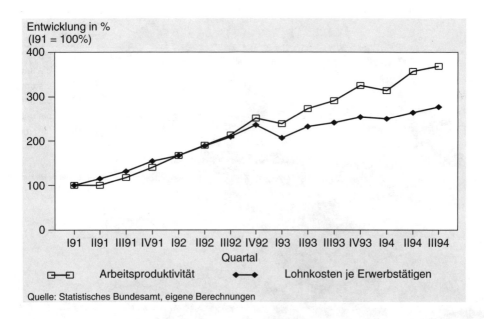

Abbildung 6: Ausgewählte Entwicklungstendenzen im Bergbau und verarbeitenden Gewerbe, neue Länder, I91 bis III94

### 4. Wirtschaftswachstum „ohne" Arbeitskräfte

Folge der wirtschaftlichen Ausgangsbedingungen, des Verlaufs der skizzierten wirtschaftlichen Entwicklung und der internationalen Umfeldbedingungen ist ein anhaltend hohes Niveau der registrierten Arbeitslosigkeit. 1994 wurden wieder Quoten um 18 % erreichte. Nach der von Eurostat durchgeführten, europaweit vergleichbaren Arbeitskräfteerhebung liegen die Quoten um 2-3 Prozentpunkte niedriger, jedoch immer noch über dem EU-Durchschnitt – im April 1993 beispielsweise um 25 Prozentpunkte. Eine höhere Arbeitslosigkeit verzeichneten nur spanische, irische und süditalienische Regionen (vgl. Abb. 7). Mittel- und osteuropäische Länder, vor allem die Tschechische Republik haben trotz schwierigerer Bedingungen hier z.T. mehr Erfolge erzielt (vgl. Abb. 8).

Angesichts des hohen Niveaus der Unterbeschäftigung in den neuen Ländern und des massiven Übergangs in den Vorruhestand muß auch beachtet werden, daß die Probleme nur durch massiven Einsatz finanzieller Mittel in andere Bereiche verlagert wurden. Ein Kernproblem bleibt: Die Kreativität hochgebildeter Menschen bleibt in Größenordnungen unausgeschöpft.

Dies gilt in besonderem Maße für Frauen. Bei der Frauenarbeitslosigkeit ergeben sich markante Unterschiede zum Unionsdurchschnitt, auch wenn die ausgewiesenen Arbeitslosenquoten in der absoluten Höhe nicht vergleichbar

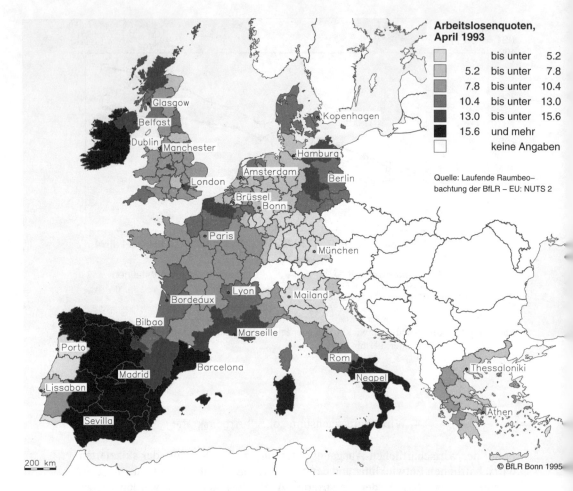

Abbildung 7: Arbeitslosigkeit in Europa

sind. In den neuen Ländern fiel der Anteil der Frauen an den Gesamtbeschäftigten zwischen 1989 und 1992 von 49 % auf 43 %. Im gleichen Zeitraum stieg ihr Anteil an den Arbeitslosen auf über 60 %. Die Arbeitslosenquoten von Frauen stiegen bis Ende 1992 auf 19 % und bis Anfang 1994 auf 23 % (Männer: 10 % bzw. 13 %). Im Durchschnitt der Europäischen Gemeinschaft lagen der Anteil von Frauen an den Arbeitslosen bei 49 % und die Arbeitslosenquoten von Frauen 1992 bei 12 % (Männer bei 8 %). Der Anteil der Frauen an den Gesamtbeschäftigten lag zum gleichen Zeitpunkt bei 40 %. Trotz der in den neuen Ländern komplizierten Arbeitsmarktsituation für Frauen halten diese überwiegend am Wunsch nach eigenständiger Tätigkeit fest. Dies kommt in der überdurchschnittlichen Beteiligung von Frauen an Weiterbildungsmaßnahmen und den nach wie vor hohen Erwerbsquoten (Anteil der weiblichen Erwerbspersonen an der weiblichen Bevölkerung im erwerbsfähigen Alter) zum Ausdruck. Sie

Die neuen Länder im europäischen Wettbewerb 97

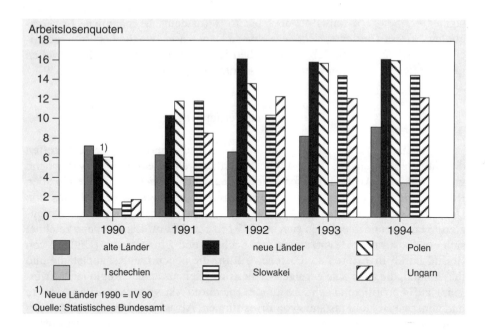

Abbildung 8: Arbeitslosenquoten in den neuen und alten Ländern und in den Visegrádstaaten

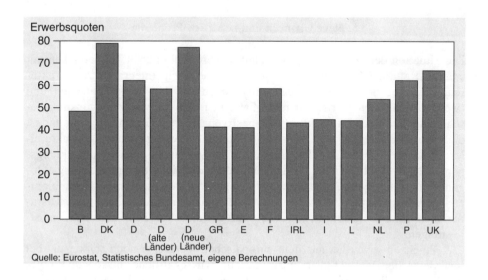

Abbildung 9: Weibliche Erwerbsquoten der neuen Länder im europäischen Vergleich, 1993

lagen 1991 bei 77 % und 1992 noch bei 75 % (ostdeutsche männliche Erwerbsquoten: 80 %). Dies entspricht dem Niveau Dänemarks, wo die höchsten weiblichen Erwerbsquoten in der Europäischen Union erreicht werden. In den alten Ländern liegen die weiblichen Erwerbsquoten knapp unter 60 % (vgl. Abb. 9).

## 5. Gewinner- und Verliererregionen

Die wirtschaftlichen und gesellschaftlichen Umstrukturierungsprozesse betreffen die fünf neuen Länder, das östliche Berlin und alle Regionen in weitgehend gleichem Maße. Auch im fünften Jahr der deutschen Einheit überwiegen in allen Regionen ähnliche Grundtendenzen der Investitionstätigkeit, des Abbaus von Defiziten, aber auch des Abbaus von Potentialen gegenüber regionalen Differenzierungen. Dennoch ergeben sich auch Unterschiede. Auf Länderebene zeichnet sich eine bestimmte Bevorzugung von Sachsen und Brandenburg (Umland von Berlin) durch Investoren ab. Gleiches gilt für die neuen Landeshauptstädte und ihr Umland, die auch eine geringere Arbeitslosigkeit als andere Regionen aufweisen. Häufig profitieren auch sehr kleine Orte durch Aktivität der lokalen Akteure und günstige Begleitumstände von Investitionen. Als wirtschaftliche Problemgebiete zeichnen sich vor allem ländliche, relativ periphere Gebiete ab sowie Industrieregionen, in denen in größerem Umfang Stillegungen nicht wettbewerbsfähiger Branchen ohne ausreichende Kompensation durch Schaffung neuer Arbeitsplätze erfolgten (Nordthüringen, Ostmecklenburg/Vorpommern, Oberlausitz, Erzgebirge).

## 6. Neue Chancen und neuartige Probleme

Die Situation der neuen Länder wird auf längere Sicht nur in Teilbereichen mit anderen Regionen Europas vergleichbar sein. Die rasche Integration von Strukturen, die eher denen Osteuropas entsprechen, in den (west)deutschen und (west)europäischen Wirtschaftsraum hat einen Strukturwandel begünstigt, beschleunigt und neue Entwicklungsperspektiven eröffnet. Gleichzeitig war und ist dieser Prozeß auch mit dem Abbau von Potentialen, völlig neuartigen strukturellen Problemen sowie sozialen Verwerfungen verbunden. Neue Entwicklungsperspektiven ergeben sich z.B. hinsichtlich der Entwicklung eines leistungsfähigen Mittelstandes, der Ausstattung mit den gegenwärtig modernsten Technologien und Infrastrukturen, des Abbaus großflächiger wirtschaftlicher Monostrukturen und Umweltbelastungen sowie des Aufschwungs von Tourismus und Dienstleistungen.

Gleichzeitig werden aus dem europäischen Vergleich noch stärker als bei innerdeutscher Betrachtung raumstrukturelle, wirtschaftliche und soziale Probleme deutlich, die für Westeuropa typisch, für die neuen Länder jedoch in dieser Form neuartig sind. Hierzu können stichwortartig u.a. gezählt werden: hohe Straßenverkehrsbelastungen, umfangreiche Industriebrachen, Hypertrophietendenzen städtischer Agglomerationen, sozialräumliche Segregationserscheinungen, flächenhafte Zersiedlungen u.a.

## 7. Balanceakt für die Zukunft

Die neuen Länder stehen mittelfristig vor einem schwierigen Balanceakt im Wettbewerb europäischer Regionen. Unter Ausnutzung ihrer Potentiale sind sie bestrebt, vor allem intelligenzintensive Gewerbe und modernste Technologien anzuziehen. Sie konkurrieren dabei mit westeuropäischen Regionen, die zwar hohe Bodenpreise und ein hohes Lohnniveau zu verzeichnen haben, jedoch gleichzeitig eine bessere Infrastrukturausstattung und eine wesentlich höhere Produktivität. Auch können viele westeuropäische Regionen noch auf längere Sicht Zentralitätsvorteile verbuchen.

Mit den osteuropäischen Regionen haben die Regionen der neuen Länder bestimmte Defizite (Infrastruktur, Umweltbelastungen) und Potentiale (Qualifikationsniveau) gemeinsam, jedoch sind Lohnniveau und Arbeitskosten inzwischen in den neuen Ländern weit höher. Private Investitionen, darunter ausländische Direktinvestitionen werden deshalb in steigendem Maße vor allem in der Tschechischen Republik, in Ungarn und Polen realisiert.

Auch konnten die erforderlichen strukturellen Veränderungen dort bisher (insbesondere in der Tschechischen Republik) mit einem geringerem Niveau der Arbeitslosigkeit und Deindustrialisierung als in den neuen Ländern eingeleitet werden. Damit besteht für die neuen Länder die Gefahr, mit den entwickelteren westeuropäischen Regionen noch nicht und mit den osteuropäischen Regionen nicht mehr konkurrieren zu können. Dies um so mehr, wenn steigende Löhne und Arbeitskosten nicht mit Produktivitätssteigerungen einhergehen. Mittelfristig wird es also möglicherweise gerade darauf ankommen, die jetzige Zwischenstellung der neuen Länder für einen bestimmten Zeitraum zu erhalten, ihre spezifischen Strukturen und Potentiale zu fördern, Defizite abzubauen und eine Steigerung von Löhnen, Arbeitskosten, Grundstückspreisen, aber auch Lebenshaltungskosten besser mit der Produktivitätsentwicklung in Übereinstimmung zu bringen.

Eine wirtschaftliche Entwicklung, die nicht durch die neuen Länder selbst getragen wird, sondern über einen längeren Zeitraum von Finanztransfers (aus den alten Ländern und der Europäischen Union) lebt, würde letztlich die gesamtwirtschaftliche Entwicklung in Deutschland und Europa erheblich beeinträchtigen.

## 8. Perspektive erfordert entschlossenes Handeln und Nutzung der Potentiale

Die Herstellung einer höheren Wettbewerbsfähigkeit der Regionen der neuen Länder durch Verbesserung der wirtschaftsnahen Infrastruktur, Verringerung von Umweltbelastungen und Anbieten wettbewerbsfähiger Produkte nimmt einen längeren Zeitraum in Anspruch. Gleichzeitig wird der europäische und weltweite Wettbewerb intensiver und differenzierter (mehr Anbieter von teuren und qualitativ hochwertigen wie von billigen Produkten und Leistungen). Angesichts eines extrem geschrumpften Forschungs- und Produktionspotentials und ungenügender Erfahrungen bei unternehmensbezogenen Dienstleistungen sowie rasch steigender Löhne und Arbeitskosten bei nach wie vor vorhandenenem Produktivitätsrückstand ist die Erlangung einer höheren Marktbeteiligung für die Betriebe der neuen Länder außerordentlich kompliziert. Im jetzigen Stadium des Einigungsprozesses sind Freiheitsgrade durch Veränderung der Politik der Treuhandanstalt nicht mehr vorhanden. Hinzu kommt der eingetretene Abbau von Potentialen. Dennoch muß versucht werden, die knapper werdenden Mittel konzentriert auf die Erhöhung der Wettbewerbsfähigkeit der noch vorhandenen Betriebe und Regionen und auf die Förderung wirtschaftlicher Alternativen zu richten, dabei die spezifischen Potentiale der neuen Länder maximal zu nutzen sowie Produktivitäts- und Lohnentwicklung besser zu koppeln.

Spezifische Potentiale der neuen Länder werden gegenwärtig vor allem gesehen in hochqualifizierten Arbeitnehmern, darunter vor allem auch Frauen, qualifiziertem Forschungs- und ingenieurtechnischen Potential, hoher Kooperationsbereitschaft der Bevölkerung, vorteilhaften landwirtschaftlichen Strukturen, dichtem Schienennetz, osteuropäischen Marktkenntnissen, umfangreichen Erfahrungen im verarbeitenden Gewerbe und Potentialen für Umwelttechnik, regional bedeutsamen Flächenressourcen, attraktiven Landschaften und traditionsreichen Städten, einem ausgebauten Netz sozialer Infrastruktur, bodennahen Rohstoffen, vor allem für die Bauwirtschaft, und der Lagegunst im künftigen Europa.

## Literatur:

Beschäftigungsobservatorium Ostdeutschland (1994): Der Preis der schnellen Privatisierung – eine vorläufige Schlußbilanz der Treuhandanstalt. In: Europäische Kommission, Generaldirektion V, H.11, S. 3–9.

Bundesforschungsanstalt für Landeskunde und Raumordnung (1993): Regionalbarometer neue Länder. Erster zusammenfassender Bericht. = Materialien zur Raumentwicklung, H. 50. Bonn.

Dies. (1995): Regionalbarometer neue Länder. Zweiter zusammenfassender Bericht. = Materialien zur Raumentwicklung, H. 69. Bonn.

Burda, M.C. (1991): Labour and product markets in Czechoslovakia and the ex-GDR. = European Economy. Special edition No 2.

Eckardt, H. (1994): Zahlen und Fakten zur wirtschaftlichen und sozialen Entwicklung in den Visegrad-Staaten. In: Statistisches Bundesamt (Hg.): Zur wirtschaftlichen und sozialen Lage in den neuen Bundesländern. = Vierteljahreszeitschrift, Dezember 1994, S. 71–77. Wiesbaden.

Europäische Kommission, Generaldirektion Regionalpolitik (1994): Wettbewerbsfähigkeit und Kohäsion: Trends in den Regionen. In: Fünfter Periodischer Bericht zur sozioökonomischen Lage und Entwicklung der Regionen der Gemeinschaft. Kapitel 11. Brüssel.

Eurostat (1993): Regionen. Statistisches Jahrbuch. Luxemburg.

Guger, A. (1994): 1993 wechselkursbedingt leichte Verschlechterung der Lohnstückkostenposition der Industrie. In: WIFO-Monatsberichte 8/94, S.460–465.

Hunya, G. u. H. Vidovic (1994): Leichte Erholung folgt einer schweren Rezession. Die Wirtschaft der Oststaaten 1993/94. In: WIFO-Monatsberichte 5/94, S. 288–304.
IFO-Institut für Wirtschaftsforschung (Hg.): IFO-Schnelldienst 6/94. München.
Kommission der Europäischen Gemeinschaften, Generaldirektion V (1991): Beschäftigung in Europa. Brüssel u. Luxemburg.
Dies. (1993): Beschäftigung in Europa. Brüssel u. Luxemburg.
Wegener, M. (1992): Lessons to be drawn from German unification. Study. Berlin u. Munich.

# REGIONALE ARBEITSPLATZDYNAMIK IN DEN NEUEN BUNDESLÄNDERN

Udo Lehmann, Nürnberg

## 1. Einleitung

In den neuen Bundesländern haben sich schnell bedeutende regionale Disparitäten auf dem Arbeitsmarkt herausgebildet, die zumindest zum Teil auch aus der starken räumliche Konzentration von bestimmten Industrien in der DDR resultieren (vgl. Rudolph 1990, Blien/Hirschenauer 1994). Bei der Entstehung dieser Disparitäten kommt den Betrieben, also der Nachfrageseite des Arbeitsmarktes, eine zentrale Bedeutung zu. Während der Umbruchphase der ostdeutschen Wirtschaft wurde die Betriebslandschaft völlig umstrukturiert. Auf der einen Seite wurden durch eine ‚Transformation von oben', die im wesentlichen von der Treuhandanstalt durchgeführt wurde, der Betriebsbestand reorganisiert, d.h. entweder privatisiert, reprivatisiert oder stillgelegt. Auf der anderen Seite gab es einen regelrechten Gründungsboom, also eine ‚Transformation von unten'. Von großem Interesse ist daher die Frage, wie sich die Beschäftigung dieser beiden Komponenten entwickelt hat. Inwieweit sind die unterschiedlichen Entwicklungen der regionalen Arbeitsmärkte durch Unterschiede im Um- und Aufbau des regionalen Betriebsbestandes begründet? Welcher Einfluß kommt dabei der regionalen Wirtschaftsstruktur zu? In diesem Aufsatz wird versucht, diese Fragen zumindest im Ansatz mit Hilfe des Jobturnover-Konzepts zu beantworten. Grundlage dieses Ansatzes ist die Zerlegung der Saldogröße ‚Beschäftigungsentwicklung' in Arbeitsplätze, die in Gründungen oder in expandierenden Betrieben entstehen und in solche, die durch Schließungen oder Beschäftigungsabbau in bestehenden Betrieben fortfallen. Diese vier Größen werden in der Regel als Quoten ausgedrückt und als ‚Komponenten der Beschäftigungsentwicklung' bezeichnet (vgl. Cramer/Koller 1987, Schettkat 1995). Die Daten dieser Untersuchung entstammen der Statistik der sozialversicherungspflichtig Beschäftigten, die mit dem 1.1.1991 in Ostdeutschland eingeführt wurde und hier bis zum 30.6.94 ausgewertet wird. Sie legt eine weitere Unterteilung der Betriebe nahe in solche, die vor Einführung dieser Statistik bestanden haben (=‚Altbetriebe') und solche, die erst danach registriert wurden (=‚Gründungen').

Zunächst werden diese Komponenten differenziert nach Branchen analysiert. In einem weiteren Schritt werden sie auf regionaler Ebene mit Hilfe einer Shift-Analyse in jeweils eine Standort- und eine Strukturkomponente zerlegt, um so den Einfluß der regionalen Wirtschaftsstruktur auf die Entstehung und den Abbau von Arbeitsplätzen kontrollieren zu können.

## 2. Beschäftigungsdynamik nach Branchen

In Ostdeutschland sind während des Untersuchungszeitraums insgesamt ca. 5 Mio. Arbeitsplätze weggefallen und ca. 4 Mio. neu entstanden. Diese Bruttoströme sind zum einen Ausdruck des Wettbewerbs zwischen den Betrieben innerhalb einer Branche und zum anderen, bei Abbau von Arbeitsplätzen in einer bestimmten Branche und Entstehung in einer anderen Branche, Ausdruck des Strukturwandels. So sind zwar im Dienstleistungsbereich mit 2,5 Mio. die meisten Arbeitsplätze weggefallen, diese Verluste konnten jedoch durch einen Aufbau in gleicher Höhe kompensiert werden. Anders ist die Situation im Verarbeitenden Gewerbe, wo gut 1,5 Mio. Arbeitsplätze fortgefallen sind, während nur 600.000 neue entstanden sind.

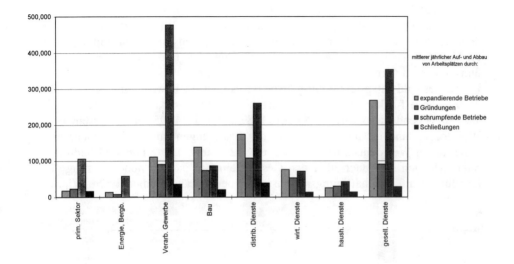

Abbildung 1: Arbeitsplatzdynamik in Ostdeutschland 30. 6. 91 bis 30. 6. 94

Der Arbeitsplatzabbau ist im wesentlichen durch das Schrumpfen von Betrieben erfolgt, während der Beitrag von Schließungen vergleichsweise gering war (vgl. Abb. 1). Dies läßt sich auch dadurch erklären, daß in der Regel Betriebe schon im Vorfeld einer sich abzeichnenden Schließung Entlassungen aussprechen. Interessanter und offensichtlich auf die Tatsache des Transformationsprozesses zurückzuführen ist der erhebliche Anteil, den die Gründungen an der Entstehung neuer Arbeitsplätze haben.[1] Der Beitrag, den Gründungen zur Entstehung von Arbeitsplätzen von Jahr zu Jahr geleistet haben, ist außerordentlich hoch. Aufgrund des Transformationsprozesses in Ostdeutschland liegt es nahe zu

---

1   Dies sagt aber nichts über den Beschäftigungsbeitrag durch Gründungen während des Gesamtzeitraums aus, da Gründungen dem Job-Turnover-Konzept gemäß (vgl. Cramer/ Koller 1988, Schettkat 1995) im Folgezeitraum zum Bestand zählen.

vermuten, daß ein erheblicher Teil dieser Zuwächse keine echten Zuwächse sind, sondern daß es sich hier um Verlagerung von Arbeitsplätzen in ausgegründete Betriebe handelt. Wenn das der Fall wäre, müßten viele dieser neuen Betriebe schon zum Zeitpunkt der Gründung relativ viele Beschäftigte haben. Für den Zeitraum Januar 1991 bis Juni 1992 konnte jedoch festgestellt werden, daß der Anteil der Gründungen mit mehr als 10 Beschäftigten sehr gering war und es sich demnach bei den Gründungen um originäre Gründungen oder so kleine Ausgründungen handelt, daß sie ihrem Charakter nach echten Gründungen vergleichbar sind. Das Fehlen der Ausgründungen ließe sich dadurch erklären, daß die Ausgründungswelle ihren Höhepunkt 1991 schon überschritten hatte (vgl. Fritsch/Werker 1994).

Ein erheblicher Teil des Arbeitsplatzumschlags fand zu Beginn des Untersuchungszeitraumes statt. Während im Laufe des ersten Jahres noch 13,8% der Arbeitsplätze abgebaut wurden, waren es im zweiten nur noch 2%. Im letzten Jahr wurde der Beschäftigungsabbau, zumindest global, beendet. Abb. 2 zeigt deutlich, daß die Entwicklung des Saldos aus Expansions- und Schrumpfungsrate für die Beschäftigungsentwicklung entscheidend ist. Gründungs- und Schließungsrate sind vergleichsweise konstant über die Zeit.

Dieses Bild entspricht im Prinzip dem westdeutschen, wo ebenfalls der Saldo der Bestände für kurzfristige Änderungen der Nettobeschäftigungsentwicklung ausschlaggebend ist (vgl. Cramer/Koller 1987, Schettkat 1995). Im Unterschied zu Westdeutschland ist aber der Beitrag der Gründungen mit 8% und mehr viel höher als in Westdeutschland, der bei etwa 2% liegt. Diese hohen Gründungsraten schlagen sich auch über den Gesamtzeitraum in dem hohen Beitrag der Gündungen am Beschäftigungsaufbau in den neuen Ländern nieder. Drei Viertel

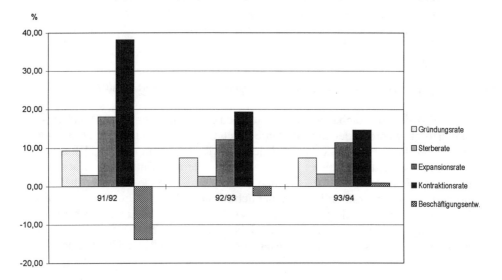

Abbildung 2: Komponenten der Beschäftigungsentwicklung in Ostdeutschland 1991 bis 1994

aller seit Januar 1991 geschaffenen Arbeitsplätze sind in neuen Betrieben entstanden. Nur 0,6 Mio. Arbeitsplätze sind während dieses Zeitraums in Altbetrieben, also solchen Betrieben, die schon vor Einführung der Statistik der sozialversicherungspflichtig Beschäftigten bestanden haben (Näheres s. Lehmann 1994), entstanden. Diese Altbetriebe lassen zudem aufgrund ihrer Größenstruktur vermuten, daß zu dieser Gruppe auch viele Gründungen der Jahre 1989 und 90 gehören. Insgesamt waren im Juni 1994 nur noch 65% aller Beschäftigten in solchen Altbetrieben tätig, wobei dieser Anteil zwischen den Branchen erheblich streut (vgl. Abb. 3).

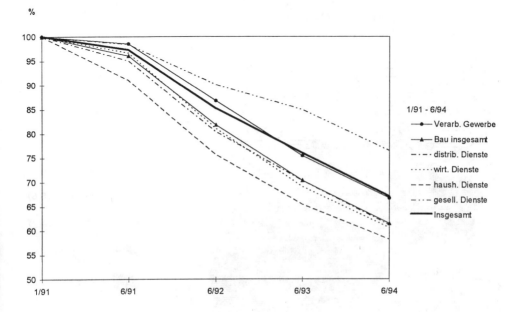

Abbildung 3: Beschäftigungsentwicklung in Altbetrieben in Prozent der Beschäftigten einer Branche

In den gesellschaftlichen Dienstleistungen war der Anteil mit 77% noch am höchsten, in den übrigen Dienstleistungen und dem Baugewerbe, also den sich dynamisch entwickelnden Wirtschaftsbereichen, am niedrigsten. Wie man sieht, erfolgte der Aufbau der Beschäftigung im wesentlichen durch Gründungen im Dienstleistungssektor, der, bei erheblichen Umschichtungen innerhalb dieses Sektors, sein absolutes Beschäftigungsniveau während des Untersuchungszeitraums in etwa halten konnte. Die vielfach beklagte Deindustrialisierung (vgl. z.B. Nolte/Ziegler 1994a und b) ist daher weniger auf einen überproportionalen Beschäftigungsabbau als auf eine, im Vergleich zum Dienstleistungssektor, zu geringe Gründungstätigkeit zurückzuführen. Andererseits sind aber gerade im Produzierenden Gewerbe auch hochproduktive neue Betriebe mit einem entsprechend geringen Arbeitskräftebedarf entstanden (vgl. Ragnitz 1995, S.4f.;

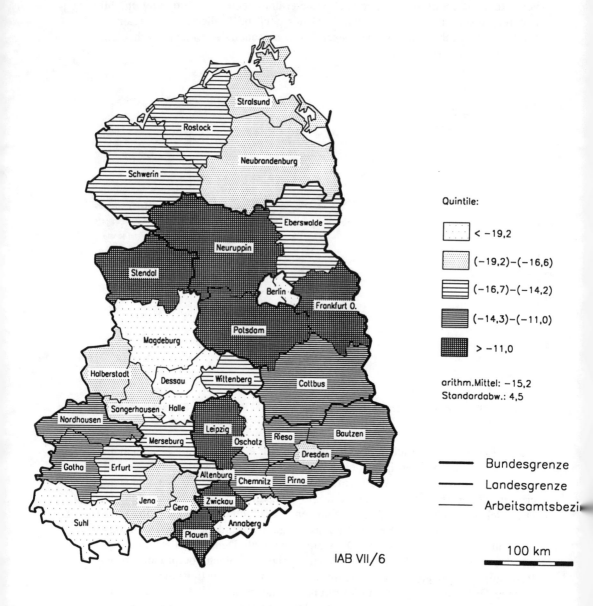

Abbildung 4: Beschäftigungsentwicklung 1991–94 in %

Eickelpasch 1995), so daß ein Vergleich der Beschäftigungsanteile in Sektoren mit solch unterschiedlicher Arbeitsproduktivität nur mit Zurückhaltung interpretiert werden sollte (vgl. auch Beitrag von W. Görmar in diesem Band).

## 3. Regionale Beschäftigungsdynamik

Abb. 4 zeigt die regionale Beschäftigungsentwicklung von Januar 1991 bis Juni 1994 auf Ebene der Arbeitsamtsbezirke. Andere, analytisch zweckmäßigere regionale Gliederungen standen aufgrund von Problemen in Zusammenhang mit der Gebietsreform nicht zur Verfügung.

Es fallen die relativ ungünstigen Entwicklungen im Norden auf, deutlich abgehoben von einem Band, das sich von Westen her bis ins Berliner Umland und dann nach Süden nach Sachsen hin fortsetzt. Ungünstige Entwicklungen finden sich weiterhin in größeren Teilen Sachsen-Anhalts. Auch das Gebiet der Landeshauptstadt Magdeburg befindet sich im untersten Quintil. Das schlechte Abschneiden Ost-Berlins und Dresdens sollte mit Vorsicht betrachtet werden, da hier die Grenzen der Arbeitsamtsbezirke so eng gezogen worden sind, daß das Umland weitgehend abgeschnitten worden ist. Hinter den in Abb. 4 dargestellten Raten stehen aber durchaus unterschiedliche Entwicklungen, wie in Tab. 1 verdeutlicht wird, in der die Veränderungsraten der Beschäftigungsentwicklung für die drei Zeiträume 1991–92, 1992–93 und 1993–94 (jeweils 1.7.–30.6.) als prozentuale Abweichungen vom Wert für Ostdeutschland insgesamt aufgeführt sind.

Die regionalen Unterschiede in der Entwicklung sind groß. Zwar gab es im ersten Jahr noch keine Regionen mit Beschäftigungswachstum, aber die Diskrepanz zwischen beispielsweise Leipzig (um 7,9% günstiger als der ostdeutsche Gesamtwert) und Annaberg (um 6,0% ungünstiger) ist deutlich. 1992–93 gibt es dann schon 11 Regionen, die beachtliche Beschäftigungszuwächse erzielen konnten. Vor allem sind hier Leipzig und Potsdam zu nennen, die beide ein Wachstum zwischen 4 und 5% aufwiesen. Die Zahl der „Gewinner"-Regionen nimmt dann im folgenden Jahr noch auf 19 von insgesamt 35 Regionen zu.

Eindeutige Verlierer-Regionen sind z.B. Halle und Magdeburg, wo der Abstand von der ostdeutschen Gesamtentwicklung über die Zeit noch zunimmt.

Setzt man die Ergebnisse in Beziehung zu den vorhin dargelegten unterschiedlichen Entwicklungen, die die verschiedenen Branchen genommen haben, so liegt es nahe, das positive Abschneiden von zum Beispiel Leipzig und Potsdam auf die Sektorstruktur der regionalen Wirtschaft zurückzuführen. Deshalb wurde die Beschäftigungsentwicklung von 1991 bis 1994 mit Hilfe einer Shift-Analyse um die Branchenstruktur bereinigt. Bei der Berechnung der Komponenten wurde analog Blien und Hirschenauer (1994, S.328) verfahren.

Der Struktureffekt, der angibt, welche Entwicklung sich ergeben würde, wenn sich die Branchen in einer Region wie im übergeordneten Vergleichsraum (hier Ostdeutschland insgesamt) entwickelt hätten, wurde wie folgt gebildet:

Tabelle 1: Veränderungsraten der Beschäftigung 1991–1994

## Veränderungsraten der Beschäftigung 1991-1994 als Abweichung vom ostdeutschen Gesamtwert in %

| | Arbeitsamtsbezirke | 1991-92 | 1992-93 | 1993-94 |
|---|---|---|---|---|
| 31 | Neubrandenburg | -3,7 | -4,7 | -1,6 |
| 32 | Rostock | 2,0 | 1,5 | 1,2 |
| 33 | Schwerin | -1,8 | 0,7 | 1,0 |
| 34 | Stralsund | -3,3 | -2,6 | -2,2 |
| 35 | Cottbus | 5,7 | 2,8 | 2,7 |
| 36 | Eberswalde | -0,5 | 0,9 | 1,4 |
| 37 | Frankfurt | 4,2 | 5,1 | 6,2 |
| 38 | Neuruppin | 3,6 | 3,0 | 7,3 |
| 39 | Potsdam | 4,2 | 7,4 | 9,2 |
| 42 | Dessau | -0,2 | -4,0 | -3,5 |
| 43 | Halberstadt | 1,5 | -0,9 | -2,2 |
| 44 | Halle | -5,7 | -6,2 | -8,5 |
| 45 | Magdeburg | -3,5 | -3,3 | -4,4 |
| 46 | Merseburg | 2,8 | 1,7 | 0,2 |
| 47 | Sangerhausen | -1,0 | -3,3 | -3,4 |
| 48 | Stendal | 5,4 | 4,4 | 5,1 |
| 49 | Wittenberg | -0,7 | -2,4 | -0,2 |
| 70 | Altenburg | -3,0 | -2,2 | 0,8 |
| 71 | Annaberg | -6,0 | -5,6 | -4,6 |
| 72 | Bautzen | 0,2 | 0,7 | 1,7 |
| 73 | Chemnitz | 4,3 | 5,9 | 2,6 |
| 74 | Dresden | -1,8 | -1,0 | -1,9 |
| 75 | Leipzig | 7,9 | 7,9 | 7,7 |
| 76 | Oschatz | -3,1 | -5,4 | -3,8 |
| 77 | Pirna | 0,8 | 2,1 | 4,4 |
| 78 | Plauen | -1,4 | 6,0 | 8,0 |
| 79 | Riesa | 3,6 | 2,2 | 2,5 |
| 80 | Berlin (Ost) | -3,3 | -5,1 | -9,6 |
| 92 | Zwickau | 1,3 | 4,7 | 5,4 |
| 93 | Erfurt | -3,1 | -2,4 | -1,1 |
| 94 | Gera | -4,8 | -2,8 | -2,8 |
| 95 | Gotha | -1,0 | -1,6 | 2,3 |
| 96 | Jena | -2,5 | -1,9 | -1,2 |
| 97 | Nordhausen | 1,0 | -0,3 | 1,6 |
| 98 | Suhl | -2,2 | -5,1 | -3,7 |
| | **Standardabweichung** | 6,0 | 5,3 | 7,1 |
| | **Veränderungsrate** | -13,8 | -2,0 | 0,1 |

$$SK = \frac{\sum_i b_i^{91} \cdot \frac{B_i^{94}}{B_i^{91}} - b^{91}}{b^{91}} \cdot 100.$$

$b_i^{91,94}$ Beschäftigte einer Arbeitsamtsregion in Branche $i$ im Januar 1991 bzw. Juni 1994

$B_i^{91,94}$ die Beschäftigten in Branche $i$ in Ostdeutschland insgesamt im Januar 1991 bzw. Juni 1994

$$b^{91} = \sum_i b_i^{91}$$

Die Standortkomponente ist die Differenz zwischen der tatsächlichen und der strukturbedingten Entwicklung:

$$SO = \frac{b^{94} - \sum_i b_i^{91} \cdot \frac{B_i^{94}}{B_i^{91}}}{b^{91}} \cdot 100.$$

Sie wird als der regionale, standortbedingte Anteil interpretiert (vgl. z.B. Klemmer 1973, Hoppen 1978, Tengler 1989).

In Abb. 5 ist die Standortkomponente der Beschäftigungsentwicklung abgebildet. Es läßt sich erkennen, daß z.B. die Werte für Leipzig und insbesondere Potsdam gegenüber der tatsächlichen Entwicklung (vgl. Abb. 4) relativiert worden sind. Besonders ungünstige Standortkomponenten finden sich im Norden, aber auch in Magdeburg, Halle, Ost-Berlin und Gera. Dagegen haben die Industrieregionen in Sachsen (Plauen, Zwickau, Pirna und Riesa) besonders hohe Standortfaktoren, sie haben demnach eine erheblich günstigere Beschäftigungsentwicklung als aufgrund der Branchenstruktur zu vermuten gewesen wäre. Dabei darf aber nicht übersehen werden, daß diese Standortkomponente lediglich eine Restgröße darstellt und kein echter kausaler Zusammenhang bestehen muß (vgl. o.a. Literatur, insbesondere Tengler 1989, S.69ff.). Zudem wurde die Berechnung nur mit 8 Branchen durchgeführt. Eine weitere Ausdifferenzierung der Branchen würde die Strukturkomponente tendenziell erhöhen und zu präziseren Standortkomponenten führen.

Wie in Kap. 2 gezeigt wurde, sind neue Arbeitsplätze fast ausschließlich in neuen Betrieben entstanden, während der Arbeitsplatzabbau vom Beschäftigungseinbruch der Altbetriebe dominiert wurde. Bei der folgenden Betrachtung der Bruttoströme der Beschäftigungsentwicklung auf regionaler Ebene kann deshalb darauf verzichtet werden, den Arbeitsplatzaufbau bzw. -verlust weiter nach Herkunft der Arbeitsplätze aus Gründungen und wachsenden Betrieben bzw. aus Schließungen und schrumpfenden Betrieben zu differenzieren.

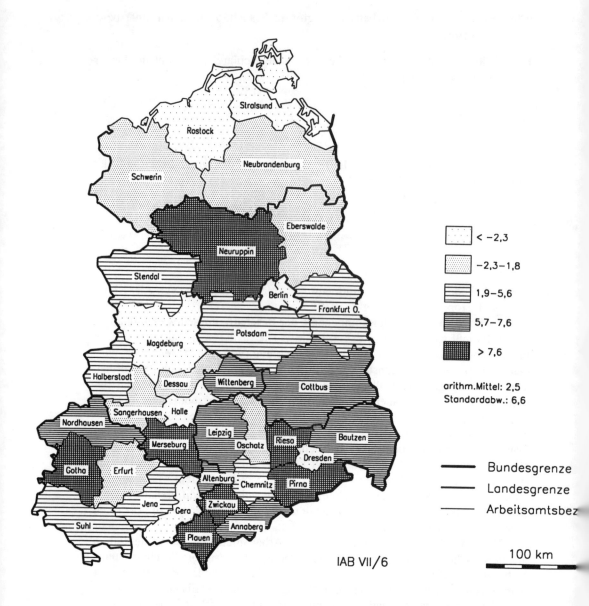

Abbildung 5: Standortbedingte Beschäftigungsentwicklung 1991–94 in %

Tabelle 2: Entstehung und Verlust von Arbeitsplätzen 1.1.1991 bis 30.6.1994 in %

| Arbeitsamtsbezirk | Entstehung | Abbau | Nettoentwicklung |
|---|---|---|---|
| Neubrandenburg | 61,17 | 77,82 | -16,66 |
| Rostock | 65,24 | 79,05 | -13,81 |
| Schwerin | 60,65 | 74,94 | -14,30 |
| Stralsund | 60,49 | 77,89 | -17,40 |
| Cottbus | 58,72 | 71,16 | -12,45 |
| Eberswalde | 62,43 | 76,15 | -13,72 |
| Frankfurt | 65,81 | 74,55 | -8,74 |
| Neuruppin | a 71,14 | 78,38 | -7,24 |
| Potsdam | 62,29 | i 68,08 | i -5,80 |
| Dessau | 54,14 | 72,71 | -18,56 |
| Halberstadt | 58,03 | 75,06 | -17,03 |
| Halle | 53,03 | 76,69 | -23,65 |
| Magdeburg | 54,03 | 73,66 | -19,63 |
| Merseburg | 57,51 | 72,39 | -14,88 |
| Sangerhausen | 61,21 | a 9,48 | -18,27 |
| Stendal | 64,88 | 74,95 | -10,08 |
| Wittenberg | 58,63 | 73,08 | -14,45 |
| Altenburg | 58,50 | 72,74 | -14,24 |
| Annaberg | 56,98 | 76,39 | -19,41 |
| Bautzen | 61,64 | 75,03 | -13,39 |
| Chemnitz | 65,49 | 77,57 | -12,08 |
| Dresden | 55,71 | 72,85 | -17,14 |
| Leipzig | 70,00 | 77,37 | -7,37 |
| Oschatz | 55,39 | 74,41 | -19,02 |
| Pirna | 60,89 | 71,61 | -10,73 |
| Plauen | 63,85 | 70,96 | -7,11 |
| Riesa | 59,48 | 71,97 | -12,49 |
| Berlin (Ost) | i 52,82 | 77,50 | a -24,67 |
| Zwickau | 67,93 | 77,41 | -9,49 |
| Erfurt | 56,30 | 72,66 | -16,36 |
| Gera | 57,76 | 75,65 | -17,89 |
| Gotha | 62,86 | 75,52 | -12,67 |
| Jena | 59,77 | 75,84 | -16,08 |
| Nordhausen | 60,10 | 73,72 | -13,63 |
| Suhl | 53,59 | 72,21 | -18,62 |
| **Standardabw.** | **4,65** | **2,64** | **4,53** |
| **Spannweite** | **18,32** | **11,40** | **18,87** |
| **Mittelwert** | **60,24** | **74,79** | **-14,54** |

Minimum = i, Maximum = a

Tab. 2 zeigt die Arbeitsentstehungs- und -abbaurate sowie die Nettoentwicklung über den gesamten Analysezeitraum für Arbeitsamtbezirke. Die Arbeitsplatzabbaurate schwankt zwischen 68% (Potsdam) und 79% (Sangerhausen), die Entstehungsrate zwischen 53% (Ost-Berlin) und 71% (Neuruppin). Die höhere Spannweite und Standardabweichung der Entstehungsrate zeigt, daß sie für die regionalen Unterschiede der Nettoentwicklung die entscheidendere ist.

Die Abbaurate ist zwar in allen Regionen stets größer als die Entstehungsrate, sie streut aber zwischen den Regionen deutlich geringer. Die regionalen Unterschiede der Nettoentwicklung sind also wesentlich von der Entstehungsrate beeinflußt, was auch die nahezu gleiche Spannweite beider Verteilungen zum Ausdruck bringt. Dies wird unterstrichen durch eine hohe Korrelation (0,8/99%) dieser Raten in Verbindung mit dem Fehlen eines Zusammenhangs zwischen Abbaurate und Nettoentwicklung.

Auf der anderen Seite besteht aber auch ein leichter positiver korrelativer Zusammenhang (0,3/95%) zwischen Entstehungs- und Abbaurate. Die mit hohen Abbauraten verknüpfte, entspechend hohe Arbeitslosigkeit hat in besonderem Maße staatliche Stützungsmaßnahmen nach sich gezogen und könnten damit eine Erklärung für diesen Zusammenhang sein.

## 4. Zusammenfassung

Es läßt sich also festhalten, daß für den Arbeitsplatzabbau im wesentlichen schrumpfende Altbetriebe verantwortlich sind, während die Entstehung neuer Arbeitsplätze fast ausschließlich Sache der neuen Betriebe ist. Der Beschäftigungsaufbau erfolgte vorzugsweise im Dienstleistungssektor, welcher, bei erheblichen Umschichtungen innerhalb dieses Sektors, sein absolutes Beschäftigungsniveau während des Untersuchungszeitraums in etwa halten konnte, während im Verarbeitenden Gewerbe der Abbau nicht durch einen entsprechenden Arbeitsplatzaufbau durch neue Betriebe kompensiert werden konnte. Da der Arbeitsplatzabbau alle Regionen in mehr oder weniger gleichem Maße getroffen hat, sind regionale Unterschiede der Beschäftigungsentwicklung auf Unterschiede in der Höhe der Arbeitsplatzentstehung zurückzuführen, die ihrerseits wiederum von der regionalen Gründungstätigkeit abhängig ist.

## Literatur:

Blien, U. u. F. Hirschenauer (1994): Die Entwicklung regionaler Disparitäten in Ostdeutschland. In: Mitteilungen aus der Arbeitsmarkt- und Berufsforschung 27, H.4, S. 323–337.

Cramer, U. u. M. Koller (1988): Gewinne und Verluste von Arbeitsplätzen in Betrieben – der ‚Job-Turnover'-Ansatz. In: Mitteilungen aus der Arbeitsmarkt- und Berufsforschung 21, H.3, S. 361–377.

Eickelpasch, A. (1995): Aspekte der Wettbewerbsfähigkeit der ostdeutschen Industrie. In: Vierteljahreshefte zur Wirtschaftsforschung 64, H.2, S. 249–262.

Fritsch, M. u. C. Werker (1994): Die Transformation der Unternehmensstruktur in Ostdeutschland. In: Beschäftigungsobservatorium Ostdeutschland, H.13, S. 3–7.

Hoppen, H.D. (1975): Die Shift-Analyse. Untersuchungen über die empirische Relevanz ihrer Aussagen. In: Raumforschung und Raumordnung 33, H.1, S. 6–18.

Klemmer, P. (1973): Die Shift-Analyse als Instrument der Regionalforschung. In: Akademie für Raumforschung und Landesplanung (Hg.): Methoden der empirischen Regionalforschung (1.Teil). = Forschungs- und Sitzungsberichte 87, S. 117–130. Hannover.

Lehmann, U. (1994): Regionale Aspekte des Betriebsgründungsgeschehens in den neuen Bundesländern 1991/92. In: Mitteilungen aus der Arbeitsmarkt- und Berufsforschung 27, H.4, S. 338–350.

Nolte, D. u. A. Ziegler (1994a): Regionen in der Krise – Regionale Aspekte des Strukturwandels in den neuen Bundesländern. In: WSI-Mitteilungen 47, H.1, S. 58–67.

Dies. (1994b): Neue Wege einer regional- und sektoral orientierten Strukturpolitik in den neuen Ländern – Zur Diskussion um den ‚Erhalt industrieller Kerne'. In: Informationen zur Raumentwicklung, H.4, S. 255–265.

Ragnitz, J. (1995): Herausforderung Ostdeutschland. In: Wirtschaft im Wandel, H.8, S. 1–16.

Rudolph, H. (1990): Beschäftigungsstrukturen vor der Wende - Eine Typisierung von Kreisen und Arbeitsämtern. In: Mitteilungen aus der Arbeitsmarkt- und Berufsforschung 23, H.4, S. 474–503.

Schettkat, R. (1995): Stromanalyse des Arbeitsmarktes - Der Jobturnover und der Labourturnover-Ansatz. In: Wirtschaftswissenschaftliches Studium 24, H.9, S. 455–460.

Tengler, H. (1989): Die Shiftanalyse als Instrument der Regionalforschung. = Schriften zur Mittelstandsforschung N.F. 28. Stuttgart.

# ARBEITSMARKTDYNAMIK UND REGIONALENTWICKLUNG IN SACHSEN-ANHALT

Kimberly Crow, Halle

## 1. Einleitung

Sachsen-Anhalt ist ein junges Bundesland – vor der Abschaffung der Länder in der DDR 1952 existierte es gerade einmal sieben Jahre – und es spiegelt wie kein zweites neues Bundesland in seinem Gebiet das gesamte Spektrum der DDR-typischen Wirtschaftszweige wider: von den großen Landwirtschaflichen Produktionsgenossenschaften bis hin zu den großen Chemie- und Maschinenbaukombinaten. Ein „buntes" Land also, das trotz seiner häufig sehr nachhaltig und einseitig gezeichneten Tristesse ein ungeheuer vielfältiges Land ist – was sich nicht zuletzt in ausgeprägten regionalen Disparitäten niederschlägt. Die (Arbeitsmarkt)Probleme, mit denen Sachsen-Anhalt konfrontiert ist, sind – z.T. selbst im Vergleich zu den anderen neuen Ländern – enorm. Der in alle Wirtschaftsbereiche und Regionen hineingreifende und schlagartig einsetzende Transformationsprozeß verstellte und verstellt häufig den Blick für die bereits 1990 beginnende Entwicklungsdynamik auf dem Arbeitsmarkt und damit auch für die Stabilität des erreichten Beschäftigtenniveaus.

Im ersten Teil dieses Beitrags möchte ich mich der Arbeitsmarktdynamik in Sachsen-Anhalt zuwenden, die sich in drei Phasen untergliedern läßt. Die Bedeutung der arbeitsmarktpolitischen Maßnahmen und ihr Beitrag zur Unterstützung der Anpassung der Lebensverhältnisse wird daraus unmittelbar ersichtlich. Um der regionalen Vielfalt des Landes gerecht zu werden, werde ich mich im zweiten Teil mit der Inanspruchnahme von Maßnahmen der aktiven Arbeitsmarktpolitik in den acht Arbeitsamtsbezirken des Landes auseinandersetzen.

## 2. Arbeitsmarktdynamik in Sachsen-Anhalt

Wie in ganz Ostdeutschland war auch das Gebiet Sachsen-Anhalts Ende 1989/ Anfang 1990 durch ein Höchstmaß an Erwerbsbeteiligung gekennzeichnet. Circa 1,73 Millionen Personen im erwerbsfähigen Alter standen zu diesem Zeitpunkt in einem Beschäftigungsverhältnis. Dies entsprach einer knapp 95%igen Erwerbsbeteiligung, was de facto Vollbeschäftigung in allen Regionen bedeutete. Der mit dem Transformationsprozeß verbundene Anpassungsdruck war von Anfang an erheblich und seine Konsequenzen relativ schnell sichtbar: Wirtschaft und Arbeitsmarkt entwickelten sich steil nach unten, wobei sich vor allem monostrukturierte Regionen mit schier unlösbaren Problemen konfrontiert sahen.

Sachsen-Anhalt ist als Chemiestandort – vor allem mit dem Chemiedreieck Halle, Merseburg, Bitterfeld – bekannt, und tatsächlich waren 1989 ca. 80.000 der 1,73 Millionen Beschäftigten Sachsen-Anhalts in diesem Bereich tätig. Die

Konzentration der öffentlichen Aufmerksamkeit auf diesen dominanten Bereich übersieht jedoch, daß Sachsen-Anhalt damit nur unzulänglich charakterisiert ist. Die nördlichen Regionen unterscheiden sich z.T. erheblich von dem südlichen Teil des Landes. Dies betrifft nicht nur die Bevölkerungsdichte, sondern auch die Siedlungs- und Wirtschaftsstruktur sowie die Arbeitsmarktlage.

Zahlreiche Studien über das Beschäftigungssystem in Sachsen-Anhalt belegen, daß es nicht nur zu massenhaften Arbeitsplatzverlusten gekommen ist, sondern daß ein beachtlicher Austausch zwischen den verschiedenen Arbeitsmarktsektoren in Gang gekommen ist und damit der „Eindruck eines sehr dynamischen, keinesfalls verkrusteten Arbeitsmarktes" (Wagner 1994, S. 3) zu konstatieren ist. Auffällig ist weiterhin, daß sich die Dynamik auf dem (sachsenanhaltinischen) Arbeitsmarkt auch in zeitliche Abschnitte einteilen läßt, die von dramatisch hohen Freisetzungen, sprunghaft ansteigenden Arbeitslosenzahlen bei gleichzeitiger Zunahme gestützter Arbeitsplätze bis hin zu zum Teil äußerst lebhafter Mobilität und sich dann stabilisierender Erwerbsbeteiligung reichen. Für die Charakterisierung der Entwicklung auf dem (sachsen-anhaltinischen) Arbeitsmarkt seit 1990 lassen sich diesem Muster folgend drei Phasen unterscheiden:

*Eruptionsphase*: Diese erste Phase ist gekennzeichnet durch ein dramatisch hohes Ausmaß des Arbeitsplatzabbaus und dauerte bis ca. Ende 1990. Ausgehend von etwa 1,73 Millionen Arbeitsplätzen im Jahr 1989 im Gebiet Sachsen-Anhalts wurden bis zum November 1990 rund 350.000 Arbeitsplätze abgebaut. Dies entspricht einem Rückgang von ca. 20% innerhalb eines Jahres – eine unvermittelte Freisetzung von Arbeitskräften in bislang unbekannter Größenordnung. Für fast alle betroffenen Arbeitnehmer drohte der Arbeitsplatzverlust zunächst in die Arbeitslosigkeit zu führen. Die während der Eruptionsphase ausgelösten Bewegungen mündeten jedoch nicht ausnahmslos dorthin, was nicht zuletzt auf die Wirkung des arbeitsmarktpolitischen Instrumentariums zurückzuführen ist.

*Turbulenzphase:* Zwischen dem Jahreswechsel 1990/91 und dem ersten Quartal 1992 ist die Dynamik auf dem Arbeitsmarkt besonders ausgeprägt. Bis zu diesem Zeitpunkt hat sich der Abbau der Arbeitsplätze zwar verlangsamt, jedoch wurden nach wie vor mehr Stellen abgebaut als neue entstanden sind. Die Erwerbsbeteiligung war weiter sinkend. In dieser Phase taten sich eine Reihe unterschiedlicher Entwicklungspfade auf, die zu einer enormen Entlastung des Arbeitsmarktes führten. Hinzu trat eine hohe Dynamik der Austauschprozesse zwischen dem ersten Arbeitsmarkt, dem sogenannten zweiten Arbeitsmarkt und dem Sektor der Nicht-Erwerbstätigen.

*Konsolidierungsphase*: In der dritten Phase – seit dem Frühjahr 1992 – stabilisierte sich die Zahl der Beschäftigten, wenn auch auf einem im Vergleich zu 1989 deutlich niedrigeren Niveau. Die Zahl der gestützten Arbeitsplätze reduziert sich, bei gleichzeitigem Anstieg der ungestützen Arbeitsplätze und einer abnehmenden Mobilität zwischen den Sektoren. Im Vergleich zur westdeutschen Erwerbsbeteiligung zeigt sich ab 1992, daß sich die Erwerbsquote Sachsen-Anhalts der westdeutschen inzwischen wieder bis auf zwei Prozentpunkte angenähert hat. Die Folgen, die diese Annäherung impliziert, werden an späterer Stelle kurz aufgegriffen.

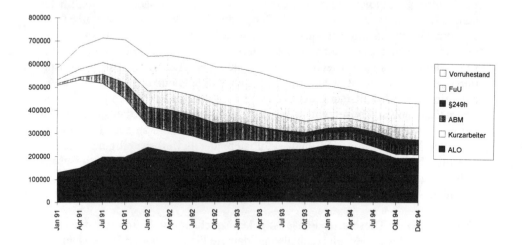

Abbildung 1: Offene und verdeckte Arbeitslosigkeit 1991–1994

Ordnet man die Entwicklung der verschiedenen Maßnahmen nach den oben beschriebenen Phasen, dann lassen sich die Beobachtungen wie folgt zusammenfassen: In der Eruptionsphase dominierte der Einsatz der Kurzarbeit als Abfederungsinstrument. In der darauffolgenden Turbulenzphase griffen in zunehmenden Maß die übrigen Förderinstrumente, die in dieser Zeit ihre höchste Entlastungswirkung erreichten. Damit einher ging ein außerordentlich dynamischer Austauschprozeß zwischen der Erwerbsbeteiligung, der Beteiligung an Fördermaßnahmen und dem Nicht-Erwerbstätigensektor. Die Stabilisierungsphase ist gekennzeichnet durch eine relativ gleichbleibende Zahl von Arbeitslosen, die kontinuierliche Rückführung gestützter Arbeitsplätze und eine stabile Erwerbsquote.

Gemäß der hier skizzierten Phaseneinteilung setzte die Stabilisierungphase vor über dreieinhalb Jahren ein. Angesichts dieser Zeitspanne drängt sich die Frage auf, ob es denn nicht angezeigt wäre, von einer „Normalisierung" der Arbeitsmarktverhältnisse zu sprechen. Der Perspektivwechsel von den Arbeitslosenzahlen hin zur Erwerbsquote legt dies scheinbar nahe. Betrachtet man die Art der Beschäftigungsverhältnisse genauer, wird man feststellen müssen, daß eine Entwarnung fatale Konsequenzen hätte. Im Vergleich zu den Entwicklungen Anfang der 90er Jahre ist es zu einer Entspannung gekommen. Die Stabilität, die erreicht wurde, wäre allerdings ohne die umfängliche arbeitsmarktpolitische Unterstützung zweifelsohne nicht erreicht worden. Faßt man die Arbeitslosenzahlen mit den übrigen Leistungsempfängern zusammen, dann zeigt sich das volle Ausmaß der immer noch vorhandenen Beschäftigungslücke.

Betrachtet man die Höhe der Erwerbsquote auf dieser Basis, so reduziert sie sich z.B. im Herbst 1993 um sieben Prozentpunkte und läge dann bei 56% (vgl. Wagner 1995, S. 48). Der rapide Arbeitsplatzabbau ist zwar gestoppt, aber weder die Lage auf dem Arbeitsmarkt noch die der Wirtschaft erlauben es, auf staatliche Förderung zu verzichten.

Die Entwicklungen auf dem Arbeitsmarkt und in der Wirtschaft sind angesichts der Ausgangslage enorm; sie sind jedoch (noch) nicht auf einem Niveau, welches als selbsttragend charakterisiert werden kann – dazu sind die Kräfte Sachsen-Anhalts bzw. der neuen Länder insgesamt noch zu schwach. Würde man jetzt schon von Entwarnung sprechen und die Förderung abbrechen, „droht Ostdeutschland zum dauerhaften Krisengebiet zu werden. Ganz Deutschland nähme daran Schaden" (Pohl 1995, S. 2). In der gegenwärtigen Situation kommt es vielmehr darauf an, das bisher erreichte Niveau des „Aufschwung Ost" nicht zu gefährden und einem erneuten Anstieg der offenen Arbeitslosigkeit entgegenzuwirken. Die allgemeine Lage hat sich zwar beruhigt, muß aber als labil eingeschätzt werden (vgl. auch IWH 1995a).

Vor diesem Hintergrund werde ich mich im folgenden vornehmlich der Maßnahmen der aktiven Arbeitsmarktpolitik zuwenden und mich auf der regionalen Ebene mit diesen beschäftigen. Denn gerade wenn es darum geht, die Stabilität der Arbeitsmarktverhältnisse zu prüfen und die Stärken und Schwächen der Regionen auszuloten, kommt der Ressourcenallokation eine zentrale Bedeutung zu.

## 3. Regionalentwicklung

Nimmt man die Maxime der Angleichung der Lebensverhältnisse ernst, dann muß den bestehenden regionalen Disparitäten sowohl in der Ausgangsposition als auch während des Transformationprozesses Rechnung getragen werden. Die Regionen Sachsen-Anhalts sind in ihren Anlagen äußerst heterogen, und sie sind mit spezifischen Stärken und Schwächen ausgestattet, was wiederum die Entwicklungschancen und -risiken nachhaltig beeinflußt. Ein regionaler Vergleich über die Ressourcenakquirierung, die einerseits zur Entlastung des Arbeitmarkts beiträgt, andererseits Struktureffekte erzielen kann, soll Aufschluß über mögliche Regionaleffekte geben.

Grundsätzlich sind dabei zwei Entwicklungspfade in Ansatz zu bringen, die für die Angleichung der Lebensverhältnisse in den einzelnen Regionen sehr differenzierte Wirkungen haben.

(A) *Kumulationsthese:* Zum einen ist anzunehmen, daß in Regionen mit einem hohen endogenen Potential der Einsatz der Fördermittel häufiger zu verzeichnen ist als in Regionen mit geringerem endogenen Potential. Der vermehrte Einsatz arbeitsmarktpolitischer Maßnahmen ließe dann auf eine Kumulierung von Ressourcennutzung schließen, die zum Ausbau von Standortvorteilen führen.

(B) *Kompensationsthese:* Andererseits ist es jedoch auch denkbar, daß die Fördermittel vor allem in strukturschwachen Regionen zum Einsatz kommen und mit Hilfe der arbeitsmarktpolitischen Maßnahmen ein kompensatorischer oder neutralisierender Effekt auf dem Arbeitsmarkt erreicht wird.

Als Untersuchungsebene dienen hier die acht Arbeitsamtsbezirke des Landes. Sie wurden ausgewählt, weil damit eine Datenbasis zur Verfügung steht, die es erlaubt, der Entwicklung im Zeitverlauf sowie im Regionenvergleich nachzugehen, und gleichzeitig ein hohes Maß an Kompatibilität mit anderen administrativen und Individualdaten sicherstellt.

Es lassen sich zwei Regionstypen unterscheiden, die hier in stark verkürzter Form dargestellt werden. Erstens, strukturstärkere Regionen: Arbeitsamtsbezirke mit einem günstigen Branchenmix und mit günstiger Verkehrsinfrastruktur, d.h. Regionen mit erhöhtem endogenen Potential. Zweitens, strukturschwächere Regionen: Arbeitsamtsbezirke, die stark monostrukturiert sind, in denen nur ein geringer Anteil moderner und zukunftsträchtiger Wirtschaftszweige vorhanden ist und deren Verkehrsanbindung ungünstig ist, lassen ein geringeres endogenes Potential vermuten. Die Arbeitsamtsbezirke Halle, Magdeburg und Merseburg können dem ersten Typ, die Arbeitsamtsbezirke Dessau, Halberstadt, Sangerhausen, Stendal und Wittenberg dem zweiten zugeordnet werden.

Folgt man der oben formulierten Kumulationsthese, dann müßten in den Regionen des ersten Typs die Fördermittel der Arbeitsmarktpolitik überdurchschnittlich häufig zum Einsatz kommen, da es den stärkeren Regionen vermehrt gelingen müßte, Ressourcen zur Arbeitsmarktentlastung zu akquirieren. Demnach ist zu erwarten, daß der Arbeitsmarkt in den Arbeitsamtsbezirken Halle, Magdeburg und Merseburg im Vergleich zum Landesdurchschnitt stärker durch Maßnahmen der aktiven Arbeitsmarktpolitik entlastet wird als in den übrigen Regionen. Die zweite Hypothese, die Kompensationsthese, legt eine andere Verteilung der Inanspruchnahme nahe: Besonders in strukturschwächeren Regionen kommt es zu einem überdurchschnittlichen Einsatz der Fördermittel. Gerade in den Regionen des zweiten Typs hängt die Entlastung des Arbeitsmarkts in besonderer Weise von dem Umfang der Arbeitsförderung ab. Wie noch zu zeigen sein wird, sind die Schwankungen auf dem Arbeitsmarkt nach wie vor deutlich vorhanden, was natürlich Konsequenzen für die Überprüfung der Regionaleffekte hat.

Um nun den Umfang der Inanspruchnahme der Fördermittel der aktiven Arbeitsmarktpolitik - verstanden als Indikator für die Fähigkeit der Ressourcennutzung innerhalb der Regionen - festzustellen, wird die Arbeitsmarktentlastung in den Arbeitsamtsbezirken (AAB) mit der landesdurchschnittlichen verglichen.

Anhand dieser Karte läßt sich sowohl die hohe Arbeitsmarktdynamik als auch die regional durchaus sehr unterschiedliche Ressourcennutzung zur Entlastung des Arbeitsmarkts ablesen. Besonders in den strukturschwachen Regionen der Arbeitsamtsbezirke Stendal und Halberstadt ist es in den dreieinhalb Jahren des Beobachtungszeitraums nicht gelungen, überdurchschnittlich häufig an den Fördermitteln zu partizipieren. Nach anfänglich überdurchschnittlicher Inan-

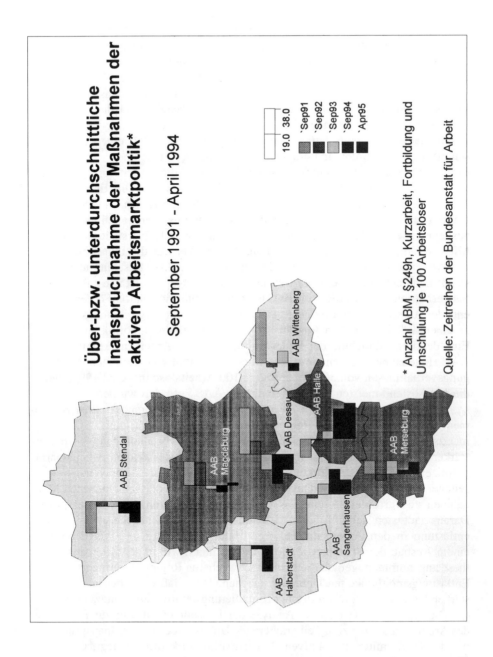

Abbildung 2

spruchnahme verringerte sich im AAB Dessau die Bedeutung der Maßnahmen der aktiven Arbeitsmarktpolitik drastisch von 163 pro 100 Arbeitsloser im September 1991 auf nur noch 33 im September 1993. Im Vergleich zum Landesdurchschnitt scheint einzig im AAB Wittenberg die Entwicklungsrichtung der Förderinstrumente ungewiß. Im September 1991 entfielen auf 100 Arbeitslose 166 gestützte Beschäftigungsverhältnisse, womit die absolute höchste Entlastung im gesamten Beobachtungszeitraum erreicht wurde. Nachdem sich die Entlastungswirkung im darauf folgenden Jahr genau halbiert hatte und unter dem Durchschnitt Sachsen-Anhalts lag, gelang es im September 1993, einen überdurchschnittlich hohen Anteil an Fördermitteln in Anspruch zu nehmen – was in erster Linie auf die Arbeitsbeschaffungsmaßnahmen und die Arbeitsförderung nach §249h des Arbeitsförderungsgesetzes zurückzuführen ist. Die Entwicklungstendenz in den Arbeitsamtsbezirken Merseburg, Sangerhausen, Magdeburg und Halle ist eine distinktere als die des AAB Wittenbergs, wenn auch nicht so klar ausgeprägt wie in den beiden erst genannten Regionen Halberstadt und Stendal. Mit Ausnahme des zweiten Beobachtungszeitpunkts war die Inanspruchnahme der aktiven arbeitsmarktpolitischen Maßnahmen im AAB Merseburg überdurchschnittlich hoch, auch wenn der Umfang nicht so ausgeprägt ist wie z.B. im AAB Sangerhausen. Dort werden seit 1993 überdurchschnittlich häufig Förderinstrumente der Arbeitsmarktpolitik eingesetzt. Im AAB Magdeburg scheint es seit 1993 zu einem kontinuierlichen Ausbau der aktiven Arbeitsmarktpolitik zu kommen. Eine deutliche Zunahme der Bedeutung der aktiven Arbeitsmarktpolitk ist im AAB Halle zu beobachten. Seit 1993 wuchs der Anteil von gestützten Beschäfigungsverhältnissen von 50 auf über 86 je 100 Arbeitslose im April 1995, womit die mit Abstand meisten Personen in diesem AAB gefördert wurden.

Was bedeutet dies nun im Zusammenhang mit den vorangestellten Annahmen über die Fähigkeit der Regionen, Ressourcen zur Entlastung des Arbeitsmarkts zu nutzen? Überdurchschnittlich häufig ist es vor allem den als strukturstärker bezeichneten Regionen gelungen, Instrumente der aktiven Arbeitsmarktpolitik einzusetzen. Den strukturschwächeren Regionen ist es jedoch nur weitaus seltener gelungen, die Arbeitsmarktbelastung mit Hilfe der verschiedenen Maßnahmen zu verringern – und das bei durchweg höheren Arbeitslosenquoten. Daraus läßt sich schlußfolgern, daß die überdurchschnittliche Arbeitsmarktentlastung in den Arbeitsamtsbezirken Halle, Merseburg und Magdeburg zu einem Ausbau der Standortvorteile führt und nicht, wie in der Kompensationsthese angenommen, gerade die strukturschwächeren Regionen vermehrt von den Entlastungsmöglichkeiten Gebrauch machen. D.h., daß es in den als strukturstärker definierten Regionen zu einer Kumulierung der Ressourcennutzung kommt.

Die regional differenzierte Analyse der Ressourcennutzung zur Entlastung des Arbeitsmarkts hat zum Teil gravierende Unterschiede bei der Inanspruchnahme der Fördermittel der aktiven Arbeitsmarktpolitik offen gelegt. Geht man davon aus, daß dort, wo Fördermittel vermehrt zum Einsatz kommen, es zu einer Verbesserung der ökonomischen Rahmenbedingungen kommt, dann ist gerade in jenen Regionen mit überdurchschnittlicher Inanspruchnahme mit einer zügigeren Angleichung der Lebensverhältnisse zu rechnen. Auf welche Weise die Entwicklungspfade der strukturschwächeren Regionen gestützt und die Standortnachteile ausgeglichen werden können, kann im Rahmen dieses Beitrags nicht geklärt werden. Dazu bedarf es tiefergehender Untersuchungen, die die Entwicklungschancen und -risiken der einzelnen Regionen in einem komplexeren Zusammenhang analysieren. Hier ging es zunächst darum, in einem eng abgestecktem Kontext, das Vorhandensein regionaler Disparitäten und deren Ausmaß zu erfassen und die unterschiedlichen Entwicklungspfade nachzuzeichnen.

Welche Konsequenzen hat dies nun für die Arbeitsmarktpolitik, da einerseits das Reduzierungspotential der Arbeitslosigkeit durch arbeitsmarktpolitische Maßnahmen begrenzt ist, andererseits diese Form der Arbeitsmarktentlastung nach wie vor unverzichtbar ist. Orientiert man sich an der Erwerbsquote Westdeutschlands, dann scheint eine Ausweitung des Entlastungspotentials kaum realisierbar, die Anstrengungen sollten sich vielmehr auf die Sicherung und Stabilisierung der Erwerbsbeteiligung richten. In diesem Licht scheint die Koppelung der Förderung an vorhandene regionale Disparitäten durchaus plausibel, besonders vor dem Hintergrund, daß Arbeitslosigkeit zunehmend zu einem regionalen Problem wird und daß geförderte Beschäftigung in erster Linie im lokalen und regionalen Kontext seine Bedeutung entwickelt (vgl. hierzu auch IWH 1995b, S. 9 und Wagner 1995, S. 50).

Die Wirkung des eruptionsartigen Arbeitsplatzabbaus Anfang der 90er Jahre war so stark, daß sowohl Branchen- als auch Regionaleffekte systematisch überlagert wurden. Bereits zu Beginn der Turbulenzphase zeichneten sich gravierende regionale Abweichungen bei der Ressourcennutzung zur Entlastung des Arbeitsmarkts ab. Zum jetzigen Zeitpunkt können kaum mehr als erste Trendaussagen gemacht werden; die Kürze des Beobachtungszeitraums bzw. die noch andauernden Konsolidierungsphase erlauben dies schwerlich. Dennoch hat die Analyse der Ressourcennutzung die regionalen Disparitäten in Sachsen-Anhalt unmißverständlich offengelegt. Die Vielschichtigkeit der Arbeitsmarktproblematik wurde hier bewußt auf einen Aspekt reduziert, weswegen die Realität nur unzureichend wiedergegeben ist. Mit Hilfe der Perspektivverengung konnte die Persistenz der regionalen Disparitäten jedoch deutlich belegt werden.

Vor dem Hintergrund der anhaltenden Arbeitsmarktdynamik und der damit korrespondierenden starken Inanspruchnahme der Förderinstrumente der Arbeitsmarktpolitik – Anfang 1995 waren in ganz Ostdeutschland zwanzig mal mehr Personen in Arbeitsbeschaffungsmaßnahmen als in Westdeutschland (IWH 1995a, S. 30) – verdichtet sich zunehmend der Eindruck, daß es noch einige Zeit dauern wird, ehe sich das Ausmaß der Beschäftigungslücke weiter reduziert. Bis dahin wird die Arbeitsförderung auf dem jetzt erreichten Niveau ein unverzichtbarer Bestandteil im Prozeß der Angleichung der Lebensverhältnisse bleiben. Inwieweit sich die Kumulierung von Ressourcennutzung in den strukturstärkeren Regionen Sachsen-Anhalts fortsetzt und dies zu einem Ausbau der Standortvorteile führt, bleibt weiteren Beobachtungen vorbehalten, ebenso wie die Frage nach der Förderung des Entwicklungspotentials strukturschwächerer Regionen.

## Literatur:

Amtliche Nachrichten der Bundesanstalt für Arbeit (ANBA), lfd. Jahrgänge.
Institut für Strukturpolitik und Wirtschaftsförderung IWH (1995a): Wirtschaft im Wandel 10/95. Halle.
Dass. (1995b): Standortfaktoren im Vergleich der Wirtschaftsregionen Sachsen-Anhalts. Halle.
Pohl, R. (1995): Wirtschaftsförderung Ost: effizient weiterführen. In: IWH Wirtschaft im Wandel, H. 3, S. 2. Halle
Wagner, G. (1994): Arbeitsmarktdynamik und Beschäftigungsverläufe in Sachsen-Anhalt. Rückblick und Positionsbestimmung im vierten Jahr nach der Wende. Forschungsbericht. Halle.
Ders. (1995): Arbeitsmarktdynamik und Beschäftigungsverläufe in Sachsen-Anhalt. In: Arbeitsmarktforschung für Sachsen-Anhalt. Neue Ergebnisse in 1994. = Forschungsbeiträge zum Arbeitsmarkt in Sachsen-Anhalt 7, S. 43–62. Magdeburg.

# QUALIFIKATION ALS KAPITAL IN EINER SEMIPERIPHERIE DES WELTSYSTEMS: DAS BEISPIEL MEXIKO

Martina Fuchs, Düsseldorf

Um die Chancen einer Region auf dem Weltmarkt zu verbessern, bildet die Qualifikation der erwerbstätigen Bevölkerung einen wichtigen Standortfaktor. Die Schaffung und Nutzung des volkswirtschaftlichen Kapitals der Qualifikation stellt sich auch bei der Diskussion um den „Aufbruch im Osten". Diese Länder und Regionen der ehemals Zweiten Welt, die sich heute zwischen den Welten - oder besser zwischen Zentrum und Peripherie – befinden, haben die Ziele des „Aufbruchs" und die dorthin gangbaren Wege zu bestimmen. Am Beispiel eines Staates, der sich ebenfalls zwischen Zentrum und Peripherie einordnen läßt, der Semiperipherie Mexiko, wird im folgenden aufgezeigt, wie eine einseitige Konzentration auf niedrige Lohnkosten wichtige Potentiale blockiert.

Als Semiperipherie gelten nach Wallerstein (1979, S. 34–52; 1991, S. 164) Regionen (oder auch soziale Aggregate), die aufgrund des ungleichen Tausches im Weltsystem gegenüber den Zentren benachteiligt sind, aber mehr Machtpotentiale besitzen als die Peripherien. Semiperipherien puffern nach Wallerstein die harten Unterschiede zwischen Zentren und Peripherien ab, verhindern somit grundlegende Transformationen und stabilisieren das übergeordnete Beziehungsgefüge. Diese Abfederungsfunktion kann infrage gestellt werden, wenn die Semiperipherie selbst einen Wandel durchläuft. Modernisierungstheoretisch können Semiperipherien auf dem Weg zum „take off" betrachtet oder aber dependenztheoretisch auf dem Pfad zu einer noch stärkeren Abhängigkeit von den Zentren verstanden werden.[1] In der hier vorgestellten Begriffsfüllung soll aber nicht von vornherein definitorisch die Richtung des Wandels festgelegt, sondern von unterschiedlichen Pfaden ausgegangen werden.

Topographisch betrachtet liegt die Semiperipherie oft in der Nähe zu den weltwirtschaftlichen Zentren, wie Mexiko zu den USA. Die Semiperipherien versuchen die in der Regel geringeren Lohnkosten sowie niedrigeren Umweltschutzauflagen als zumindest kurzfristige Standortvorteile zu nutzen (vgl. Fuchs/Uhlenwinkel 1995). Der „Reifegrad" der Produkte – in Begriffen des Produktlebenszyklus gesprochen – ist zumeist weiter als in den Zentren vorangeschritten und die Produktionstechnologie deswegen etwas älter. Forschung und Entwicklung erweisen sich als weniger umfangreich. Dementsprechend ist die durch transnationale Konzerne importierte Qualifikation geringer als in den Zentren. Die in der Semiperipherie vorhandenen Qualifikationen bestimmen aber nicht allein Tochtergesellschaften transnationaler Unternehmen, sondern auch die Politik des semiperipheren Staates.

---

[1] Auf eine Diskussion von Entwicklungstheorien wird an dieser Stelle verzichtet, da diese inzwischen in der Literatur umfassend dokumentiert ist (z.B. Nohlen/Nuscheler 1992, Schätzl 1992, S. 129–206).

Um diese endogene Qualifikation in einer Semiperipherie genauer zu differenzieren, wird im ersten Schritt anknüpfend an Bourdieu (1985, S. 10f) Qualifikation als wirtschaftliches, kulturelles, soziales und symbolisches Kapital begriffen. Daraufhin erfolgt eine Untersuchung der verschiedenen Kapitalformen in Mexiko. Abschließend sollen einige Perspektiven geliefert werden hinsichtlich der Rolle der Qualifikation als dynamisches Potential einer Semiperipherie.

## 1. Qualifikation als ökonomisches, kulturelles, soziales und symbolisches Kapital

In der Wirtschaftsgeographie wird der Qualifikation vor allem im Zusammenhang mit der Diskussion um die Arbeitsmarktsegmentation Aufmerksamkeit gewidmet (z.B. Conti 1989, Fischer/Nijkamp 1987, 1988, van der Laan 1987, 1992, de Smidt 1986). Dabei erfolgt eine Differenzierung des Konzepts des Dualen Arbeitsmarkts. Diesem Konzept zufolge gibt es ein primäres Arbeitsmarktsegment mit Arbeitsplätzen für hochqualifiziertes Personal, das besser entlohnt wird und auf stabilen Arbeitsplätzen tätig ist. Auf den stärker gefährdeten Arbeitsplätzen des sekundären Segments sind demgegenüber geringer ausgebildete Erwerbspersonen tätig, zum Beispiel ethnische Minderheiten oder auch Frauen (vgl. z.B. Beechey 1978, S. 158; Osterloh/Oberholzer 1994, S. 4).

Die regionale und die soziale Arbeitsmarktsegmentation bilden aber nur zwei Achsen eines Koordinatensystems; erforderlich ist auch eine dritte Achse, welche die Art der Qualifikation genauer erfaßt. Bourdieu (1985, S. 10f) unterscheidet in Hinblick auf ein (Teil-)Zentrum des Weltsystems, Frankreich, Qualifikation als ökonomisches, kulturelles, soziales und symbolisches Kapital. Zwar sind Bourdieus Überlegungen vor allem in Zusammenhang mit der gegenwärtigen Diskussion um Lebensstile aufgegriffen worden (z.B. Fröhlich/Mörth 1994), doch kann das Grundkonzept, wie im folgenden gezeigt wird, auch ein heuristisches Instrument bilden, das sich auf eine semiperiphere Region übertragen läßt. Dabei ist es allerdings notwendig, das Konzept vor allem um den Einfluß der übergreifenden wirtschaftlichen und politischen Regulation zu erweitern.

– Das *ökonomische Kapital* ist solches, das direkt in Geld umgetauscht werden kann. Ökonomisches Kapital wird beispielsweise in Lohnkosten überführt.
– Das *kulturelle Kapital* tritt als inkorporiertes, objektiviertes und institutionalisiertes Kapital auf. Das *inkorporierte Kulturkapital* sind Fähigkeiten und Fertigkeiten, die sich im Menschen befinden, und deren Aneignung Zeit und Geld kostet. Weiterhin gibt es – außerhalb des Menschen – das *objektivierte Kapital*. Zu dieser vergegenständlichten Form zählen zum Beispiel Technik und Bildungsinfrastruktur. Das *institutionalisierte Kapital*, das sich ebenfalls außerhalb des Menschen befindet, stellen die formalen Bildungsabschlüsse dar, die nicht unbedingt etwas über die tatsächliche Kompetenz des Inhabers aussagen.
– Das *soziale Kapital* besteht aus sozialen Netzwerken des gegenseitigen Kennens und Anerkennens. Diese Netze müssen zu ihrer Fortexistenz gepflegt werden.

- Das *symbolische Kapital* weist einen anderen kategorialen Stellenwert als die oben genannten Formen auf. Es bildet die Außenwirkung des ökonomischen, kulturellen und sozialen Kapitals und ist etwa gleichzusetzen mit Ansehen und Prestige.

Das Ziel dieses Beitrags ist es nicht, Bourdieus Theorie zu „beweisen". Vielmehr soll ein heuristischer Rahmen aufgespannt werden. Mit dessen Hilfe wird aufgezeigt, daß die mexikanische Regierung seit den achtziger Jahren menschliche Arbeit vor allem als ökonomisches Kapital in Form von Lohnkosten begreift und hierdurch eine tiefe Segmentation akzeptiert beziehungsweise vorantreibt. Diese notwendige Ergänzung des Konzepts von Bourdieu wird nun vorab in wichtigen Aspekten dargestellt.

## 2. Ökonomisches, kulturelles, soziales und symbolisches Kapital in Mexiko

### A. Rahmenbedingungen

Im wesentlichen bildet die Konzentration der mexikanischen Regierungspolitik auf niedrige Lohnkosten das Resultat der Abwendung von der protektionistischen Politik, die seit den dreißiger Jahren erfolgte und Anfang der achtziger Jahre ihr Ende fand. Die vor dem Weltmarkt geschützte Industrie erwies sich als wenig innovativ. Die Schulden stiegen, und 1982 verweigerten die internationalen Banken weitere Kredite. Die Regierung unter Miguel de la Madrid führte eine außenwirtschaftliche Öffnung in Verbindung mit der Förderung von Direktinvestitionen durch (OECD 1992, S. 23 ff.). 1986 trat Mexiko dann dem GATT bei. Mit der Mitgliedschaft in der OECD 1994 und der Gründung des gemeinsamen nordamerikanischen Marktes NAFTA in demselben Jahr stieg die Exportabhängigkeit weiter. Durch das nordamerikanische Handelsabkommen werden Zölle und andere Handelshemmnisse zwischen Kanada, den USA und Mexiko für wichtige Produkte der Industriewirtschaft, des Agrarbereichs und der Finanzdienstleistungen gesenkt und großteils abgeschafft. Industrieunternehmen anderer Staaten haben hinsichtlich der Wertschöpfung einen „North American Region Content" in Nordamerika zu erfüllen.

Mit der steigenden Weltmarkteinbindung entwickelte sich allerdings Mexikos Handelbilanz seit 1988 negativ bei sich verstärkender Tendenz (Schettino 1995, S. 22). Damit sind auch die Schulden gestiegen. Von 1990 bis 1994 verdreifachten sie sich fast von 11 Milliarden US-Dollar auf 32,8 Milliarden US-Dollar. Im Dezember 1994 wertete die Regierung den mexikanischen Peso drastisch ab. Wurden bis dahin noch 3 Peso gegen einen US-Dollar getauscht, waren es Ende Dezember 1994 bereits 5,5 Peso und Mitte 1995 rund 6 Peso. Die Kreditzinsen, die 1994 einen Jahresdurchschnitt von 24,5 Prozent aufwiesen, erreichten im März 1995 einen Höchststand von 86,5 Prozent (Capital 1995, S. 41). Die mexikanische Regierung nutzt also die topographische Nähe des Landes zu den USA und senkt weiter die relativen Lohnkosten für ausländische Unternehmen. Wie im folgenden deutlich wird, manövriert diese mexikanische Politik das Land in eine durch stärkere Abhängigkeit geprägte Entwicklung.

## B. Qualifikation als ökonomisches Kapital

Mexikos Lohnkostenvorteile für ausländische Investoren erweisen sich als beträchtlich. So verdient beispielsweise ein mexikanischer Automobilarbeiter etwa 10 US-Dollar pro Tag bei sehr geringen Lohnnebenkosten, während jener in den USA 10 bis 20 US-Dollar pro Stunde bei bedeutend höheren Lohnnebenkosten erhält. Die Kaufkraft eines Peso innerhalb von Mexiko kann grob mit einer Mark in Deutschland verglichen werden.[2] Die geringen Lohnnebenkosten, welche die Unternehmen in Mexiko auf freiwilliger Basis entrichten können, gehen vor allem – als Beteiligung neben den Einzahlungen der Erwerbstätigen und des Staates – an das Gesundheits- und Wohnungswesen. Eine Arbeitslosenversicherung ist nicht vorhanden, und die staatlichen Rentenversicherungsleistungen liegen weit unterhalb des Existenzminimums.

Innerhalb Mexikos gibt es erhebliche regionale Einkommensgefälle. Diese beruhen erstens darauf, daß der ohnehin sehr geringe gesetzliche Mindestlohn, der unter dem Existenzminimum liegt, nicht nur nach Berufsgruppen, sondern auch nach den „municipios"[3] gestaffelt ist und zwischen umgerechnet 3,20 Mark und 4 Mark pro Tag differiert (Ley Federal de Trabajo 1994). Zweitens basiert er auf industriestrukturellen Differenzen bezüglich der regionalen Verteilung der Branchen. Es hat sich eine «interne Maquiladora» herausgebildet, die im Gegensatz zu der Maquiladora an der US-Grenze nicht staatsübergreifend Teile importiert, weiterverarbeitet und steuerfrei re-exportiert. Vielmehr transportieren – einem Verlagssystem ähnlich – Textil- und Bekleidungsunternehmen Teile aus den städtischen Ballungsräumen in ländliche Gebiete, wo diese für wenige Peso Stundenlohn weiterverarbeitet und anschließend zurückgesandt werden. Die räumlichen Unterschiede sind nicht nur hinsichtlich der Lohnkosten, sondern auch des kulturellen Kapitals im Sinne von Bildungsabschlüssen anzutreffen.

## C. Qualifikation als kulturelles Kapital

Betrachtet man das Kulturkapital in Hinblick auf die Arbeitsmarktstruktur, zeigt sich bezüglich der Bildungsabschlüsse eine deutliche soziale und regionale Segmentation. Zunächst einmal wird auf den bezüglich des kulturellen Kapitals wichtigen Bereich der „Profesionista"[4] eingegangen. Die Anzahl der „Profesionista" beträgt 1.897.833 (5,9 Prozent der Gesamtbevökerung von mindestens 25 Jahren) (1990). Damit ist eine Zunahme gegenüber 1970 mit 267.012 „Profesionista" (1,6 Prozent der Gesamtbevökerung von mindestens 25 Jahren) zu verzeichnen. In regionaler Hinsicht konzentrieren sich die „Profesionista" zu 25,1 Prozent im „Distrito Federal" von Mexico City, gefolgt mit deutlichem Abstand von Jalisco (6,9 Prozent), Nuevo Leon (6,1 Prozent), Veracruz (5,5 Prozent) und Puebla (3,8 Prozent). Dabei dominieren vor allem die städtischen Regionen. Neben Mexico City sind dies Guadalajara, Monterrey, Veracruz und

---

2  Eigene Erhebung, vgl. auch Zimmering (1993, S. 87)
3  Ein „municipio" entspricht etwa der regionalen Einheit einer Gemeinde.
4  Akademiker, die wenigstens 4 Jahre Hochschulausbildung aufweisen und mindestens 25 Jahre alt sind (INEGI 1993c, S. 1)

Puebla, wo neben Hochschulen auch andere öffentliche und private Forschung und Entwicklung angesiedelt sind. Diese Konzentration ist insbesondere auch auf Migration zurückzuführen. Während nur 17,4 Prozent der Bevölkerung von mindestens 25 Jahren außerhalb des Bundesstaates leben, in dem sie geboren wurden, beträgt der Anteil bei den „Profesionista" 34,3 Prozent. Mehr als die Hälfte der „Profesionista" wandert aus den Bundesstaaten Zacatecas, Oaxaca, Hidalgo und Guerrero ab. In diesen Staaten liegt auch der Anteil der gering verdienenden „Profesionista", die weniger als zwei Mindestlöhne beziehen, über 25 Prozent (1990) (INEGI 1993c).

Neben der regionalen ist eine geschlechtsspezifische Strukturierung des Arbeitsmarkts festzustellen. Zwar hat der Anteil der Frauen an den „Profesionista" zugenommen. Er stieg von 19,4 Prozent (1970) auf 33,8 Prozent aller „Profesionista" (1990). Doch liegt er immer noch unter der Hälfte aller „Profesionista". Auch hinsichtlich der Berufe zeigt sich eine Differenzierung. Während die Ingenieurwissenschaften zu mehr als 90 Prozent und die Wirtschaftswissenschaften sowie Jura zu über 70 Prozent von Männern besetzt werden, sind die Erziehungs-, Sozial- und Geisteswissenschaften zu mehr als 70 Prozent von Frauen bestimmt. Dieselbe Spaltung zeigt sich bei der Betrachtung der ökonomisch aktiven Bevölkerung. Dies sind 82,3 Prozent der „Profesionista" (gegenüber 51,1 Prozent der Gesamtbevölkerung über 25 Jahren), aber nur 64,6 Prozent der weiblichen „Profesionista" (gegenüber 20,8 Prozent der weiblichen Gesamtbevölkerung über 25 Jahren) (1990) (INEGI 1993c).

Auch ist eine tiefe ethnische Segmentation zu verzeichnen. Von den rund 70,6 Millionen Einwohnern Mexikos zählen rund 5,3 Millionen, also 7,5 Prozent, zur indigenen Bevölkerung. Hierzu gehören Menschen, die ausschließlich oder neben Spanisch eine indigene Sprache sprechen. Nur eine indigene Sprache und kein Spanisch beherrschen 836.200 Indigena, also knapp 16 Prozent der indigenen Bevölkerung. Überdurchschnittliche Anteile monolingualer Bevölkerung befinden sich vor allem in Chiapas mit 32 Prozent und Guerrero mit 29 Prozent. Bezüglich der Alphabetisierung der Indigena ist festzustellen, daß diese deutlich unter jener der gesamten Bevökerung liegt. Am niedrigsten ist die Alphabetisierung der Indigena von mehr als 14 Jahren in Guerrero mit 37,7 Prozent, Chihuahua mit 42,4 Prozent, Chiapas mit 45,6 Prozent und Nayarit mit 47 Prozent (1990) (INEGI 1993b). Insofern ist festzustellen, daß deutliche regionale Disparitäten vorhanden sind (vgl. Tab. 1).

Die Situation wird dadurch verschärft, daß seit den achtziger Jahren das objektivierte Kapital in Form des Bildungsangebots deutliche Einschnitte erfährt. War nach der Revolution 1910 das allgemeine und technische Schulwesen errichtet und im Zuge der Importsubstitution ausgebaut worden (Verde/Carrera 1990, S. 726-738; Muñoz/Garcia 1995, S. 8–11), sind im Zuge der neoliberalen Politik die Staatsausgaben in diesem Bereich reduziert worden (OECD 1990, S. 101). Eine begrenzte Förderung erfährt das objektivierte Kapital durch die Technologiepolitik. So treibt die Regierungsorganisation SECOFI („Secretaría de Comercio y Fomento") Technologietransfer, Qualitätsverbesserung und vor allem die Optimierung des Patentrechts voran. Insofern kann im Sinne von Bourdieu (1985)

Tabelle 1: Regionale Disparitäten in Mexiko, ausgewählte Indikatoren (Quelle: INEGI 1993a, S. 203, eigene Darstellung)

| Indikator Bundesstaat | 1 | 2 | 3 | 4 | 5 |
|---|---|---|---|---|---|
| Aguascalientes | 719.659 | 2,7 | 92,8 | 75,4 | 18,4 |
| Baja California | 1660.855 | 2,3 | 95,1 | 84,6 | 9,4 |
| B. California Sur | 317.764 | 2,4 | 94,2 | 86,3 | 15,6 |
| Campeche | 535.185 | 2,5 | 84,4 | 75,6 | 33,3 |
| Coahuila | 1.972.340 | 2,5 | 94,4 | 82,7 | 18,3 |
| Colima | 428.510 | 2,6 | 90,6 | 79,4 | 14,3 |
| Chiapas | 3.210.496 | 2,7 | 69,6 | 65,9 | 58,9 |
| Chihuahua | 2.441.873 | 2,5 | 93,7 | 78,5 | 14,8 |
| Distrito Federal | 8.235.744 | 2,0 | 95,9 | 92,6 | 20,0 |
| Durango | 1.349.378 | 2,9 | 92,9 | 74,6 | 29,4 |
| Guanajuato | 3.982.593 | 2,8 | 83,2 | 67,0 | 25,5 |
| Guerrero | 2.620.637 | 2,8 | 73,0 | 76,0 | 37,9 |
| Hidalgo | 1.888.366 | 2,8 | 79,1 | 79,4 | 39,3 |
| Jalisco | 5.302.689 | 2,7 | 91,0 | 76,0 | 19,1 |
| Estado de Mexico | 9.815.795 | 2,4 | 90,8 | 86,8 | 19,9 |
| Michoacan | 3.548.199 | 2,8 | 82,4 | 67,6 | 28,7 |
| Morelos | 1.195.059 | 2,5 | 88,0 | 83,1 | 18,0 |
| Nayarit | 824.643 | 2,9 | 88,3 | 79,1 | 21,5 |
| Nuevo Leon | 3.098.736 | 2,3 | 95,2 | 87,9 | 15,5 |
| Oaxaca | 3.019.560 | 2,8 | 72,3 | 73,2 | 53,0 |
| Puebla | 4.126.101 | 2,7 | 80,6 | 73,8 | 38,5 |
| Querétaro | 1.051.235 | 2,7 | 84,4 | 75,7 | 23,7 |
| Quintana Roo | 493.277 | 2,3 | 87,4 | 77,4 | 21,7 |
| San Luis Potosí | 2.003.187 | 2,8 | 84,9 | 77,8 | 36,1 |
| Sinaloa | 2.204.054 | 2,7 | 89,9 | 78,5 | 15,2 |
| Sonora | 1.823.606 | 2,5 | 94,1 | 86,4 | 11,9 |
| Tabasco | 1.501.744 | 2,6 | 87,1 | 78,8 | 36,2 |
| Tamaulipas | 2.249.581 | 2,4 | 93,0 | 81,8 | 23,1 |
| Tlaxcala | 761.277 | 2,8 | 88,8 | 83,9 | 31,6 |
| Veracruz | 6.228.283 | 2,6 | 81,6 | 75,2 | 36,4 |
| Yucatan | 1.362.940 | 2,5 | 84,0 | 75,7 | 38,8 |
| Zacatecas | 1.276.362 | 3,1 | 90,0 | 67,3 | 38,5 |
| Durchschnitt | | 2,6 | 87,4 | 78,6 | 26,5 |

1 = Einwohnerzahl
2 = Kinder pro Mutter
3 = Alphabetisierung in Prozent
4 = Schulbesuch der 12- bis 14-jährigen Jugendlichen in Prozent
5 = Einkommen, die unter den staatlich festgelegten Mindesteinkommen liegen, in Prozent

gefolgert werden, daß mit der Förderung des objektivierten Kapitals in Form von Technologie und technischer Normierung auch – wenn auch auf kapitalstärkere Unternehmen und den unternehmensinternen Arbeitsmarkt beschränkt – das inkorporierte Kapital unterstützt wird. Auf die Grenzen der Aneignung von inkorporiertem Kapital wird noch im Kontext des symbolischen Kapitals eingegangen.

## D. Qualifikation als soziales Kapital

Soziales Kapital, das durch Netze gegenseitigen Kennens und Anerkennens entsteht, kann man – vereinfacht betrachtet – auf zwei Ebenen in Mexiko antreffen. Die eine Ebene ist jene des Korporatismus zwischen Staat, Unternehmen und Gewerkschaften, der Mexiko zu einer „Demokratur" (Boris 1992, S. 162) gemacht hat. Die andere Ebene sind die familiaren Netzwerke in der Bevölkerung zur Überlebenssicherung. Das Netz des Korporatismus grenzt sich wirksam vom demokratischen Einfluß der Bevölkerungsbasis ab.

Die „Partei der institutionalierten Revolution" (PRI, „Partido Revolucionario Institucional") ist in drei Sektoren gegliedert, dem der Industriearbeiter, dem der Landarbeiter und jenem der Mittelschicht. Nach eigenen Angaben hat die PRI fast 14 Millionen Mitglieder, also knapp 20 Prozent der Bevölkerung. Jedem der Bereiche entspricht eine Großorganisation, wobei der Gewerkschaftsdachverband CTM („Conféderacion de Trabajadores de México") den größten Bereich bildet. Bereits 1938 wurde er in die Regierung integriert. Die Partei und der Staat erlangten damit eine weitgehende Kontrolle über die Arbeiterschaft. Die Gewerkschaftspolitik des „charrismo" zeichnet sich aus durch Paternalismus, Repression, Zuwiderhandlungen gegen die Arbeitsgesetze sowie Unterschlagung und Korruption (Lauth 1992, S. 71–82; Pries 1985, S. 9–13). Überwiegend verfolgen die mexikanischen Gewerkschaften eine defensive Abwehrstrategie und setzen sich kaum mit der Gestaltung neuer Technologien und flexibler Arbeitsorganisation auseinander (Pries 1985, S. 26).

Die „Dinosaurios" (Félix 1995, S. 37) der gesellschaftlichen Elite sind zwar seit den achtziger Jahren durch die „Tecnócratas" unter Druck geraten, welche die Wirtschaftsmodelle der Liberalisierung, Deregulierung und extremen Exportbasisförderung umsetzen. Dennoch bleibt dieses Netz der Elite weitgehend von der übrigen Bevölkerung abgeschottet. Zutritt verschafft man sich durch ständische Herkunft und durch institutionalisiertes Kulturkapital in Form von Abschlüssen renommierter Hochschulen.

## E. Qualifikation als symbolisches Kapital

Das symbolische Kapital (das Ansehen, das hohe Ausbildungsabschlüsse mitbringen) muß durch ökonomisches und soziales Kapital (durch Geld und gesellschaftliche Position) erworben werden. Zwar ist die Aneignung von Wissen durch den Besuch staatlicher Schulen kostenlos, und auch die Schulbücher werden vom Staat gestellt. Doch der Zutritt zu den angesehenen privaten Schulen ist teuer; er differiert je nach Eigentümer und Ansehen sowie Ausbildungsstufe und nimmt in der Regel von der Vorschule bis zur Hochschule zu. Der jährliche Preis für eine private Schule beträgt etwa 6.000 bis 12.000 Peso. Hinzu kommt eine einmalige Einschreibegebühr von 4.000 bis 8.000 Peso. Die Jahresbeiträge für Hochschulen können mehr als 30.000 Peso betragen, zuzüglich der Immatrikulationsgebühr. Für eine immer größere Anzahl von Familien wird es in der gegenwärtigen Situation problematisch, das Geld aufzubringen, und die privaten Schulen mittlerer Preislage verzeichnen einen Rückgang an Schülern von 10 bis 15 Prozent (El Universal de Puebla 1995, S. 5A).

Aufgrund der hohen ökonomischen und sozialen Kosten für eine Chancen eröffnende Ausbildung werden also die Abschlußzertifikate schließlich weniger entsprechend der Qualifikation und Leistung als nach ökonomischem und sozialem Kapital vergeben, das dann wiederum seinerseits symbolisches Kapital für den Eintritt in gut bezahlte Berufe bildet.

## 3. Schlußfolgerungen und Perspektiven

Zusammenfassend ist festzustellen, daß die mexikanische Regierung einhergehend mit der steigenden Weltmarkteinbindung vor allem Lohnkostenvorteile als Standortfaktoren im internationalen Wettbewerb einsetzt. Die Lohnkostenvorteile liegen nicht nur direkt in den Löhnen und Gehältern, sondern auch im Bereich der Lohnnebenkosten. Der Zugewinn an ökonomischem Kapital wird allerdings mit einer tiefen regionalen und sozialen Segmentation erkauft. Disparitäten sind auch bei der Qualifikation als institutionalisiertem kulturellen Kapital anzutreffen. Auch bestehen tiefe Segmentationslinien zwischen Mann und Frau und zwischen den Ethnien.

Das objektivierte Kulturkapital besserer Ausbildungsmöglichkeiten bezieht sich vor allem auf den unternehmensinternen Arbeitsmarkt. Dieses gilt umso mehr, als die Bildungschancen, die in den Schulen und Hochschulen in Mexiko verteilt werden, sich weniger an der jeweiligen Leistung als an finanzieller Ausstattung und Einfluß des Elternhauses orientieren. Insofern läßt sich feststellen, daß das Prestige der Familie, das symbolische Kapital, eine beträchtliche Rolle spielt.

Die tiefe regionale und soziale Segmentation führt volkswirtschaftlich dazu, daß die Innovativität gehemmt wird. Zwar bedeuten Neuerungen, die auf dem Weltmarkt konkurrieren sollen, auch Innovationskonkurrenz und damit einen ständigen Innovationszwang. Solange der Weltmarkt aber marktwirtschaftlich strukturiert ist, scheint die Innovationskonkurrenz bessere Voraussetzungen als der Preiswettbewerb zu liefern.

Sicherlich stellt sich auch immer die Frage der nationalen Gestaltungsmöglichkeiten im Rahmen der Weltmarktsituation. Insofern gibt es keine „Rezepte" für eine gleichzeitig wirtschaftliche *und* soziale Entwicklung. Allerdings deutet das Beispiel Mexikos darauf hin, daß der Standortfaktor Qualifikation in semiperipheren Räumen nicht vernachlässigt werden sollte. Die Situation mittel- und osteuropäischer Regionen läßt sich zwar nicht einfach mit den Verhältnissen in Mexiko parallelisieren, auch wenn die mittel- und osteuropäischen Märkte wie jene Mexikos lange Zeit vor dem Weltmarktdruck geschützt und ebenfalls Großbürokratien mit staatsnahen Gewerkschaften ausgebildet waren. Doch scheint das Beispiel Mexiko auf die Notwendigkeit einer Arbeitsmarktpolitik hinzuweisen, welche die Qualifikation in ihren verschiedenen Dimensionen nicht vernachlässigt, die das Modell von Bourdieu (1985, S. 10f.) aufspannt.

Qualifikation bildet einen Stabilitätsfaktor von Gesellschaften. Die Pufferfunktion, die Wallerstein den Semiperipherien zuschreibt und die bislang die

Familienverbände in Mexiko sowohl wirtschaftlich als auch psychologisch in erheblichem Umfang übernommen haben, ist freilich nicht unbegrenzt belastbar. Mit der Verschlechterung der Lebensbedingungen beginnen sich gegenwärtig in dem bisher politisch sehr stabilen Mexiko Ansätze von Basisbewegungen zu zeigen, die neben einer Verbesserung der ökonomischen Situation auch mehr Partizipation und Chancengleichheit im Bildungssystem fordern. Hier ist vor allem ist die EZLN (Ejército Zapatista de Liberación Nacional) hervorzuheben, die sich nicht mehr nur auf den Widerstand in Chiapas beschränkt. Bei einer staatsweiten Bevölkerungsbefragung verschiedener Menschenrechtsgruppen im Auftrag der EZLN zu deren Zielen und Politik am 27. August 1995 wurde eine breite Anerkennung dieser Bewegung deutlich (z.B. El Financiero 1995, S. 6). Der Befragung zufolge beruht das symbolische Kapital der EZLN insbesondere darauf, daß sie gerade die nicht privilegierten Gruppen (Indigena, Landbevölkerung, Frauen) vertritt und auch von diesen aktiv getragen wird. Ob und wie das symbolische Kapital der Bewegung längerfristig die Verteilung der anderen Kapitalformen beeinflußt, kann zu diesem Zeitpunkt noch nicht beantwortet werden; jedenfalls ist diese Belastbarkeit von Regulationssystemen ebenfalls bei der Diskussion um den „Aufbruch im Osten" in Betracht zu ziehen.

## Literatur

Beechey, V. (1978): Women and production. A critical analysis of some sociological theories of women's work. In: Kuhn, A. u. A. M. Wolpe (Hg.): Feminism and materialism, Women and modes of production. S. 155–197. London u. a.

Boris, D. (1992): Die älteste „Demokratur" der Welt. In: Aehnelt, R. (Hg.): Mexiko. S. 162–166. Hamburg.

Bourdieu, P. (1985): Sozialer Raum und Klassen. = Suhrkamp Taschenbuch Wissenschaft 500. Frankfurt/Main.

Capital (1995): Desempleo. Jg. 8, Nr. 86, S. 38–42.

Conti, S. (1989): Labour market models and their spatial expression. In: Linge, G. J. R. u. G.B. van der Knaap (Hg.): Labour, Environment and industrial change. S. 20–38. London u. a.

El Financiero (1995): El movimiento Zapatista del Sur se convertirá en partido politico. Jg. 8, Nr. 2150, 30.8.95, S. 6.

El Universal de Puebla (1995): Se torna impagable la educación. Jg. 2, Nr. 343 , 27.8.1995, S. 5A, 30.8.1995, S. 11A.

Emprendedores (1995): Estadisticas, Jg. 9, Nr. 34, S. 43.

Fischer, M.M. u. P. Nijkamp (1987): Structure of regional labour markets. Problems and perspectives. In: Fischer, M. M. u. M. Sauberer (Hg.): Gesellschaft, Wirtschaft, Raum. Beiträge zur modernen Wirtschafts- und Sozialgeographie, Festschrift für Karl Stiglbauer. S. 150–161. Wien.

Dies. (1988): Regional labour market policies. A cross-national overview. In: Tijdschrift voor Economische en Sociale Geografie 79, Nr. 4, S. 290–292.

Fröhlich, G. u. I. Mörth (Hg.) (1994): Das symbolische Kapital der Lebensstile. Zur Kultursoziologie der Moderne nach Pierre Bourdieu. Frankfurt/Main, New York.

Félix, J.E. (1995): La chilenización de la ecomomía mexicana. Un relevador análisis de las nuevas fórmulas de desarrollo economico. México City.

Fuchs, M. u. A. Uhlenwinkel (1995): Regulations- und Weltsystemansatz. Maquiladora-Industrie in Mexiko. In: Geographie und Schule 17, Nr. 94, S. 34–38.

INEGI (1992): La mujer en México. Encuentro Nacional de Mujeres Legisladoras. XI Censo General de Población y vivienda 1990. Aguascalientes.
Dies. (1993a): Niveles de bienestar en México. Aguascalientes.
Dies. (1993b): La Población hablante de Lengua Indígena en México. XI Censo General de Población y vivienda 1990. Aguascalientes.
Dies. (1993c): Los Profesionistas en México. XI Censo General de Población y vivienda 1990. Aguascalientes.
Dies. (1995): Encuesta Nacional de Educación, Capacitación y empleo. 1993. Aguascalientes
Laan, L. van der (1987): Causal processes in spatial labour markets. In: Tijdschrift voor Economische en Sociale Geografie 78, Nr. 5, S. 325–338.
Ders. (1992): Structural determinants of spatial labour markets. A case study of the Netherlands. In: Regional Studies 26, Nr. 5, S. 485–498.
Lauth, H.-J. (1992): Gewerkschaften in Mexiko. Zwischen Partizipation und Kontrolle. In: Briesemeister, D. u. K. Zimmermann (Hg.): Mexiko heute, Politik, Wirtschaft, Kultur. S. 69–86. Frankfurt/Main.
Ley Federal de Trabajo (1994). Mexiko City.
Muñoz Garcia, H. u. H. Suárez Zozaya (1994): Perfil Educativo de la Población Méxicana. Aguascalientes.
Nohlen, D. u. F. Nuscheler (Hg.) (1992): Handbuch der Dritten Welt 1. Grundprobleme, Theorien, Strategien. 3. Aufl. Bonn.
OECD (1992): Economic Surveys – Mexico. Paris.
Osterloh, M. u. K. Oberholzer (1994): Der geschlechtsspezifische Arbeitsmarkt. Ökonomische und soziologische Erklärungsansätze. In: Aus Politik und Zeitgeschichte B6, S. 3–10.
Pries, L. (1985): Die unabhängige Betriebsgewerkschaft von Volkswagen de México. „Nuevo sindicalismo" oder „nuevo charrismo"? Eine Fallstudie. = Institut für Entwicklungsforschung und Entwicklungspolitik, Ruhr-Universität Bochum, 101. Bochum.
Schätzl, L. (1992): Wirtschaftsgeographie 1. Theorie. Paderborn u. a.
Schettino, M. (1995): El costo del micdo. La devaluación de 1994/1995. México City.
Smidt, M. de (1986): Labour market segmentation and mobility patterns. In: Tijdschrift voor Economische en Sociale Geografie 77, Nr. 5, S. 399–407.
Verde, C. u. R. Carrera (1992): Wissenschaft und Technologie im Mexiko der Gegenwart. In: Briesemeister, D. u. K. Zimmermann (Hg.): Mexiko heute. S. 725–739. Frankfurt/Main.
Wallerstein, I. (1979): Aufstieg und künftiger Niedergang des kapitalistischen Weltsystems. Zur Grundlegung vergleichender Analyse. In: Senghaas, D. (Hg.): Kapitalistische Weltökonomie. S. 31–67. Frankfurt/Main.
Ders. (1991): Geopolitics and Geoculture. In: Essays on the changing world system. Cambridge u. a.
Zimmering, R. 1993: Entstehung eines neuen Wirtschaftsblocks oder das Enterprise of the Americas. In: Massarrat u.a. (Hg.): Die Dritte Welt und Wir. S. 84–95. Freiburg (Breisgau).

# FACHSITZUNG 3:
# NETZWERKANSÄTZE UND REGIONALENTWICKLUNG
Sitzungsleitung: Jürgen Pohl und Götz von Rohr

## EINLEITUNG

Jürgen Pohl, München

### 1. Aufschwung, Transformation und Netzwerke

Betrachtet man das Motto des 50. Geographentages: „Aufbruch im Osten. Umweltverträglich – sozialverträglich – wettbewerbsfähig", so ist darin ein möglicher Zielkonflikt versteckt. Ein bürokratischer Lösungsversuch, zum Beispiel mit Hilfe von Transferzahlungen den Aufschwung Ost zu initiieren, mag vielleicht sozialverträglich sein, ist aber ökonomisch problematisch. Eine Strategie hingegen, die der unsichtbaren Hand des Marktes vertraut, ist vielleicht ökonomisch rational, aber nicht sozialverträglich usw.. Regionalentwicklungspolitik für die Regionen in Ostdeutschland ist also ein ständiger Kampf zwischen einer mehr marktwirtschaftlichen Strategie und einer mehr politisch-staatlichen Problemlösung. Stark zugespitzt könnte man nun formulieren: Diesem „Kampf zweier Linien", dem von „Kommandowirtschaft" und „Marktwirtschaft", sucht der Netzwerkgedanke zu entkommen.

Der „Aufschwung" ist, nüchtern gesehen, ein Prozeß der „Transformation", also die Phase eines umfassenden Übergangs von einem gesellschaftlichen Ordnungssystem zu einem anderen. Die ökonomische Dimension, die zumeist im Mittelpunkt des Interesses steht, ist also in einen größeren Kontext eingebunden. Bestimmte, der ökonomischen Struktur dienende Infrastrukturen lassen sich mit Kapital ganz gut modernisieren, etwa Bereiche der technischen Infrastruktur. Und es gibt Bereiche, wo soviel Geld beim besten Willen nicht aufzutreiben ist, wenn es um die Veränderung der gesellschaftlichen oder geistig-kulturellen Infrastruktur geht. Im Sozio-Kulturellen ist eine Modernisierung generell sehr schwierig zu bewerkstelligen. Hier existieren bestimmte Regeln des Umgangs der Akteure, besondere Vertrauens- und Mißtrauensverhältnisse, mit denen Anordnungen unterlaufen und die mit Geld nicht außer Kraft gesetzt werden können.

### 2. Markt – Hierarchie – Netzwerk

Auf der einen Seite ist es wohl keine Frage mehr, daß man Aufschwung nicht „par ordre du Mufti" befehlen kann, und auch die modifizierte Form einer fordistisch-keynesianischen Regulation erwies sich als stumpfe Waffe. Auf der anderen Seite haben auch diejenigen, die die Vorstellung eines Aufschwunges aufgrund der Regulierung durch die „unsichtbare Hand des Marktes" immer noch in sich tragen, doch Zweifel, ob der gesellschaftliche Preis dafür nicht zu hoch ist. Wenn man diesen Transformationsprozeß als problematisch, vieldimensional und nicht nur mit Geldinvestitionen steuerbar erkannt hat, hilft vielleicht ein Blick auf die neuere polit-ökonomische und soziologische Literatur (zum Beispiel: Grabher 1992, Granovetter 1985, Mahnkopf 1994). Dort werden nämlich zur Zeit in sehr grundsätzlich-theoretischem Zusammenhang die Mechanismen der Ökonomie und der soziale Wandel allgemein diskutiert. Es geht hier um Aspekte, die beim Transformationsprozeß eine große Rolle spielen.

Dieser Diskussion zufolge helfen weder die Berufung auf rein marktmäßige Beziehungen noch die Betrachtung der Hierarchien und Bürokratien, um wirtschaftliches Geschehen zu begreifen und erfolgversprechende regionalentwicklungspolitische Konzeptionen zu entwerfen. Vielmehr kann der wirtschaftliche Fortschritt und damit auch die Regionalentwicklung mit einer grundsätzlich umfassenderen Perspektive besser erklärt – und damit am Ende auch instrumentell angewendet - werden, nämlich mit dem Netzwerkansatz. Dieser nimmt eine vermittelnde und integrierende Position ein zwischen der Marktorientierung und der Hierarchie.

## 3. Grundgedanken des Netzwerkparadigmas

Ein erster Grundgedanke des Netzwerkansatzes ist der einer spezifischen Vorstellung von „Governance".

Unter „Governance" versteht man das Set oder Regime von institutionellen Arrangements, deren Regeln und den regelsetzenden Akteuren. Hierarchien, Märkte, Netze und Interessenverbände bilden zusammen ein Governance-Regime (Naschold u. a. 1994, S. 15). Während sich ein Marktwirtschaftler um Governance kaum kümmert, weil ein Element desselben, nämlich die Marktbeziehungen, als zentral angesehen wird, richtet der Netzwerker sein Augenmerk nicht nur auf die Netze, sondern auch auf die übrigen Momente. Beispielsweise wird danach gefragt, welche Bedeutung das Verhältnis informeller Beziehungen zu politischen Institutionen hat.

Ein zweiter Grundgedanke ist eine stärkere Beachtung der mittleren Maßstabsebene. Maßstab ist hier nicht von vornherein räumlich zu verstehen, gemeint ist damit zunächst: Der Netzwerkansatz vermittelt zwischen der Mikroebene des – mehr oder weniger – rational handelnden Akteurs und der strukturorientierten Systemebene. Welche Rolle spielen Interaktionsvorgänge, bei denen persönliche Bekanntschaft, Vertrauen, gemeinsamer sozialer Hintergrund u. a. m. wichtig sind?

Damit ist auch ein dritter Grundgedanke angesprochen: ökonomische Institutionen haben eine nichtökonomische, soziokulturelle Basis (Mahnkopf 1994, S. 66). Der vielverwendete Ausdruck dafür ist: „social embeddedness", der von Granovetter (1985) dafür in die Welt gesetzt wurde. Nicht zunehmende Marktrationalität, sondern (soziokulturelle) Netzwerke sind zentrales strukturelles Merkmal ökonomischen Handelns.

Alle drei der hier genannten Grundgedanken sind auch für die Bestimmung des Verhältnisses des Netzwerkansatzes zur Regionalentwicklung – und vor allem zu den Regionalentwicklungsstrategien – wichtig.

## 4. Zentrale Begriffe

In der gebotenen Kürze sind einige zentrale Begriffe des Netzwerkansatzes zu benennen (vgl. insbesondere Grabher 1992).

*Reziprozität*

Das Prinzip der Reziprozität wird als wesentlich wichtiger angesehen als das Äquivalenzprinzip. Dies bedeutet: In Netzwerken geschieht die Bereitstellung von Leistungen oder Gütern weder durch Anordnungen noch gegen Geld allein. Ein Akteur erbringt Leistungen weder deswegen, weil er sie geben muß, noch weil er sie bezahlt bekommt. Vielmehr gibt er sie in der Erwartung, irgendwann einmal und womöglich in ganz anderen Zusammenhängen vom Nehmenden zu profitieren. Einklagen kann er die Gegenleistung aber nicht (siehe auch Mahnkopf 1994).

*Interdependenz*

Reziprozität setzt damit Vertrauen voraus. Persönliche Beziehungen, allmählich aufgebaute oder schon traditionell vorhandene, mehr oder weniger freundschaftliche Beziehungen sind Teil des Geschehens. Freundschaft ist natürlich weit zu fassen: dies kann „echte Freundschaft" meinen, aber auch einfach sozial anerkanntes Verhalten, gegen das man nicht verstoßen darf.

Netzwerke weisen also weder die Unabhängigkeit der Akteure eines anonymen und atomisierten Marktes auf noch die Abhängigkeiten in einer Hierarchie. Dies wird mit Interdependenz, gegenseitiger Abhängigkeit, bezeichnet.

*Lose Beziehungen*

Die Akteure in Netzen sind begrenzt autonom. Damit sind Netze auch besser gegen Krisen geschützt, denn das Netz als Ganzes kann durch einzelne flexibel neue Lösungen ausprobieren, und der einzelne wiederum ist durch das Netz gegen Risiken abgesichert. Diese Eigenschaft der Netze wird seit Granovetter (1973) die „Stärke schwacher Beziehungen" (the strength of weak ties) genannt.

Weitere Konzepte, die man hier aufführen könnte, wären zum Beispiel:
- die Funktion, die eine kulturelle Gemeinsamkeit/Milieu/Regionalbewußtsein spielt;
- die besondere Machtsymmetrie und -asymmetrie in Netzen und damit Fragen der Kontrolle und der Sanktionen gegen Regelverstöße.

## 5. Raumbezogenheit des Netzwerkgedankens

Netzwerke sind nicht unbedingt räumlich zu denken. Es geht zunächst um das Zusammenwirken von Akteuren, das sogar – im Fall strategischer Allianzen –

global sein kann (Grabher 1992, S. 14f.). Worin besteht der Bezug zur Regionalentwicklung?

Zunächst gilt es festzuhalten, daß einige der vorhin genannten Konzepte einen deutlichen räumlichen Bezug haben können. Vertrauen zum Beispiel hat bei den Grundsatzentscheidungen der Strategen keine räumliche Dimension, wohl aber bei den routinisierten Interaktionen zwischen Akteuren unterer Hierarchieebenen (Cooke/Morgan 1993, S. 553). Hier gilt: „proximity matters". Ein weiteres räumliches Moment in Netzwerken ist das Milieu. Granovetter selbst verifiziert seine Überlegungen mit dem Erfolg der Auslandschinesen; hier weist der Milieugedanke deutlich auf einen räumlichen Bezug hin. Ein anderes Beispiel wäre das oft zitierte und bekannte Dritte Italien. Dessen Erfolg wird nicht zuletzt mit dem spezifischen sozio-kulturellen Hintergrund (z. B. das Mezzadriasystem – Loda 1989) erklärt, der für funktionierende Netzwerke wichtig ist (z. B. Lazerson 1990).

Zum einen fragt man also danach, ob der räumlichen Dimension – als Distanz, als gleichgerichtetes Milieu usw. – eine besondere Funktion zukommt, vielleicht sogar ein Erfolgsfaktor für Netzwerke überhaupt ist. Zum anderen stellt man die Frage, ob die Entwicklung einer Region erklärt und gefördert werden kann, indem man Netzwerk als analytisches und planerisches Konzept einsetzt. Und die dritte, vielleicht wichtigste Perspektive ist, ob, gerade weil der Netzwerkgedanke räumliche Momente enthält, mit ihm erfolgreich – vielleicht erfolgreicher als mit anderen Entwicklungsstrategien – Regionalentwicklung betrieben werden kann. Die Vorträge der Fachsitzung sind ein Beitrag zu den Bemühungen, das Verhältnis auszuloten.

## 6. Fragen zu den Netzwerkansätzen

Die folgenden Beiträge beziehen sich nun nicht unmittelbar auf Regionalentwicklungstrategien im Osten. Vor dem Hintergrund der Frage, wie ein dauerhafter und sich selbst tragender Aufschwung befördert werden kann und was Erkenntnisse aus der Netzwerkforschung hierzu beisteuern können, sollten aber aus den empirischen Studien Schlüsse über die Tragfähigkeit des Netzwerkansatzes als Grundlage für eine erfolgreiche Regionalentwicklung gezogen werden können.

Gesetzt den Fall, Netzwerke bilden eine erfolgreiche Governance-Struktur für ökonomische Entwicklung in einer Region, so ist zu fragen: Kann man Netzwerke denn „künstlich" herstellen? Welche Effekte treten auf, wenn ein Vertrauensnetz letztlich gleichsam staatlich verordnet wird? Haben „künstliche" Institutionen in einem „eigentlich" natürlichen Milieu eine Chance, Denken und Handeln von Akteuren zu verändern?

Ein anderes Problem ist die Leitbildfunktion und Zielgerichtetheit von Regionalentwicklungsstrategien. Gewachsene Netze entsprechen primär den „egoistischen" Zielen der beteiligten Akteure. Insofern ist zu fragen, ob zielgerichtete, in strategischer Absicht hergestellte Netze überhaupt erfolgreich sein können.

Insbesondere ist zu fragen, ob inszenierte regionale Netze den Bedürfnissen entsprechen oder ob diese räumlich nicht ganz anders ausgerichtet sind.

## 7. Zu den Vorträgen

Von Manfred Miosga wird anhand von Beispielen aus verschiedenen Sachbereichen der grenzüberschreitenden Kooperation die Tragfähigkeit des Netzwerkansatzes ausgelotet. Untersuchungsraum ist der deutsch-niederländische Grenzbereich, in dem sich von der EU mit Netzwerkelementen initiierte Euroregios seit längerem etabliert haben. Christof Ellger wendet sich dem zu, was in Netzwerken ausgetauscht wird: Informationen. Er referiert über Informationsbeschaffungswege und Lernprozesse von Unternehmen in der Niederlausitz. Simone Strambach hat stärker die überbetriebliche Ebene im Visier. Gegenstand ist die regionale Wirtschaftsförderung mit Hilfe von zwar staatlich initiierter, aber doch in hohem Maße staatsfern ablaufender Beratung. Der Governance-Aspekt steht hier also Mittelpunkt. Mit dem Beitrag von Klaus Mensing schließlich wird der Bogen zur Planungspraxis gespannt: Inwieweit ist der Netzwerkansatz geeignet, die Kommunikation in der interkommunalen Zusammenarbeit zu erklären bzw. wie kann diese durch Netzwerkelemente verbessert werden?

## Literatur:

Cooke, P. u. K. Morgan (1993): The network paradigm: new departures in corporate and regional development. In: Society and Space 11, S. 543–564.

Grabher, G. (1992): Rediscovering the social in the economics of interfirm relations. In: Grabher, G. (Hg.): The embedded firm. On the socioeconomics of industrial networks. S. 1-31. London u. New York.

Granovetter, M. (1973): The Strength of Weak Ties. In: American Journal of Sociology 78, S. 1360–1380.

Granovetter, M. (1985): Economic Action and Social Structure. The Problem of Embeddedness. In: American Journal of Sociology 91, S. 481–510.

Lazerson, M. H. (1990): Subcontracting in the Modena knittwear industry. In: Pyke, F., G. Becattini u. W. Sengenberger (Hg.): Industrial districts and inter-firm co-operation. S. 108–133. Genf.

Loda, M. (1989): Das „Dritte Italien". Zu den Spezifika der peripheren Entwicklung in Italien. In: Geographische Zeitschrift 77, S. 180–194.

Mahnkopf, B. (1994): Markt, Hierarchie und soziale Beziehungen. Zur Bedeutung reziproker Beziehungsnetze in modernen Marktgesellschaften. In: Beckenbach, N. u. W. Van Treeck (Hg.): Umbrüche gesellschaftlicher Arbeit. = Soziale Welt, Sonderband 9. S. 65–84. Göttingen.

Naschold, F., M. Oppen, K. Tondorf u. A. Wegener (1994): Neue Städte braucht das Land. Public Governance: Strukturen, Prozesse und Wirkungen kommunaler Innovationsstrategien in Europa. = WZB-Paper FS II 94–206. Berlin.

# NETZWERKE IN REGIONALPOLITISCHEN KONZEPTIONEN DER EU AM BEISPIEL AUSGEWÄHLTER GRENZREGIONEN

Manfred Miosga, München

## Vorbemerkung

In diesem Beitrag soll insbesondere der Frage nachgegangen werden, inwieweit Netzwerke künstlich herstellbar sind. Am Beispiel der Interreg-Initiative der Kommission der Europäischen Union zur Verbesserung der Lage der Grenzregionen (vgl. Kommission 1990) sollen die Erfolgsbedingungen für eine Strategie der Vernetzung untersucht werden. Netzwerkartige Phänomene finden sich bei der Interreg-Initiative sowohl bei der Implementation der Initiative als auch bei den einzelnen geförderten Projekten. Diese sollen dargestellt und kritisch durchleuchtet werden. Abschließend wird der Versuch unternommen, die Erfahrungen auf die Möglichkeit einer netzwerkbasierten Regionalpolitik für den „Aufbau im Osten" zu übertragen.

Zuvor soll eine Definition des Netzwerkbegriffs vorgenommen werden, um der metaphorischen Unschärfe des Konzepts zu begegnen. Grundsätzlich bezeichnen Netzwerke einen Handlungsverbund einer begrenzten Zahl von Akteuren, die ein gemeinsames Ziel verfolgen (zum Netzwerkkonzept vgl. u.a. Döhler 1993, Fürst 1994, Mahnkopf 1994, Messner 1994). Netzwerke bestehen aus zwei wesentlichen Elementen. Zum einen aus einer speziellen Organisationsstruktur, zum anderen aus einem spezifischen Mechanismus zur Koordination der Interessen und Interaktionen zwischen den Akteuren.

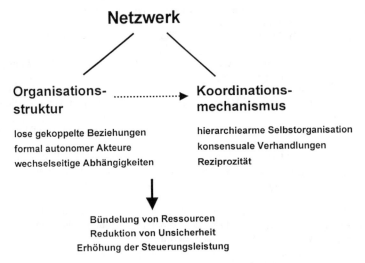

Abbildung 1: Elemente und Leistungsfähigkeit von Netzwerken (Eigener Entwurf)

Die Organisationsstruktur zeichnet sich durch lose gekoppelte Beziehungen formal autonomer Akteure aus. Es gibt dabei keine förmliche hierarchische, sektorale oder funktionale Differenzierung der Akteure. Jeder Akteur behält weitgehend seine Eigenständigkeit bei, einschließlich der Möglichkeit, das Netzwerk zu verlassen. Allerdings bestehen wechselseitige Abhängigkeiten zwischen den Akteuren, die diese zusammenhalten. Die Bereitschaft, eigene Ressourcen zu investieren, ist hoch, da dadurch der Zugang zu den Ressourcen der anderen eröffnet wird. Es werden also sowohl das Risiko als auch mögliche Synergieeffekte des Handelns auf alle verteilt.

Diese strukturellen Merkmale stellen eine notwendige, aber nicht hinreichende Bedingung für die Funktionsfähigkeit von Netzwerken dar. Dazu bedarf es die Bildung eines spezifischen Koordinationsmechanismus für die Transaktionen innerhalb des Beziehungsgeflechts. Netzwerke betonen die hierarchiearme Selbstorganisation und begünstigen eine kooperative Selbstkoordination zur Erreichung des gemeinsam intendierten Resultates. In Netzwerken dominieren Verhandlungsentscheidungen, die durch einen gemeinsamen Konsens getragen werden, wobei Vertrauen, gemeinsam geteilte Werte und Anschauungen sowie wechselseitiger Respekt eine entscheidende Rolle spielen. (Das Prinzip der Reziprozität ist in der Einführung von J. Pohl bereits erläutert worden und soll hier nicht noch einmal wiederholt werden.).

Gelingt die Durchsetzung eines netzwerkartigen Koordinationsmechanismus unter den vorausgesetzten strukturellen Bedingungen, so erzielen Netzwerke bestimmte Effekte. Es gelingt, Ressourcen der Akteure zu bündeln und Synergiepotentiale zu mobilisieren. Für alle Beteiligten reduziert sich die Unsicherheit, da die Gefahr opportunistischen Handelns einzelner reduziert wird. Dadurch kann sich die Steuerungsleistung der Handlungsverbünde erhöhen.

Netzwerke sind folglich sowohl für Unternehmen interessant, die sich in Netzwerken besser in turbulenten Umweltveränderungen zurechtfinden, als auch für das politische System, da es verstärkt gilt, knappere Ressourcen zu bündeln und die Steuerungsfähigkeit zu steigern.

Da Netzwerke zudem als Erklärung für Phänomene erfolgreicher Regionalentwicklung wie industrial districts gelten und als strukturelle Basis für die Entstehung kreativer Milieus gesehen werden, ist es wenig verwunderlich, wenn regionalpolitisch versucht wird, Netzwerke zu installieren.

## 1. Die Interreg-Initiative der Kommission der EU

Die Kommission der EU hat Ende 1989 im Rahmen der Gemeinschaftsinitiative INTERREG insgesamt 900 Mio ECU für die Regionen an den Binnen- und Außengrenzen zur Verfügung gestellt – ursprünglich für eine Laufzeit von 1990–1993 (vgl. Manthey 1992, S. 34). Vor allem im Hinblick auf den Fall der innergemeinschaftlichen Grenzen mit der Einführung des gemeinsamen Binnenmarktes hat sich die Kommission damit der spezifischen Probleme der Grenzregionen angenommen. Diese Regionen galten bis dato als periphere Gebiete an den Außengrenzen des nationalen Siedlungssystems, die an den Endpunkten der Verkehrswege liegen bzw. von transnationalen Transversalen durchschnitten werden. Solche Räume haben zumeist mit großen wirtschaftlichen Problemen zu kämpfen wie unterentwickelten Handels- und Dienstleistungsstrukturen aufgrund abgeschnittener Märkte, überdurchschnittlicher Deindustrialisierung bzw. unterdurchschnittlichem Industrialisierungsgrad, hoher Arbeitslosigkeit und hohen Abwanderungsraten (vgl. Manthey 1992, S. 32f.).

Ziel der Interreg-Initiative ist es, sowohl einen Beitrag zur Bewältigung der ökonomischen Entwicklungsprobleme grenznaher Gebiete zu leisten als auch die trennende Wirkung nationalstaatlicher Grenzen zu überwinden und damit die Integration Europas zu beschleunigen (vgl. Kommission 1990).

Dabei bedient sich die EU des Instruments der grenzüberschreitenden Vernetzung von Akteuren aus zwei Gründen. Zum ersten ist die Vernetzung von Akteuren beiderseits der Grenze mit der Hoffnung verbunden, die zerschneidende Wirkung der Grenze in ökonomischer Hinsicht überwinden und schlummernde Synergiepotentiale durch transnationale Kooperation mobilisieren zu können. Zweitens dienen die angeregten Kooperationsnetze der Herausbildung gemeinsamer Handlungsstrategien und -routinen, die die Bildung einer kollektiven regionalen Verantwortung befördern und somit einen Beitrag zur Bildung von Regionen als grenzüberschreitenden Identifikationsräumen leisten sollen.

Mit dieser Initiative wurden im gesamten europäischen Raum umfangreiche grenzüberschreitende Aktivitäten angeregt. Zu einem großen Teil wurde damit Neuland betreten, so daß ein erheblicher Teil der Anstrengungen in vielen Regionen von der Gründung grenzüberschreitender politisch-administrativer Kooperationsverbünde absorbiert wurde. Bei den folgenden Ausführungen soll daher nur ein kleines Teilgebiet betrachtet werden, nämlich der nordrhein-westfälisch-niederländische Grenzraum. In diesem Gebiet existieren teilweise seit den fünfziger Jahren grenzüberschreitende Kooperationsverbünde, so daß ein großer Teil der Interreg-Mittel gleich in Projekte der Wirtschaftsförderung fließen konnte und nicht für den Aufbau administrativer Strukturen verwendet wurde. Die längste Tradition hat die ursprüngliche „EUREGIO" bei Gronau/Enschede-Hengelo-Almelo, die bis in die niedersächsische Grafschaft Bentheim reicht. Die anderen Regionen nennen sich seit kurzem ebenfalls „Euregios", nämlich Rhein-Waal mit dem Städtekleeblatt Arnheim, Nimwegen, Kleve und Emmerich, Euregio Rhein-Maas-Nord mit den dominierenden Städten Mönchengladbach, Krefeld und Venlo sowie Euregio Maas-Rhein (Aachen, Maastricht, Herlen, Lüttich) im Dreiländereck zwischen Deutschland, Belgien und den Niederlanden (vgl. MWMT 1993).

## 2. Die Implementation der Interreg-Initiative als transnationales vertikales Policy-Netzwerk

Grundsätzlich kann die Kommission der EU für die Umsetzung der Interreg-Initiative nicht auf einen institutionellen oder rechtlichen Rahmen zurückgreifen.

Folglich ist eine hierarchische, auf formalen Weisungsbefugnissen basierende Implementation nicht möglich.

Von der Kommission werden zur Umsetzung der Initiative allerdings Bedingungen formuliert, die erfüllt werden müssen, um in den Genuß von Fördermitteln zu kommen.

Erstens sollen die Mitgliedsstaaten gemeinsam mit den regionalen und lokalen Gebietskörperschaften der Grenzregionen sog. „Operationelle Programme" entwickeln, die eine kohärente regionale Strategie mit klar aufgestellten Entwicklungszielen umfassen, denen wiederum die einzelnen geförderten Maßnahmen dann zuzuordnen sind. Die Grenzgebiete sind als geographische Einheit zu behandeln. Es müssen also eigene konsistente Regionale Entwicklungskonzepte aufgestellt werden. Zweitens sollen die Mitgliedsstaaten ein begrenztes und ausgewogenes Maßnahmenbündel aus den sehr breit angelegten Fördermöglichkeiten auswählen, die Interreg bietet. Auf diese sind die einzelnen Maßnahmen zu konzentrieren. Es soll also eine inhaltliche Schwerpunktsetzung nach den jeweiligen spezifischen regionalen Erfordernissen erfolgen. Drittens müssen die Mitgliedsstaaten gemeinsam mit den regionalen und lokalen Körperschaften die Gemeinschaftshilfe um insgesamt 50% der Gesamtsumme ergänzen. Darüber hinaus sollen sie ein gemeinschaftliches Verfahren für die Durchführung, Begleitung und Bewertung der Maßnahmen installieren (vgl. Kommission 1990).

Unter den bestehenden rechtlichen Rahmenbedingungen müssen folglich diese aufgeworfenen komplexen Aushandlungs- und Abstimmungsprobleme grenzüberschreitend, konsensual und kooperativ mit den jeweiligen nationalen und regionalen/lokalen Behörden gelöst werden. Dazu wurden im Fall des nordrhein-westfälisch-niederländischen Grenzraumes „runde Tische" aus den Vertre-

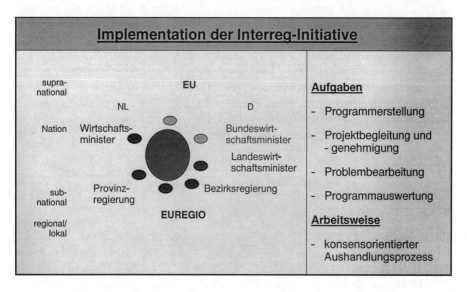

Abbildung 2: Implementation der Interreg-Initiative (Eigener Entwurf)

tern der zuständigen deutschen und niederländischen Wirtschaftsministerien, aus den regionalen staatlichen Behörden (Bezirksregierung und niederländische Provinzen) sowie aus einem Vertreter der jeweiligen Euregio gegründet.

Diese multilateralen grenzüberschreitenden Handlungsverbünde erreichen im Laufe der Zeit die Qualität netzwerkartiger Kooperation und Koordination. Es kommt zur Herausbildung von vertikalen transnationalen Policy-Netzwerken. In diesen Netzwerken werden für jede einzelne Euregio die jeweiligen gesamtregionalen operationellen Programme erörtert und beschlossen. Sie begutachten die einzelnen Projektvorschläge, überprüfen die Vereinbarkeit mit den erarbeiteten Entwicklungszielen und stellen die Kofinanzierung sicher. Darüber hinaus wird die Kompatibilität der Programme und Projekte mit den jeweiligen nationalen und regionalplanerischen Entwicklungszielen unter Einbindung der zuständigen Behörden gewährleistet. Wenn Grundsatzfragen des Programms zu erörtern sind (Programmbearbeitung) oder Erfahrungen bei der Umsetzung diskutiert werden (Programmauswertung), dann werden zusätzlich die EU-Kommission und ein Vertreter des Bundeswirtschaftsministers hinzugezogen. In den Verhandlungen herrscht das Prinzip der Einstimmigkeit, wodurch persuasive Formen der Aushandlung und wechselseitige Tauschgeschäfte erforderlich sind. In diesen Beziehungsgeflechten gelingt es, wechselseitige Ressourcen zu mobilisieren und zu poolen: einerseits monetär durch die Mobilisierung der Mittel für die Kofinanzierung, die durch jeweils 15%-Anteile durch die Niederlande und durch Nordrhein-Westfalen sowie durch 20% seitens der Projektträger gewährleistet wird; andererseits wird die Problemnähe und Erfahrung der euregionalen Kooperationstradition zur Erarbeitung von Programmen und Problemlösungen genutzt. Im Laufe der Zeit haben sich die Akteure auf einen ablauforganisatorischen und institutionellen Rahmen geeinigt, der in einer deutsch-niederländischen Vereinbarung zur Umsetzung der Interreg-Initiative gemündet hat (vgl. Vereinbarung 1991).

Die deutsch-niederländische Organisation der Interreg-Initiative ist aufgrund ihrer Effizienz und ihres hohen Konsensniveaus zum Vorbild innerhalb der EU avanciert (vgl. Broos/Gabbe 1993, S. 11). Dies ist insbesondere auf die lange Erfahrung in den traditionsreichen Euregios zurückzuführen, die bereits eine Art transnationaler Kooperationskultur auf lokaler Ebene entwickelt haben, die für das Interreg-Verfahren genutzt werden konnte.

## 3. Projekte im Rahmen der Interreg-Initiative

### A. Ein Beispiel für gelungene Vernetzung

Die Förderrichtlinien der EU sehen vor, daß geförderte Maßnahmen grenzüberschreitenden Charakter haben müssen. Dies ist u.a. auch dann gegeben, wenn sich im Rahmen der Projekte Partner beiderseits der Grenze zusammenfinden, die gemeinsam die Maßnahme durchführen. Mittlerweile gibt es in den Euregios eine Reihe von entsprechenden Kooperationsnetzen, die auf dem Gebiet der Wirtschaftsförderung, des Technologietransfers und der Beratung der kleinen und mittleren Unternehmen tätig sind. Die Projekte arbeiten alle nach dem gleichen Muster: die Antragssteller für diese Projektträgerschaft suchen sich einen oder mehrere Kooperationspartner jenseits der Grenze, die sich dann organisatorisch, finanziell und/oder personell in der Abwicklung der Projekte engagieren. Dies soll kurz am Beispiel des Euregio-Laserdemonstrationszentrums in der EUREGIO (vgl. Euregio 1994, S. 149) gezeigt werden, einem Kooperationsverbund aus Wissenschaftlern der Fachhochschule Münster und der Hogeschool Enschede.

Bisher arbeiteten die Fachhochschule Münster und die Hogeschool Enschede jeweils unabhängig voneinander an der Entwicklung von spezifischen Lasertechnologien. Dabei entwickelten sich unterschiedliche spezialisierte technologische Entwicklungspfade der beiden Forschungseinrichtungen. Mit Hilfe von Interreg-Mitteln haben die beiden Institute nun gemeinsam ein Laserdemonstrationszentrum eingerichtet und mit technischen Gerät ausgestattet, mit je einer Anlaufstelle auf der deutschen und der niederländischen Seite.

Durch diese Kooperation konnten die beiden Entwicklungspfade zusammengeführt werden. Je nach den spezifischen Bedürfnissen der kleinen und mittleren Unternehmen, die dort beraten werden, kann auf das Know-how des anderen Demonstrationszentrums zurückgegriffen werden. Die Erfahrungen, die in der Arbeit mit den Unternehmen gemacht werden, können zudem in die Forschungseinrichtungen der angeschlossenen Fachhochschulen einfließen. Die Folge ist eine Verbesserung der Problemlösungs- und Transferkapazität und -qualität sowie eine bedürfnisorientierte Beeinflussung der weiteren Forschung. In diesem Fall gelingt eine synergetische Kooperation einzelner Akteure, die den regionalen Gesamtnutzen steigert.

B. Ein Beispiel für gescheiterte Vernetzung

An einem weiteren Beispiel, dem INKA-Projekt (vgl. Euregio 1994, S. 44), soll gezeigt werden, daß die Mobilisierung von Synergiepotentialen allerdings nicht immer funktioniert. Im Rahmen des INKA-Projektes fand sich ein Kooperationsverbund aus deutschen und niederländischen Unternehmensberatungen, Weiterbildungseinrichtungen, Hochschulen, Fachverbänden und Technologietransfereinrichtungen zusammen, mit dem Ziel, ein innovatives Konzept des Qualitätsmanagements zu entwickeln und mit Pilotbetrieben zu erproben. Die Qualitätssicherung im Betrieb sollte zur Philosophie aller am Produktionsprozeß Beteiligten gemacht werden. Dabei konnte im Projekt die technische Ausstattung und das technologische Know-how der Deutschen mit den Erfahrungen der Niederländer im pädagogischen Bereich und mit Projektarbeit zusammengeführt werden.

Im Verlauf des Projektes wurden diese Synergiepotentiale nur ungenügend mobilisiert. Dies liegt im Verfahren der Projektverarbeitung und -begleitung begründet. Hier sind die Euregio-Institutionen und ihre Facharbeitskreise maßgeblich beteiligt, deren Stellungnahmen die Mittelvergabe beeinflußt. Im zuständigen Arbeitskreis sind auch Institutionen Mitglied, wie die Industrie- und Handelskammern und andere, die selbst auf dem Gebiet der Weiterbildung und Beratung in Sachen Qualitätsmanagement aktiv sind. Diese kritisieren das Projekt aus zwei Aspekten heraus: zum einen wird in dem Projekt unliebsame

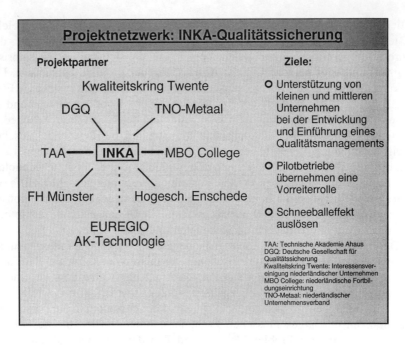

Abbildung 3: Das INKA-Projektnetzwerk (Eigener Entwurf)

Konkurrenz gesehen für die eigenen Unternehmungen; zum anderen setzt die Konzeption bei der produktiven Belegschaft an und nicht beim mittleren und höheren Management. Damit wird der „Standesdünkel" der in den Wirtschaftsbürokratien vertretenen Personen in Frage gestellt.

Begreift man dieses Verfahren der Projektentwicklung und Projektbegleitung als sog. „issue-network" (Mayntz 1993, S. 46), also als ein zeitlich begrenztes Netzwerk, das durch ein Problem aktiviert wird (Projektentwicklung) und das kollektives Handeln zu seiner Lösung verlangt (Abstimmen des Projektes auf die Förderrichtlinien), so wird deutlich, daß in diesem Fall Machtrelationen herrschen, die eine konsensorientierte Aushandlung und Ergebniserzielung erschweren. Die Wirtschaftsbürokratien haben innerhalb der Euregios ein entscheidendes Gewicht bei der Beurteilung der Projekte. Durch ihren Einfluß konnten sie bürokratische Hürden für das INKA-Projekt aufbauen (Verpflichtung zu umfangreichen und zu frühzeitigen Zwischenberichten; erneute Verhandlungen, Einfordern weiterer Stellungnahmen), so daß die Arbeit des Projektes behindert und Frustration bei den Beteiligten ausgelöst wurde. Die Weiterführung des Projektes wurde gefährdet. Schließlich zerbrach das Projekt-Netzwerk.

C. Zur Territorialität von Netzwerken – Probleme bei Projekten der Vernetzung von Akteuren aus Wissenschaft und Wirtschaft

Andere Projekte arbeiten darauf hin, grenzüberschreitend Akteure aus Wirtschaft und Wissenschaft untereinander und miteinander zu vernetzen. Beispiele dafür sind jährlich stattfindende Betriebskontakttage oder Informations- und Vermittlungsbörsen im Rahmen von business-to-business-meetings (vgl. Euregio 1994, S. 20). Ein Problem aus netzwerktheoretischer Sicht liegt hierbei in der territorial begrenzten Orientierung des Interreg-Programms. Insbesondere bei den Projekten, die auf eine Vernetzung euregionaler Akteure zielen, zeigt sich, daß die Beschränkung auf das Euregio-Territorium nicht immer funktional ist für die Knüpfung von Netzwerken. So arbeiten bspw. die Wissenschaftler in den Universitäten bereits häufig in bestehenden Netzwerken, die über den Umgriff der Euregios hinweg gehen und die national oder sogar international ausgerichtet sind. Diese Kontakte richten sich nach den spezifischen Interessen der Beteiligten. Innerhalb der Euregios – auch auf der anderen Seite der Grenze – gibt es dafür nicht unbedingt einen passenden Ersatz.

Für den Fall, daß innerhalb der Euregio passende Kooperationspartner gefunden werden könnten, besteht immer noch die Schwierigkeit, daß in der Regel bestehende Netzwerk-Verbindungen aufgelöst und ersetzt bzw. ergänzt werden müßten. Dies bedeutet aber, daß damit gewachsene Vertrauensverhältnisse und verläßliche Kooperationsroutinen betroffen sind, die zu ersetzen mit Ungewißheit und mit einem Risiko verbunden sind – auch wenn die „Papierform" des räumlich näheren neuen Partners bestechend sein mag. Für die Unternehmen trifft hier das Problem des begrenzten Programmraumes besonders intensiv zu, da die Beschränkung der Suche nach kompatiblen Kooperationspartnern auf ein räumlich begrenztes Umfeld nicht unbedingt funktional, sondern künstlich und zwanghaft ist.

## 4. Zusammenfassung und Schlußfolgerungen

Netzwerkartige Phänomene oder Versuche, solche zu installieren, finden sich im Rahmen des Interreg-Programmes auf drei Ebenen: auf der Ebene der Programm-Implementation, auf der Ebene der Kooperationsprojekte – meist von intermediären Organisationen – sowie auf der Ebene der aktiven Vernetzungspolitik im Rahmen bestimmter Projekte.

Im folgenden soll versucht werden, daraus Folgerungen für eine netzwerkbasierte Politik der Regionalentwicklung zu ziehen, die auch auf den Aufbau im Osten angewandt werden könnten:
1) Vertikale Policy-Netzwerke, wie sie bei der Implementation der Interreg-Initiative seitens der EU angeregt wurden, können die Kluft zwischen den Konzepten der bürokratischen und zentralistischen Top-down-Strategien und den Ansätzen der Mobilisierung endogener Potentiale aus der Bottom-up-Perspektive überbrücken und zu einer neuartigen und versöhnenden Zusammenführung der beiden Extreme führen. Voraussetzung ist allerdings, daß

seitens der Top-down-Elemente genügend Spielraum für die Einbringung der lokalen und regionalen Kompetenzen bei der Ausformulierung, bei der Schwerpunktsetzung und bei der Umsetzung der Maßnahmen eingeräumt wird.

Im Rahmen der Interreg-Initiative gelingt dies im deutsch-niederländischen Modellfall: die Kommission der EU definiert grobe Ziele und Rahmenbedingungen für die Umsetzung des Programms, die genügend Spielraum eröffnen für die Aushandlung der konkreten Aktionsbereiche und Projekte mit den regionalen und lokalen Verwaltungen. Der vorgegebene Rahmen ist – insbesondere in Verbindung mit den in Aussicht gestellten Mitteln – weit genug, um einer motivierten Beteiligung von unten bei der inhaltlichen Konkretisierung Raum zu öffnen. Über die jeweiligen Arbeitskreise der Euregios, die an den Beratungen vorbereitend beteiligt sind, werden zudem wichtige gesellschaftliche Akteure miteingebunden. Selbst interkulturelle Differenzen wie sprachliche Barrieren und unterschiedliche Handlungsroutinen konnten mit der Zeit überwunden werden.

2) Die Kooperation der Projektpartner im Bereich der Intermediäre, die auf dem Sektor der Wirtschaftsförderung aktiv sind, war auch hier – trotz sprachlicher und kultureller Barrieren – in weiten Teilen erfolgreich. Die Strategie, die Vergabe von Fördermittel an grenzüberschreitende Partnerschaften zu knüpfen, hat in vielen Fällen zur Erschließung von Synergiepotentialen beigetragen. Ein solches Vernetzungs-Konzept erweist sich als ein sinnvolles Prinzip, da das jeweilige Know-how der Institutionen zusammengeführt und in gemeinsamen Handlungsstrategien gebündelt werden kann. Für die Projektträger ist dabei das hohe Ausmaß an Subventionen entscheidend. Die Zuschüsse decken bis zu 80% und mehr der Kosten. Allerdings ist eine Anschlußfinanzierung ausgeschlossen. Dadurch wird das Risiko, das mit solchen anfangs wenig berechenbaren Kooperationen verbunden ist, abgegolten und die Bereitschaft zur Beteiligung sichergestellt.

3) Am problematischsten ist ein Auseinanderklaffen von funktionalen Interessen der beteiligten Akteure und räumlicher Gebundenheit der Vernetzung seitens des institutionellen Förderers EU. Eine netzwerkbasierte Kooperationspolitik muß daher in gewissem Maße offen sein für die Einbeziehung außerregionaler Akteure.

Grundsätzlich kann Regionalpolitik nur Anstöße für die Entwicklung von Netzwerken sein. Die Entwicklung netzwerkartiger Koordinationsmechanismen, die die Voraussetzung für die Erreichung von Netzwerk-Effekten sind, entzieht sich jedoch einer direkten politischen Gestaltbarkeit. Die betrachteten regionalen Vernetzungsprojekte versuchen relativ mechanistisch, netzwerkartige Organisationsstrukturen zu schaffen. Probleme entstehen, wenn in den Netzen asymmetrische Machtverteilungen vorherrschen oder Konkurrenzverhältnisse dominieren. Netzwerke haben das Potential, Konkurrenz zugunsten von Kooperation in den Hintergrund zu drängen. Erfolgreiche Netzwerkpolitik muß versuchen, Machtasymmetrien strukturell auszuschließen. Die Entwicklung einer vertrauensvollen und reziproken Kooperationskultur ist allerdings stark abhängig von der Offenheit und Bereitschaft der Akteure, sich auf diese neuartigen Formen einzulassen. Sie wird begünstigt durch konvergente Interessen der Beteiligten, durch wechselseitigen Respekt und durch die Bereitschaft der Akteure, das Risiko einzugehen, eigene Ressourcen in relativ informelle und anfangs wenig berechenbare Transaktionen zu investieren, die in horizontalen Aushandlungsprozessen vorbereitet werden. Somit spielt der soziale Kontext der Verwaltungs- und Unternehmenskultur eine bedeutende Rolle. Diese kulturellen Rahmenbedingungen sind jedoch Ergebnisse einer zurückliegenden Entwicklung und sind politisch nur mittelbar zu beeinflussen. Der notwendige Respekt gegenüber der Gleichwertigkeit der Partner und die Akzeptanz kultureller Differenzen ist ein wichtiger Grund für gelungene Partnerschaft in einem Netzwerk. Fehlen Vertrauen und Machtsymmetrie, so stehen die Chancen für ein Funktionieren des Netzes schlecht.

## Literatur:

Broos, L. u. J. Gabbe (1992): Grenzüberschreitende Zusammenarbeit in Ziel-2/-5b und Artikel 10-Gebieten an den EG-Binnengrenzen. In: LACE-Linkage Assistance and Cooperation for the European border regions (Hg.): Interreg Grundlagendokument November 1992. Gronau.

Döhler, M. (1993): Netzwerke im politisch-administrativen System. In: Fürst, D. u. H. Kilper (Hg.): Effektivität intermediärer Organisationen für den Strukturwandel. Dokumentation der Tagung am 18.06.1993 im Institut für Arbeit und Technik in Gelsenkirchen. S. 7–20. Gelsenkirchen.

Euregio (1994): EG Gemeinschaftsinitiative INTERREG für die EUREGIO. Förderung aus dem Europäischen Fonds für Regionalentwicklung – EFRE Nr. 91/00/10/018. Zweiter Fortschrittsbericht. Gronau.

Fürst, D. (1994): Regionalkonferenzen zwischen offenen Netzwerken und fester Institutionalisierung. In: Raumforschung und Raumordnung 52, H.3, S. 184–192.

Kommision der Europäischen Gemeinschaften (1990): Mitteilung an die Mitgliedsstaaten zur Feststellung von Leitlinien für die von ihnen im Rahmen einer Gemeinschaftsinitiative für Grenzgebiete aufzustellenden operationellen Programme (INTERREG). Amtsblatt der Europäischen Gemeinschaften 90/C 215/04. Brüssel.

Mahnkopf, B. (1994): Markt, Hierarchie und soziale Bewegungen. Zur Bedeutung reziproker Strukturen in modernen Marktgesellschaften. In: Beckenbach, N. u. W. van Treeck (Hg.): Umbrüche gesellschaftlicher Arbeit. = Soziale Welt, Sonderband 9, S. 65–84. Göttingen.

Manthey, G. (1992): Möglichkeiten der gemeinschaftlichen Regionalpolitik für die Entwicklung der Grenzregionen. Die Interreg-Initiative und andere begleitende Maßnahmen. In: Akademie für Raumforschung und Landesplanung (Hg.): Grenzüberschreitende Raumplanung. Erfahrungen und Perspektiven der Zusammenarbeit mit den Nachbarstaaten Deutschlands. = Forschungs- und Sitzungsberichte 188. S. 31–44. Hannover.

Mayntz, R. (1993): Policy-Netzwerke und die Logik von Verhandlungssystemen. In: Héritier, A. (Hg.): Policy-Analyse. Kritik und Neuordnung. S. 39–56. Opladen.

Messner, D. (1994): Fallstricke und Grenzen der Netzwerksteuerung. In: PROKLA. Zeitschrift für kritische Sozialwissenschaft 24, H. 97, S. 563–596. Münster.

Ministerium für Wirtschaft, Mittelstand und Technologie des Landes Nordrhein-Westfalen (MWMT) (1993): Euregio – Grenzüberschreitende Zusammenarbeit in Europa. Bilanz der Zusammenarbeit des Landes Nordrhein-Westfalen mit der EG, Belgien und den Niederlanden im Rahmen des INTERREG – Programms. Düsseldorf.

Vereinbarung (1991): Vereinbarung zum Niederländisch-Nordrhein-Westfälisch/Niedersächsischen-EG-Programm Interreg. Denekamp, 09.12.1991.

# DER PRODUKTIONSFAKTOR WISSEN IM TRANSFORMATIONSPROZESS IN OSTDEUTSCHLAND
## Räumliche Aspekte der Wissensakquisition von Betrieben in Süd-Brandenburg

Christof Ellger, Berlin

### 1. Information bzw. Wissen als Produktionsfaktor

Äußerungen, die eine verstärkte Berücksichtigung von ‚Wissen' bzw. ‚Information' als Produktionsfaktor fordern, sind Anfang der 90er Jahre Legion. Sie entspringen Überlegungen in den Wirtschafts- und Sozialwissenschaften, gemäß denen dem Faktor ‚Information' bzw. ‚Wissen' eine – auch im Vergleich zu anderen Inputfaktoren – zunehmende und mittlerweile dominierende Bedeutung für die Leistungserstellung ökonomischer Einheiten zugemessen wird. Dieser Bedeutungszuwachs von Information zeigt sich unter anderem an dem zunehmenden Aufwand, den wirtschaftliche Akteure für Wissensakquisition und Wissensentwicklung betreiben, an (zumindest anteilsmäßig) verstärktem Einsatz von entsprechendem informationsbezogenen Personal. Er kommt aber zum Beispiel auch zum Ausdruck in neuen Managementkonzepten, die „die lernende Organisation" (Sattelberger 1994) propagieren, in deren Zentrum die Förderung und Forderung der kognitiven Potentiale aller Mitarbeiter/innen steht.

Thematisiert wird ein derartiges Verständnis von Information als differenzierendem – und wesentlichem – Faktor inzwischen in einer ganzen Reihe wirtschaftswissenschaftlicher Ansätze, so der Informationsökonomik (Wessling 1991, S. 83ff.), der Innovationsökonomie (Meyer-Krahmer 1993) und der evolutorischen Ökonomik (Biervert/Held 1992) wie auch zum Beispiel von einer „neuen Wachstumstheorie", die insbesondere technisches Wissen als endogene Wachstumsdeterminante sieht (Romer 1986). In der Geographie und in anderen raumbezogenen sozialwissenschaftlichen Disziplinen beschäftigen sich ebenfalls eine ganze Reihe von Teilbereichen und Forschungsansätzen mit der besonderen Rolle von Information bzw. Wissen für die räumliche Entwicklung; zu nennen sind hier unter anderem die Geographie des quartären Sektors, die Arbeiten zu unternehmensbezogenen (Informations-) Dienstleistungen (business services), die Bildungsgeographie wie auch die Netzwerkforschung und schließlich eine im Entstehen begriffene Geographie von Information und Kreativität (Törnquist 1990, Lambooy 1993).

Als Hintergründe für den Aufstieg von Wissen zu einer führenden Ressource sind insbesondere die zunehmende Größendimension und Komplexität des (globalisierten) Wirtschaftsgeschehens sowie die Beschleunigung der Innovationsdynamik im Wettbewerb anzuführen. Entscheidend ist auch die Tatsache, daß dem Wissen im Rationalisierungsprozeß die Eigenschaft eines Meta-Faktors zukommt, mit Hilfe dessen der Faktoreinsatz in anderen Bereichen (Rohstoffe, Energie, Arbeit, Fläche etc.) reduziert werden kann.

## 2. Zur Definition von Information bzw. Wissen

Information ist als Grundkategorie (für das ‚Geistige', ‚Mentale', ‚Kognitive' oder auch ‚Informationelle') des Daseins, ähnlich wie die Begriffe ‚Materie', ‚Raum' oder ‚Zeit', durchaus schwierig zu definieren, was insbesondere auch darin zum Ausdruck kommt, daß Definitionsversuche – so sie denn überhaupt unternommen werden – in der Regel mit synonymen oder verwandten Begriffen operieren, wie zum Beispiel bei der Informationsdefinition als „Nachricht, die Nichtwissen oder Ungewißheit beseitigt" (Lewandowski 1985, S. 425).

Über dieses grundsätzliche Problem hinaus gibt es eine zentrale Unterscheidung in einen objektivierend-quantitativen Begriff von Information einerseits (mit der Einheit des „bit"), der Information damit auf die syntaktische (Zeichen-)Ebene reduziert bzw. höchstens noch die sigmatische (Signal-)Ebene berücksichtigt, und einen qualitativen Informationsbegriff andererseits, der die semantische und pragmatische Ebene mit einschließt und notwendigerweise subjektiv zu verstehen ist (im Hinblick auf den jeweils betrachteten Informationsträger) (vgl. Wessling 1991, S. 13ff.). Es besteht im wesentlichen Konsens darüber, daß für raum-ökonomische Untersuchungen die Wahl eines qualitativen Informationsbegriffs angemessen ist, der sich insbesondere an dem (subjektiven) Wert, der Bedeutung, dem Sinn einer Information für einen bestimmten Informationsbesitzer bzw. -rezipienten in einem gegebenen Kontext festmacht.

Derart qualitativ bzw. semantisch-pragmatisch verstanden, zeichnet sich Information als Ressource oder Produktionsfaktor durch eine Reihe ganz spezifischer Eigenschaften aus, die Information in der Tat zu einem ‚ganz besonderen Stoff' machen: Jedes ‚Stück' Information ist an Kontexte gebunden; damit erscheint Information insgesamt kumulativ und unteilbar. Information ist bei einem derartigen Begriffsverständnis schwer meßbar: wenn überhaupt, dann nur über die subjektive Einschätzung des Wertes beim Rezipienten (bzw. über die intersubjektive Einschätzung des Wertes beim Rezipienten). In dem Maße, wie sich Kontexte wandeln, wandelt sich auch die Bedeutung einer Aussage; Information hat damit einen spezifisch dynamischen Wesenszug. Im Gegensatz zu Materie oder Energie gibt es für Information keine prinzipiellen Grenzen der Vermehrbarkeit. Eine einzelne Information kann beliebig oft dupliziert werden und verbleibt bei der Weitergabe stets auch beim Sender; der Wissensentwicklung generell, der Evolution des Geistes durch beständige Ausdifferenzierung sind ebenfalls keine grundsätzlichen Grenzen gesetzt.

Die Begriffe ‚Information' und ‚Wissen' werden – gerade in ökonomischen Untersuchungen – vielfach synonym verwendet. Daneben existieren jedoch mindestens zwei alternative Sichtweisen, die von einer jeweils unterschiedlichen Verwendung der beiden Begriffe ausgehen. Bei dem einen Ansatz (so Wessling 1991 in Anlehnung an Boulding und Machlup) wird Wissen als Bestandsgröße (‚stock') aufgefaßt und Information als Fließgröße (‚flow') davon abgesetzt, während eine andere Unterscheidung ‚Wissen' eher als auf größere Zusammenhänge gerichtet versteht und ‚Information' entsprechend dann eher auf Einzelaussagen bezieht.

In der ökonomischen Diskussion, zum Beispiel in der Innovationsökonomie, wird Wissen häufig auf technisches Wissen reduziert. Damit bleiben jedoch wichtige Bereiche ökonomisch relevanten Wissens ausgeblendet, die durchaus auch thematisiert werden müssen, so zum Beispiel Information über Märkte (wenn man bedenkt, wie teuer Adreßdateien mit Kundenmerkmalen gehandelt werden!), Organisationsweisen, politisch-soziale Rahmenbedingungen oder gesetzliche Vorgaben (zum Beispiel bei Arbeits- und Umweltschutz).

## 3. Implizites versus kodifiziertes Wissen: Ansätze zu einer Typologie der Information

In der aktuellen Diskussion um Begriff und Wesen der Information in der Ökonomie schält sich als zentraler Topos die Frage nach einer Typologie von Information heraus, die Raum läßt sowohl für ein sehr komplexes, stark kontext-sensitives Konzept von Information einerseits als auch für ein weniger komplexes, eher formalisier- und technisierbares Konzept von Information andererseits (vgl. Mayère 1995).

In einem Kontinuum an möglichen Zuständen, die eine Informationseinheit diesbezüglich annehmen kann, gibt es auf der einen Seite Information, die hochgradig kontext-sensitiv ist, die ohne genaue Kenntnis eines bestimmten Zusammenhangs nicht rezipierbar, verstehbar, interpretierbar ist und die sich gegen eine einfache Aneignung sperrt. Der Informationsgehalt ist hier für einen Rezipienten wenig vorhersagbar, eher vage und offen. Das Wissen ist wenig kodifiziert, sondern eher „implizit" (Polanyi 1985). Dem steht auf der anderen Seite wenig kontext-sensitive Information gegenüber, die auf der Basis natürlicher oder mathematischer Sprache kodifiziert ist und wenig Schwierigkeiten der Aneignung für einen bzw. viele Rezipienten bietet. Der Informationsgehalt ist dabei eher vorhersagbar, der Rahmen des Möglichen eher geschlossen.

Aus den Eigenschaften der Information kann für den Informationsaustausch, also für den Kommunikationsprozeß, gefolgert werden, daß er bei eher impliziter Information vorrangig als komplexe (Dienstleistungs-)Interaktion zwischen den Partnern stattfindet, während bei stärker kodifizierter Information diese durchaus – durch Verwendung eines Trägermediums – den Charakter eines Sachgutes annehmen kann (Mayère 1995). Die Weitergabe impliziten Wissens verlangt also einen interaktiven Kommunikationsaufwand, der auf eine reiche Verfügbarkeit von Kanälen, d.h. Kommunikationsformen, zurückgreifen kann, wie sie vor allem die face-to-face-Kommunikation bietet (Daft/Lengel 1990), während kodifiziertes Wissen viel eher über weniger reiche Kanäle, wie zum Beispiel Telefon und Telekommunikation, weitergegeben werden kann. Aufgrund der Sperrigkeit der impliziten Information ist schließlich diese stärker privat appropriierbar, während das kodifizierte Wissen eher den Charakter eines öffentlichen Gutes hat.

## 4. Wissenstransfer und Netzwerke

Mit dem Begriff des „Netzwerks" wird eine Interaktionsform zwischen ökonomischen Akteuren verstanden, die sich einerseits von marktmäßiger Interaktion (über die anonyme Preisgestaltung durch das Zusammenspiel von Angebot und Nachfrage) und andererseits von hierarchischer Interaktion (auf Regelung per Anweisung und Ausführung) unterscheidet. Damit beschrieben wird ein längerfristig angelegtes, in einer bestimmten Weise koordiniertes Handeln der Netzwerkpartner – im wechselseitigen Interesse, auf der Basis von gegenseitigem Vertrauen einerseits und einer gewissen Sicherheit über die Verläßlichkeit des jeweiligen Partners andererseits (Reziprozität). Mit dem Eingehen einer derartigen Netzwerk-Beziehung verfolgen die Akteure das Ziel, wirtschaftliche Operationen mit einer gewissen Sicherheit zu betreiben; Kooperation und Sicherheit (unter zumeist gleichwertigen Partnern) ersetzen damit ein Stück weit Konkurrenz und Risiko.

Der ‚Informations'-Aspekt von Netzwerken ist mehrfach betont worden: „Networks are particularly apt for circimstances in which there is a need for efficient, reliable information" (Powell 1990, S. 304). Netzwerke spielen danach eine wichtige Rolle zur Informationsgewinnung und Wissensakquisition ihrer Partizipanten. Die Netzwerkmitglieder geben mögliche Informationsvorsprünge, gehortete Geheimnisse ihren Partnern preis, in der Erwartung, daß letztere entsprechend handeln. Dem Netzwerk kommt damit auch der Aspekt eines selbstorganisierten Lernsystems zu.

Daß sich Netzwerke als Interaktions-Grundlage für Wissensweitergabe anbieten, kann schon aus den Eigenschaften der Ressource ‚Information' abgeleitet werden: Wenn Wissen, wie oben ausgeführt wurde, nicht vorhersagbar ist, darüber hinaus nur schwerlich meßbar und in hohem Maße ein Erfahrungsgut und kein Inspektionsgut darstellt, wenden sich Wissenssuchende an potentielle Kommunikationspartner, von denen sie annehmen, daß sie ihnen weiterhelfen können, mit denen sie bereits positive Erfahrungen gemacht haben und mit denen sie ein länger andauerndes Vertrauensverhältnis aufgebaut haben – oder die ihnen entsprechend positiv von verläßlichen dritten Partnern empfohlen worden sind. Der Austausch hochgradig relevanter Information hängt immer stark mit gegenseitigem Vertrauen, längerfristig aufgebauter Verantwortung und Zuverlässigkeit, d.h. mit Reziprozität, der Beteiligten zusammen. Man denke nur daran, wie eng Beziehungen zwischen Unternehmensleitern und Beratern in Rechts-, Steuer-, Finanz-, aber auch Personal-, Organisations- und Technologieangelegenheiten sein können (Powell 1990, S. 299). Zur Kommunikation von implizitem Wissen ist eine Kommunikationsbasis aus wechselseitigem Aufeinander-Eingehen und Vertrauen in hohem Maße dienlich: die typische Netzwerk-Situation.

## 5. Wissen im räumlichen Zusammenhang

Wenn das gesellschaftlich und vor allem ökonomisch relevante Wissen vorwiegend impliziten Charakter aufweist und in komplexen kognitiven Strukturen organisiert ist, die nicht kurzfristig reproduziert werden können und ja zudem miteinander im Wettbewerb stehen, ist anzunehmen, daß sich Wissen – d.h. Personen und Organisationen als Wissensträger und ihre informationelle Infrastruktur in Form von Informationsspeichern aller Art (Aktenschränke, Archive, Bibliotheken, Datenbanken, Rechenzentren) – räumlich an tendenziell wenigen Standorten konzentriert. Wird dagegen Wissen vorwiegend als kodifiziert oder kodifizierbar angenommen, kann eher davon ausgegangen werden, daß sich Wissen auf der Basis von Kommunikationswegen unterschiedlichster Art (Post, Printmedien, Massenkommunikation, Telematik) im wesentlichen ohne Barrieren im Raum verbreiten kann.

Der gegenwärtige Stand der Überlegungen zu dieser Frage läßt sich sicher adäquat dahingehend beschreiben, daß vor allem das in komplexen kognitiven Strukturen existente (vielfach eher implizite) Wissen von Bedeutung ist, Information als hochgradig distanzempfindlich angenommen wird (Illeris 1994) und starke räumliche Konzentrationstendenzen aufweist. Hintergrund dafür ist die Tatsache, daß ökonomisch relevante Information in starkem Maße kontext-sensitiv und sperrig ist. Kognitive Strukturen in bestimmten spezialisierten Wissensbereichen – zur Rezeption und Weiterentwicklung von neuem Wissen – sind nur an einer begrenzten Zahl von Raumstellen vorhanden. Aufgrund der Bedeutung vielgestaltiger Interaktion mit face-to-face-Kontakt und der Chance zu informellen Begegnungen wird Kommunikationsprozessen außerdem ein hohes Maß an regionaler Kohärenz attestiert.

Dabei existieren für unterschiedliche Wissensbereiche sicherlich häufig unterschiedliche Zentren. Außerdem ist anzunehmen, daß sich Informationszentren bzw. -agglomerationen auf unterschiedlichen Maßstabsebenen bilden, so daß eine Zentrengliederung nach Größenklassen postuliert werden kann, die gelegentlich auch als hierarchisch bezeichnet wird (Andersson/Batten/Karlsson 1989). In großräumlichem Maßstab stellt die Informationskonzentration einen wesentlichen Motor der Metropolisierung dar (Pred 1977).

Die Dynamik des räumlichen Informationsgeschehens wirkt in der Regel in der Weise, daß informationsreiche Räume tendenziell ihren Vorsprung ausbauen, da die bereits bestehende kognitive Struktur eher in der Lage ist, Wissen von außen zu akquirieren bzw. neues Wissen zu schaffen. Eher informationsarme Räume müssen dagegen sich an externe führende Räume wenden und dabei Zugänglichkeitsprobleme überwinden. Polarisierungsumkehr ist denkbar durch Trajektorienwandel, d.h. dadurch, daß größere Wissensbereiche obsolet werden, deren Träger ‚auf dem falschen Gleis' weiterdenken und von neu aufsteigenden Informationsräumen überholt werden.

## 6. Wissen im Transformationsprozeß in Ostdeutschland

Mit dem politischen Beitritt haben sich die neuen Länder dem Regelwerk und den Entwicklungslinien der Wirtschaft der alten Bundesrepublik unterworfen – mit allem, was darunter zu fassen ist, von technologischer Orientierung, gesetzlichem Gestaltungsrahmen bis hin zu den Modi der Einbindung in das internationale Wirtschaftsgeschehen. Das Wissen über Technologie, Märkte, Verbraucherverhalten, Verfahrensweisen etc. wird im wesentlichen durch die in Westdeutschland entwickelte Situation repräsentiert. Ostdeutschland befindet sich damit in einem einzigartigen großangelegten kollektiven Lernprozeß; und neben den Bereichen Kapitalausstattung und Absatz (angesichts der Marktpenetration durch westdeutsche bzw. westeuropäische Anbieter) ist Information der wichtigste Engpaßfaktor im Transformationsprozeß.

Aus dieser grundlegenden Informationssituation erwachsen als wesentliche informations- und raumökonomische Fragestellungen die Frage nach dem generellen Zeit-Kosten-Mühe-Aufwand für Informationsakquisition von wirtschaftlichen Akteuren in Ostdeutschland, die Frage nach den dominierenden Wegen der Informationsbeschaffung sowie nach der Gestaltung der Informationskontakte, deren Häufigkeit und nach der damit verbundenen Medien- bzw. Verkehrsmittelwahl.

Dabei ist zu vermuten, daß eine tatsächliche bzw. von den Akteuren in Ostdeutschland wahrgenommene Benachteiligung Ostdeutschlands gegenüber Westdeutschland existiert. Ausgehend von der Überlegung, daß implizites Wissen vielfach in face-to-face-Kommunikation vermittelt wird, spielt auch der Faktor Distanz (zu westdeutschen oder internationalen Informationszentren) eine entscheidende Rolle.

Mit dem beschriebenen ‚Netzwerk'-Instrumentarium wird untersucht, inwieweit Informationsbeschaffung und Kommunikationskontakte in längerfristige, reziproke Beziehungen zwischen Partnern eingebunden sind, und wie diese sich im Raum abbilden. Interessant ist darüber hinaus zu wissen, welche Rolle staatliche und nichtstaatliche Informationsvermittlungsstellen unterschiedlicher Art spielen.

Zu den Zielen einer ‚Geographie des Wissens' gehört es insbesondere herauszuarbeiten, wie die Unterscheidung in Informationsnachfrage- und -angebotsräume ausgeprägt ist und welche räumliche Differenzierungen bezüglich der Funktion als Informationsquellen und Informationsspeicher auftreten. Wo liegen die informationsreichen Räume – innerhalb Ostdeutschlands und außerhalb –, auf die sich ostdeutsche Betriebe hin orientieren? Welche Städte spielen welche Rolle im Informationstransfer? Welche Rolle spielt Berlin?

## 7. Informationsbeschaffung von Betrieben in der Niederlausitz – eine empirische Untersuchung

### A. Anlage der Untersuchung

Zur Erfassung von räumlichen Informationsbeziehungen von Betrieben in Ostdeutschland wurde im Frühjahr und Sommer 1995 eine Untersuchung in der Niederlausitz durchgeführt. Die Niederlausitz bildet neben dem Berliner Umland den wichtigsten zusammenhängenden (alt-)industriell geprägten Wirtschaftsraum Brandenburgs, der neben der Braunkohle- und Energiewirtschaft vor allem eine Tradition in Textilindustrie, Chemie, Maschinenbau und Bauwirtschaft aufweist.

Die Untersuchung stützt sich auf 41 halbstandardisierte Interviews mit Betriebsleiter(inne)n. Erfragt wurden dabei neben generellen Merkmalen der Betriebe (wie Wirtschaftszweig, Status, Zahl der Beschäftigten, Zahl der informationsbezogen Beschäftigten, jüngere Entwicklung des Umsatzes) insbesondere deren Bezugsquellen für unternehmensbezogene Informationsdienstleistungen sowie deren Informationsquellen für Wissen über Prozeß- und Produktgestaltung, Technologie, Markt- und Konkurrenzentwicklung, jeweils nach Art und Standort der Quelle.

Für die wesentlichen Informationsquellen wurde auch danach gefragt, über welche Kommunikationsformen vorwiegend mit ihnen in Kontakt getreten wird, ob über persönliche Begegnung oder den schriftlichen bzw. telefonischen Kontakt oder per Telematik. Außerdem wurde um eine generelle Einschätzung der Bedeutung der Kommunikationsformen durch die Befragten gebeten.

Darüber hinaus wurde nach der Einschätzung der Bedeutung weiterer spezifischer Informationsquellen durch die Betriebsleiter gefragt; dazu gehören Bibliotheken und Literaturrecherchen, IHK, Universitäten und Fachhochschulen sowie Kunden. Außerdem wurde um die Einschätzung von Berlin und Potsdam als ‚Informationsräume‘ gebeten.

Die Untersuchung war so angelegt, daß im wesentlichen Betriebe des Produzierenden Gewerbes mit Fernabsatz befragt wurden, d.h. wirtschaftliche Einheiten, die auf außerregionalen Märkten konkurrieren. Weil jedoch die Zahl der Firmen insgesamt sehr gering ist und einige Firmenbezeichnungen mißverständlich formuliert sind, wurden auch einige dienstleistungs- bzw. handwerksähnliche Betriebe (zumeist in den Bereichen Bau, Metallbau und Installation) mit in die Untersuchung einbezo-gen. Quellen für Firmenadressen waren das „Handbuch Firmen in den neuen Bundesländern", Listen der IHK sowie regionale Adreß- und Telefonbücher.

### B. Ausgewählte Ergebnisse

Als ihren Status geben die befragten Betriebe zumeist „Stammbetrieb" (35; 85,4%) an; nur 6 (14,6%) bezeichnen sich als Zweigbetriebe. Damit ist jedoch der Status des Unternehmens nur unklar beschrieben, da die Aussagen zum Sitz der Kapital(mehrheits)eigner zu einem deutlich anderen Ergebnis führen: Der Sitz der Kapitaleigner befindet sich bei 52% der Betriebe in Westdeutschland (bzw. Westeuropa – 4 Betriebe werden aus der Schweiz, aus Österreich oder Italien kontrolliert) und nur zu 48% in der Niederlausitz. Insbesondere die größeren Betriebe sind extern kontrolliert. Die ‚Mütter' sitzen zur Hälfte in Nordrhein-Westfalen, die übrigen (deutschen) Konzernsitze verteilen sich auf Hessen, Baden-Württemberg und Bayern. Nordrhein-Westfalen ist natürlich das größte und wirtschaftsstärkste deutsche Bundesland, aber in der hohen Zahl kann durchaus auch die Tatsache zum Ausdruck kommen, daß sich die politische Patenschaft dieses Bundeslandes zu Brandenburg auch in Unternehmens-Verflechtungen niederschlägt, ähnlich wie dies bei der Herkunft vieler unternehmensbezogener Informationsdienstleister in der Niederlausitz der Fall ist (Ellger 1995). 88% der Gesprächspartner – Betriebsleiter/innen oder deren Stellvertreter/innen – stammen dabei jedoch aus Ostdeutschland; auch extern kontrollierte Betriebe werden in aller Regel von Personen aus der Region geleitet!

Hinsichtlich des Bezugs von unternehmensbezogenen Informationsdienstleistungen sei das Beispiel der Steuerberaterwahl angeführt. Hier gibt es eine deutliche Differenzierung zwischen den extern kontrollierten und den autochthonen Betrieben: Die abhängigen Betriebe beziehen die wichtige informationsbezogene Dienstleistung der Steuerberatung zumeist aus Westdeutschland, häufig über die Muttergesellschaft, wobei wiederum NRW die Hälfte der Orientierungen auf sich vereint. Nur zweimal wird ein Sitz in der Region genannt (Cottbus bzw. Forst), ein dependenter Betrieb hat seinen Steuerberater in Berlin. Die eigenständigen Betriebe (mit Sitz der Anteilseigner am jeweiligen Ort) dagegen setzen zur Hälfte Steuerberaterbüros in der Niederlausitz ein, viermal wird der Großraum Berlin genannt und nur vier Betriebe greifen ohne eine entsprechende Konzern- oder Kapitalverflechtung auf Büros in Westdeutschland zurück.

Bei der Frage nach den wichtigen Informationsquellen gab es zunächst keine Vorgaben im Fragebogen. Vier Bereiche wurden von den Befragten am häufigsten als bedeutend bezeichnet: Fachzeitschriften und Fachliteratur, Informationen von (Maschinen-)Herstellern und Lieferanten, Messen sowie – wenn existent – das Mutterunternehmen. Neben der Fachliteratur kommt damit die in der Regel oft wenig hinterfragte Bedeutung von Messen als Instrument der Wirtschaftsinformation deutlich zum Ausdruck. Hinsichtlich Technologie, einzusetzender Produkte u.ä. verlassen sich viele Produzenten (und dienstleistungsähnliche Handwerksbetriebe) auf Informationen, die ihnen von Maschinenherstellern und Roh- bzw. Halbfertigwaren-Produzenten geliefert werden; diese kommen in Papierform, aber auch in Form von häufigen Besuchen durch Vertreter ins Haus - auch im peripheren Raum Brandenburgs! Die Beziehungen sind dabei durchaus marktmäßig gestaltet, längerfristige netzwerkartige Festlegungen auf einzelne Anbieter wurden zumeist ausgeschlossen. Über derartige Vertreterbesuche erhält man jedoch häufig auch wichtige Informationen über die Konkurrenz und das Marktgeschehen insgesamt.

Etwas weniger häufig genannt werden Kunden, branchengleiche Unternehmen, wissenschaftliche Einrichtungen (insbesondere wurde nach der Rolle der Brandenburgischen TU in Cottbus gefragt), Verbände und Bibliotheken (zum Teil auch hauseigene).

In 11 Gesprächen wird darauf hingewiesen, daß den Verbindungen zu (einem oder mehreren) anderen Unternehmen der gleichen Branche große Bedeutung für den Wissenserwerb zukommen kann; so geben „befreundete Unternehmen" Tips weiter und „lassen sich schon mal in die Karten schauen". Vier Probanden sprechen sogar von Kooperation in Form von gemeinsamer Produktvermarktung, gegenseitiger Empfehlung etc. (dreimal dabei mit West-Firmen), ansonsten steht der ‚Lernzweck' im Mittelpunkt der Verbindung; ein Handwerksbetrieb hat einen regelrechten ‚Patenbetrieb' in Westdeutschland, der als entscheidende Informationsquelle dient. Derartige netzwerkartige Verbindungen mit branchengleichen Unternehmen sind insgesamt jedoch eher die Ausnahme als die Regel; ihre Orientierung nach Westdeutschland ist deutlich. Auch die Verbindungen zu wissenschaftlichen Einrichtungen sind langfristig und interdependent angelegt, in der Regel werden Kontaktpartner in Universitäten und sonstigen Forschungseinrichtungen namentlich genannt.

Vergleichsweise selten genannt werden Tagespresse, Tagungen, Schulungen, Patentrecherchen sowie die TINA (Technologie- und Innovationsagentur des Landes Brandenburg).

Aus regionsspezifischem wie auch aus generellem Interesse wurde nach der Einschätzung der Bedeutung der wesentlichen Kommunikationsformen (persönliche Begegnung, Telefon und Telefax, schriftliche Kommunikation, Telematik) gefragt. Drei Viertel der Antworten setzen die persönliche Begegnung an erste Stelle, nur bei zehn Befragten steht das Telefon auf dem ersten Rang. Damit findet hier eine klassische Grundhypothese der Informationsgeographie – die Betonung der besonderen Rolle von face-to-face-Kontakten für die Informationsvermittlung auf hoher Ebene – erneut Bestätigung. Bei den Betrieben, deren Vertreter/innen Telefon und Telefax über die persönliche Begegnung stellen, handelt es sich zumeist (in acht Fällen) um extern kontrollierte Betriebe; die zwei unabhängigen Unternehmen entstammen beide der Nahrungsmittelindustrie – und produzieren eher standardisierte Produkte für den regionalen bzw. ostdeutschen Markt.

Angesichts dieser Bedeutung der face-to-face-Begegnung gewinnen die Standorte der jeweiligen Kommunikationspartner/innen als Orientierungsräume der Befragten auch eine konkrete Relevanz als Reiseziele. Viele der in den Interviews genannten vorrangig und häufiger aufgesuchten Standorte und Standorträume zur Wissensakquisition sind dabei natürlich als Standorte von Muttergesellschaften zu erklären; ihr räumliches Verteilungsbild bildet die Verteilung der ‚Mütter' ab. Abgesehen davon werden Städte im Ruhrgebiet und im übrigen Nordrhein-Westfalen, in Baden-Württemberg und im sonstigen Alt-Bundesgebiet genannt, fast ebenso häufig jedoch Orte in den neuen Bundesländern: Dresden, Leipzig, Magdeburg, Freiberg, Schkopau, Bitterfeld, Chemnitz – d.h. die bedeutendsten Zentren von Industrie und – wichtiger noch für die befragten Niederlausitzer Betriebe – Technischen Universitäten im Süden Ostdeutschlands. Fünfmal wird Berlin genannt (im wesentlichen als Wissenschaftsstandort), dazu dreimal ein Ort im Berliner Umland. Damit existieren durchaus Verbindungen innerhalb der neuen Bundesländer (zu Zulieferern, mehr noch jedoch zu wissenschaftlichen Einrichtungen), die durchaus längerfristig, reziprok und interdependent angelegt sind, auf ihren potentiellen Netzwerk-Charakter hin jedoch noch näher untersucht werden müssen. Bei den Reisezielen und den mit ihnen verbundenen vorrangigen Reisezwecken können die Befragten jedoch häufig keine exakte Grenze ziehen zwischen Wissenserwerb und Verkaufsgesprächen.

Der Aufwand, den die Betriebsleiter/innen zur Aufrechterhaltung insbesondere der face-to-face-Informationskontakte betreiben müssen, wird von diesen keineswegs einheitlich als hoch eingeschätzt. Für 6 ist er „sehr hoch", für 12 „hoch", für 7 „mittel" und für 16 „gering". Die überraschend große Zahl der „gering"- bzw. „mittel"-Nennungen läßt sich jedoch durch bestimmte Merkmale der betreffenden Betriebe ein Stück weit erklären. In den meisten Fällen handelt es sich bei diesen um dienstleistungsähnliche Handwerks- oder Baubetriebe mit eher standardisiertem Produkt und lokalem bis regionalem Markt. Daneben gehören kleinere, wenig innovative und tendenziell eher erfolglose Betriebe einerseits und stark in einen Konzern eingebundene verlängerte Werkbänke (bei denen Routine-Kontakte per Telefon an erster Stelle stehen) andererseits dazu sowie Betriebe, deren wesentliche Informationsquellen in Sachsen liegen. Darüber hinaus ist jedoch auch anzunehmen, daß Probanden bei dieser Frage eventuell untertreiben und ihre eigene Situation selbst etwas euphemistisch sehen. Dies zeigt sich auch daran, daß einerseits dem Produktionsfaktor ‚Wissen' generell große Bedeutung zugemessen wird, 32 von 41 Befragten jedoch auf eine diesbezügliche zusammenfassende Frage angeben, daß sie sich nicht von den Wissensagglomerationen anderswo entfernt fühlen. Die neun Fälle, wo ein derartiges Informationsgefälle perzipiert wird, umfassen wiederum vor allem solche Betriebe, die nach eigenen Angaben einen hohen Aufwand zur Wissenssicherung betreiben.

## 8. Fazit

Der dargestellte Versuch, räumliche Informationsbeziehungen für einen Teilraum Ostdeutschlands zu erfassen und darzustellen, mündet in der wesentlichen Schlußfolgerung, daß der Untersuchungsraum in starkem Maße auf externe Informationszufuhr angewiesen und in dieser Beziehung vor allem auf westdeutsche Agglomerationsräume hin ausgerichtet ist. Der innerregionale Informationsfluß zwischen ökonomischen Einrichtungen ist generell gering entwickelt.

Netzwerkartige Beziehungen - zu branchengleichen Unternehmen und Partnern in Wissenschaft und Forschung - existieren durchaus, sie sind jedoch in der Regel eben nicht innerregional, sondern außerregional angelegt. Geringe Ansätze zu innerregionaler Vernetzung zeigen sich im Bekleidungs-, Textil- und Chemiefaserbereich; sie sind dabei zumeist als ‚übriggebliebene' Vernetzungen aus den zwischenbetrieblichen Beziehungen der DDR-Zeit anzusehen. „Weggebrochene" Verbindungen werden ebenfalls thematisiert; so zum Beispiel wird der Verlust der Textilfachschule in Forst als schädlich für die gesamte Informationsarbeit der Region angesehen, während die bestehen gebliebenen Dokumentationsstellen (in Guben und Schwarze Pumpe) entsprechend positiv hervorgehoben werden. Quer durch die betrachteten Branchen wirken die Betriebe innerhalb der Region informationsbezogen ‚atomisiert'. Dahinter sind sicherlich verschiedene Ursachenkomplexe als verantwortlich zu vermuten: Es fehlt insgesamt an potentiellen Netzwerkpartnern – in der gleichen bzw. einer verwandten Branche –, da überhaupt wenig Betriebe übriggeblieben bzw. geschaffen worden sind. Die Betriebe sind außerdem möglicherweise noch zu sehr mit sich selbst beschäftigt, als daß sie sich um Außenkontakte in der Region kümmern würden. In erster Linie sind die meisten Betriebe gerade hinsichtlich ihrer Informationskontakte in unterschiedliche überregionale Konzernstrukturen eingebunden, die ihre Informationsflüsse bestimmen. Andererseits darf man nicht verkennen, daß über diese Unternehmensverflechtungen aus den westdeutschen und internationen Konzernzentralen in hohem Maße neues Wissen in die Untersuchungsregion gelangt – und Unternehmensteile stark gefördert und (wichtig!) gefordert werden.

Dennoch ist der Raum informationsgeographisch als Peripherie anzusehen, in der die Akteure beträchtliche Mühen auf sich nehmen müssen, um wissensbezogen „auf dem Stand" und innovativ zu sein. In dieser schwierigen Situation werden andererseits von einzelnen (führenden) Akteuren in diesem Raum zum Teil unter großem Einsatz beträchtliche Kreativitätsreserven mobilisiert, um in bestimmten Nischen ökonomisch erfolgreich zu operieren. Es scheint jedoch, daß nur in Ausnahmefällen die Wissensentwicklung in den betrachteten Betrieben von außen, von Westdeutschland oder Westeuropa nachgefragt wird, der Raum also als Informationslieferant auftritt.

Berlin bleibt als Informations-Oberzentrum für die Region sehr im Hintergrund. Die Stadt ist für Akteure in der Niederlausitz weniger wichtig als Westdeutschland und die sächsischen Großstädte. In Übereinstimmung mit der Funktionsstruktur Berlins insgesamt kann man folgern: Wenn etwas in Berlin eine Rolle spielt, dann sind es wissenschaftliche Einrichtungen und Verbände; Berliner Wirtschaftsunternehmen sind nicht relevant als Informationsquellen für Betriebe in der Niederlausitz.

Literatur:

Andersson, A.E., D.F. Batten u. C. Karlsson (1989): From the industrial age to the knowledge economy. In: Dies. (Hg.): Knowledge and industrial organization. S. 1–13. Berlin u.a.
Biervert, B. u. M. Held (Hg.) (1992): Evolutorische Ökonomik: Neuerungen, Normen, Institutionen. S. 7–22. Frankfurt u. New York.
Daft, R.L. u. R.H. Lengel (1990): Information richness: a new approach to managerial behavior and organization design. In: Cummings, L.L. u. B.M. Staw (Hg.): Information and cognition in organizations. S. 243–285. Greenwood u. London.
Ellger, C. (1995): Quartärer Sektor und wirtschaftlicher Umbau in Ostdeutschland: Das Beispiel Cottbus. In: Barsch, D. u. H. Karrasch (Hg.): Verhandlungen des 49. Deutschen Geographentages in Bochum 1993. Bd. 1. S. 154–170. Stuttgart.
Illeris, S. (1994): Proximity between service producers and service users. In: TESG 85, S. 294–302.

Lambooy, J.G. (1993): The European city: from carrefour to organisational nexus. In: TESG 84, S. 258–268.
Lewandowski, T. (1985): Linguistisches Wörterbuch. 4. Aufl. Heidelberg.
Mayère, A. (1995): Produits et services d'information: proposition de dépassement de la théorie standard de l'information. In: Economie de l'information. S. 417–435. Lyon.
Meyer-Krahmer, F. (Hg.) (1993): Innovationsökonomie und Technologiepolitik. Forschungsansätze und politische Konsequenzen. Heidelberg.
Polanyi, M. (1985): Implizites Wissen. Frankfurt.
Powell, W.W. (1990): Neither market nor hierarchy: network forms of organization. In: Research in Organizational Behavior 12, S. 295–336.
Pred, A.R. (1977): City systems in advanced economies. Past growth, present processes and future development options. London.
Romer, P. (1986): Increasing returns and long-run growth. In: Journal of Political Economy 94, S. 1002–1037.
Sattelberger, Th. (Hg.) (1994): Die lernende Organisation: Konzepte für eine neue Qualität der Unternehmensentwicklung. 2. Aufl. Wiesbaden.
Törnquist, G. (1990): Towards a geography of creativity. In: Shachar, A. u. S. Öberg (Hg.): The world economy and the spatial organization of power. S. 103–127. Aldershot.
Wessling, E. (1991): Individuum und Information. Die Erfassung von Information und Wissen in ökonomischen Handlungstheorien. Tübingen.

# ORGANISATION VERSUS SELBSTORGANISATION DES REGIONALEN WISSENS- UND INFORMATIONSTRANSFERS
## Die Beratungsbeziehung kleiner und mittlere Unternehmen im regionalen Kontext von Baden-Württemberg und Rhône-Alpes

Simone Strambach, Stuttgart

## 1. Einleitung

Der entscheidende Erkenntnisgewinn der explosionsartig gewachsenen Anzahl an Studien zu regionalen Netzwerken besteht wohl darin, daß diese Studien auf die Bedeutung des regionalen institutionellen Beziehungsgeflechtes und dessen Auswirkungen auf die regionalen Entwicklungen aufmerksam gemacht haben. Während Kapital, Technologie, Infrastruktur, sektorale Branchenstrukturen und Qualifikation des Arbeitskräftepotentials schon lange Zeit als Erklärungsvariablen für regionale Entwicklungen herangezogen werden, wurde die Bedeutung des institutionellen Gefüges sowohl in, wie zwischen Unternehmen und die Verflechtungen von Unternehmen und politischen Akteuren bis dahin nicht in dem Maße wahrgenommen.

Der Wissens- und Informationstransfer zu kleinen und mittleren Unternehmen (KMUs) ist ein Instrument, das von regionalen Akteuren in den alten Bundesländern nun schon über ein Jahrzehnt eingesetzt wird, um die regionale Wettbewerbsfähigkeit zu stärken und Innovationen zu unterstützen. Regionalpolitisch interessant ist der Aspekt, daß die intentionale Perspektive dieser Institutionen darin besteht, die Interaktion zwischen den potentiellen Nachfragern und den Anbietern wissensintensiver Beratungsleistungen zu fördern und damit im Grunde die Absicht verfolgt wird, Netzwerke bzw. neue Verflechtungsstrukturen zu initiieren.

Ich möchte in meinem Vortrag am Beispiel dieses Instrumentes zum einen aufzeigen, wie das regionale institutionelle Beziehungsgeflecht zwischen Unternehmen und politischen Akteuren – mit den dahinter stehenden Handlungsstrategien – die regionalen Entwicklungen des Beratungsmarktes beeinflußt hat, und zum anderen, welche Schlußfolgerungen man daraus für die Initiierung von Netzwerken ziehen kann.

Die Hauptthese des Vortrages geht davon aus, daß die Beratungsbeziehung von KMUs nicht unabhängig vom räumlichen Kontext betrachtet werden kann. Das Nachfrageverhalten ist zu einem Teil beeinflußt durch die Umwelt, die ihnen ein Potential an externen Ressourcen eröffnet. Außer der Ebene des Einzelunternehmens ist die Entwicklung des Beratungsmarktes und seiner Struktur auch beeinflußt worden durch das Handeln öffentlicher Akteure und die politische Unterstützung der Nachfrage.

Vergleiche helfen Unterschiede zu erkennen und hinsichtlich ihrer Wirkungen zu bewerten. Der Vergleich des regionalen Wissenstransfers der beiden Regionen Rhône-Alpes und Baden-Württemberg bietet sich aus mehreren Gründen an:

- beide Regionen zählen zu den 4 Motoren Europas, sie gehören zu Regionen mit positiver Wirtschaftsentwicklung in Europa,
- Rhône-Alpes hat innerhalb Frankreichs eine ähnliche Bedeutung wie Baden-Württemberg für Deutschland,
- genau wie Baden-Württemberg hat Rhônes-Alpes das Instrument des Wissenstransfers – vorrangig von technologischem Know-how – schon zu einem frühen Zeitpunkt eingesetzt.

Ein weiterer interessanter Grund für die Auswahl dieser beiden Regionen besteht darin, daß, trotz der gemeinsamen Kernelemente, der Beratungsmarkt für KMUs in Deutschland besser entwickelt ist als in Frankreich und somit scheinbar verschiedene Entwicklungsverläufe vorhanden sind. Es gibt erhebliche Differenzen in der Häufigkeit der Nachfrage und im Anteil der Unternehmen, die Beratungsleistungen in Anspruch genommen haben. Das geht aus Schätzungen und Studien hervor, die von den Berufverbänden in Deutschland und Frankreich zu Beginn der 90er Jahre gemacht wurden (vgl. Roland Berger und Partner – Algoe-Management 1994)[1].

Unterschiedliche Entwicklungen des Beratungsmarktes für KMU können natürlich auch primär auf verschiedenartige ökonomische Angebots- und Nachfragestrukturen der beiden Regionen zurückzuführen sein. Die ökonomische Strukturanalyse der Nachfrage und der Angebotseite zeigt jedoch, daß Baden-Württemberg und Rhônes-Alpes in ihrer allgemeinen Konfiguration zwei ähnliche Wirtschaftsstrukturen repräsentieren:

In bezug auf die These, die davon ausgeht, daß die Umwelt der KMU einen bestimmenden Einfluß auf die Beratungsbeziehung hat, bleibt festzuhalten, daß sich die KMUs in einem regionalen Kontext befinden, der in seiner generellen Charakteristik keine gravierenden strukturellen Differenzen aufweist. Nichts erlaubt die Aussage, daß die Konfiguration des Angebotes und der Nachfrage nach Beratung in Baden-Württemberg radikal verschieden ist von derjenigen in Rhônes-Alpes. Im Gegenteil: die Strukturen sind sehr ähnlich, insbesondere unter dem Aspekt der dynamischen Entwicklung des regionalen Marktes betrachtet und vor dem Hintergrund der Rolle öffentlicher Interventionen auf den Markt. Daher möchte ich in einem nächsten Schritt zur Hauptthese – dem Einfluß der institutionellen Verflechtungen – kommen und die Organisation der Beratungsbeziehung in den beiden Regionen untersuchen.

Analyseraster für das weitere Vorgehen bildet der Interaktionsansatz und damit die Handlungsorientierung der Akteure innerhalb der unterschiedlichen regionalen institutionellen Verflechtungen. Untersucht werden die Interaktionen und die Interaktionsprozesse zwischen den Akteursgruppen. Die Akteursgruppen sind die Nachfrager (KMU) und die privaten Beratungsanbieter. Außer diesen agieren auf dem Beratungsmarkt eine Vielzahl von öffentlichen und halböffentlichen Institutionen, welche ebenfalls Beratungsleistungen zur Verfügung stellen und deren Zielorientierung die Unterstützung des Wissenstransfers ist. Diese intermediären Institutionen, die zwischen Privatwirtschaft und Staat ste-

---

1 Mein Dank gilt Veronique Peyrache für die Zusammenarbeit auf französischer Seite.

hen, z.B. Industrie- und Handelskammern (IHKs), Rationalisierungskuratorium der Deutschen Wirtschaft (RKW), Steinbeis-Stiftung, bilden die dritte Akteursgruppe der Interaktion.

## 2. Der Einfluß der intermediären Institutionen bei der Entwicklung und Strukturierung des regionalen Beratungsmarktes

In Deutschland und Frankreich wird KMUs der Zugang zum Beratungsmarkt durch öffentliche Fördermaßnahmen erleichtert. Dieselbe Zielsetzung bestimmt auf beiden Seiten des Rheins die Handlungsorientierung der intermediären Akteure: KMUs sollen für die Nutzung externen Wissens geöffnet werden, um letztlich durch die Inanspruchnahme externen Know-hows die Wettbewerbsfähigkeit dieser Unternehmen zu stärken und damit langfristig die Entwicklung der Region zu fördern. Im Zuge dieses Ziels entstand in beiden Regionen ein dezentrales Netz von halböffentlichen und öffentlichen Transferinstitutionen, die auf regionaler Ebene wirken sollen.

Die Handlungsstrategien, die hierbei gewählt werden, unterscheiden sich deutlich in den beiden Regionen, wie eine Prozeßanalyse zeigt. Die konkrete Art und Weise, wie die intermediären Akteure in Rhône-Alpes und Baden-Württemberg dazu beigetragen haben, den regionalen Beratungsmarkt zu strukturieren, sowie die Art der institutionellen Organisation ist verschiedenartig. Dafür sind unter anderem auch deren unterschiedliche Entstehungsbedingungen verantwortlich. Während die dynamische Entwicklung des privaten Beratungsangebotes für KMUs in Deutschland – genau wie in Frankreich – in den 80er Jahren einsetzt, ist die Formierung des regionalen intermediären Beratungsangebotes in Deutschland älter als in Frankreich. Generell kann man festhalten, daß die politischen Handlungen in beiden Regionen mit unterschiedlichen Instrumenten und Strategien arbeiten und unterschiedliche Auswirkungen auf die Beratungsbeziehung haben, die ich im folgenden etwas näher beleuchten werde.

### A. Indirekter Interventionismus – Handlungsstrategie in Rhônes-Alpes

Indirekter Interventionismus – mit diesem Schlagwort können die Vorgehensweisen und Handlungsstrategien der intermediären Akteure in Rhônes-Alpes charakterisiert werden.

Die indirekte Steuerung erfolgt über die Definition thematischer Beratungsbereiche und deren finanzielle Förderung durch die 1984 geschaffenen Fonds zur Unterstützung von Beratung, abgekürtzt FRAC (Fond Regionaux d'Aide au Conseil). Die Handlungsstrategien zielen darauf ab, ein dezentrales Angebot zu schaffen, welches an den vermuteten Bedarf der regionalen KMUs angepaßt ist. Gleichzeitig wird beabsichtigt, die Unternehmen anzuregen, in genau diesen für wichtig erachteten Bereichen externes Wissen in Form von Beratungen zu nutzen.

Dazu arbeiten die intermediären Akteure in Rhônes-Alpes, anders als in Baden-Württemberg, in einem Kooperationsnetzwerk ‚Association presence

Rhônes-Alpes' zusammen. Um die vielfältigen Aktivitäten auf der regionalen Ebene zu koordinieren, haben sich die Institutionen Anfang der 90er Jahre zu einem formalisierten Netzwerk zusammengeschlossen. In ihm arbeiten sie nun in kooperativer Weise zusammen, beispielsweise bei der Festlegung der thematischen Beratungsbereiche, die von dem regionalen Fond FRAC unterstützt werden sollen. So wurde Mitte der 80er Jahre die technologische Beratung gefördert, das Angebot Ende der 80er Jahre auf die Marketingberatung ausgedehnt und später wurde die strategische Beratung hinzugenommen (Sauviat u.a. 1994).

Die Rolle der intermediären Institutionen in Rhône-Alpes kann nicht allein auf den finanziellen Unterstützungsaspekt reduziert werden, sondern sie erfüllen eine, auch in ihrer eigenen Wahrnehmung, bedeutsame pädagogische und präventive Funktion für die Nachfrageseite, indem sie diese durch die Festlegung der Unterstützungsbereiche bei der potentiellen Bedarfsformulierung unterstützen. Sie betreuen die Nachfrageseite bei der Erstellung eines Pflichtenheftes oder methodischer Leitlinien für die Vorbereitung der Beratung. Der größte Teil der französischen Institutionen ist jedoch sehr zurückhaltend, was die direkte Regulierung des Beratungsmarktes anbelangt. Um ihre Neutralität zu gewährleisten, übernehmen sie keine Vermittlerrolle zwischen nachfragendem Unternehmen und privaten Beratungsanbietern. Generell nehmen sie keinen Einfluß auf die unmittelbare Beratungsbeziehung zwischen Nachfrager und Beratungsunternehmen, und sie übernehmen darüber hinaus keinerlei Verantwortung für die Beratungsbeziehung selbst, sondern betreuen das Unternehmen im Vorfeld der Bedarfsformulierung. Dies führt dazu, daß in Rhône-Alpes eine klare Abgrenzung zwischen intermediärem und privatem Beratungsmarkt vorhanden ist.

Ganz anders dagegen sehen die Organisation des Beratungsmarktes und die Handlungsstrategien der intermediären Akteure in Baden-Württemberg aus. Hier ist die Tendenz festzustellen, daß die Grenzen zwischen intermediärem Markt und privatem Beratungsmarkt immer stärker verwischen. Deutlich lassen sich in Baden-Württemberg zwei Phasen unterscheiden:

In der ersten Phase – bis Ende der 70er Jahre und noch zu Beginn der 80er Jahre – war in Baden-Württemberg eine klare Trennung zwischen dem intermediären und dem privatwirtschaftlichen Beratungsmarkt vorhanden, wie dies gegenwärtig in Rhônes-Alpes noch der Fall ist. Deckungsgleich mit Rhônes-Alpes ist in dieser Entwicklungsperiode ebenfalls die neutrale Position der intermediären Akteure und die Konzentration auf die Vermittlungsfunktion im Beratungsmarkt. Verschiedenartig waren (und sind) jedoch die konkreten Vorgehensweisen. Während in Rhônes-Alpes thematische Beratungsfelder vorab definiert werden, wurde in Baden-Württemberg der individuelle Beratungs- und Wissensbedarf auf der Mikroebene des Einzelunternehmens identifiziert. Entsprechend der mittels einer kostenlosen Kurzberatung aufgedeckten individuellen Unternehmensprobleme vermittelten die intermediären Institutionen externe Spezialisten. Sie initiierten die Beratungsbeziehung zwischen Nachfrager und Anbieter, und sobald diese Funktion erfüllt war, wurde die weitere Interaktion den Akteuren überlassen.

B.  Markt- und Kundenorientierung- Handlungsstrategie in Baden-Württemberg

Zwischenzeitlich hat jedoch in Baden-Württemberg eine radikale Veränderung der Handlungsstrategien der intermediären Akteure stattgefunden. Markt- und Kundenorientierung sind die beiden Schlagworte, die die Vorgehensweisen in Baden-Württemberg beschreiben.

In der 2. Phase – zu Beginn der 80er Jahre – gab zunächst die Steinbeis-Stiftung die reine Aufschließungs- und Vermittlungsfunktion zwischen Nachfrage und Angebot auf zugunsten einer vollständigen Problembearbeitung des Kunden. Der Schwerpunkt liegt nun nicht mehr auf der Schwachstellenanalyse und Weitervermittlung an einen kompetenten Partner, sondern die Kunden werden von der Analyse ihrer Probleme über die Lösungserarbeitung bis zur Implementierung betreut. Bei fehlendem organisationsinternen Know-how der intermediären Institutionen kooperieren diese mit privaten Anbietern. Die Steinbeis-Stiftung arbeitet genau wie Anbieter des privatwirtschaftlichen Marktes rein leistungsorientiert. Ab Mitte der 80er Jahre schließt sich das RKW Baden-Württemberg dieser Strategie an (zur ausführlichen Analyse siehe Strambach 1995a).

Beide Organisationen vermitteln keine externen Spezialisten mehr, sondern führen selbst die Beratungsprojekte durch. Ab diesem Zeitpunkt ist bei ihnen eine Prozeßorientierung in der Interaktion mit den Nachfragern festzustellen. Sie übernehmen die Verantwortung für jeden einzelnen Beratungsfall. So werden fachübergreifende Problemkreise des Kunden, seien sie technologischer oder betriebswirtschaftlicher Art, auch fachübergreifend gelöst. Im Gegensatz zu früheren Jahren steht nun genau wie bei privatwirtschaftlichen Anbietern die problembearbeitende Projektarbeit im Vordergrund.

Damit unterliegen auch die Beziehungen der intermediären Institutionen untereinander einer Veränderung. Durch die ganzheitliche, fachübergreifende Problemlösung der Kunden lösen sich die ursprünglich thematisch abgegrenzten Beratungs- und Wissenstransfergebiete vor allem zwischen ökonomisch und technologieorientierter Beratung auf. Dies spiegelt sich auch in einer Ausweitung des Leistungsangebotes der intermediären Akteure wider. Damit erhält nicht nur die ursprünglich durch Kooperation geprägte Beziehung zwischen den intermediären Akteuren (RKW/Steinbeis-Stiftung) ein Konkurrenzmoment, sondern sie konkurrieren mit privaten Anbietern. In dieser zweiten Phase verwischen sich in Baden-Württemberg die Grenzen zwischen dem intermediären und dem privaten Markt, die öffentliche Logik und privatwirtschaftliche Logik in der Interaktion auf dem Beratungsmarkt durchdringen sich.

Wie können diese verschiedenartig organisierten Interventionen der intermediären Akteure in Rhônes-Alpes und Baden-Württemberg die regionalen Unterschiede in der Entwicklung des Beratungsmarktes für KMUs erklären? Dazu ist es notwendig, einen Blick auf die Mikroebene des Beratungsmarktes und das spezifische Nachfrageverhalten von KMUs zu werfen, auf die die Handlungsstrategien der intermediären Akteure ausgerichtet sind.

## 3. Die Bedeutung der sozioinstitutionellen Nähe für die Beratungsbeziehung von KMUs.
## Das spezifische Nachfrageverhalten von KMUs - Selbstorganisation

Die Beratungsnachfrage stellt für KMUs im allgemeinen keinen einfachen Kaufakt dar, und ihr Beratungsverhalten unterscheidet sich erheblich von demjenigen großer Unternehmen. Es basiert nicht nur auf den unternehmensinternen Bedingungen, sondern steht in enger Verbindung mit dem Beziehungssystem der Unternehmen, welches wiederum auf der räumlichen Basis strukturiert ist. Für KMUs ist die Beratungsbeziehung eine Beziehung der Nähe, wobei unter Nähe nicht die räumliche Distanz zu verstehen ist, sondern Nähe im Sinne von Nähe zur lokalen Umwelt in ihrer sozioökonomischen und institutionellen Zusammensetzung. Hier trifft die räumliche Dimension die Beratungsbeziehung von KMUs. Die Beratungsbeziehung selbst ist sehr oft das Ergebnis eines intensiven Entscheidungsprozesses, der durch ein Beziehungssystem externer Vermittlung an das Unternehmen zustande kommt, eben durch die Beziehungen der sozioinstitutionellen Nähe.

Für die Beratungsnachfrage erfüllen konkrete persönliche Beziehungen und Strukturen, somit die ‚social embeddedness', eine Schlüsselfunktion (vgl. Granovetter 1985). Um das geeignete Beratungsunternehmen zu finden, werden von KMUs in einem Kommunikationsprozeß Informations- und Kontaktwege über Freunde, Bekannte, Geschäftspartner, teilweise auch Mitarbeiter, aktiviert. Die empirischen Ergebnisse zeigen, daß in den meisten Fällen, auch bei der *direkten* Kontaktaufnahme durch den Anbieter oder den Nachfrager, eine Vermittlung vorausging. Der vermittelnde Akteur hat einen erheblichen Anteil an der Auswahl des Anbieters. Durch sein Wissen und sein Beziehungsnetz stößt er den Selektionsprozeß an. Dem Zusammentreffen von Beratungsunternehmen und Nachfrager geht ein informeller Kommunikationsprozeß voraus, der für Außenstehende schwer zu erkennen ist, und der den Akteuren selbst oft in seinem Ausmaß nicht bewußt ist. Vertrauen ist hierbei die entscheidende Voraussetzung, damit eine Person oder Institution in der vermittelnden Funktion genutzt wird. Die Inanspruchnahme vertrauensbasierter Beziehungen reduziert auf der Seite der potentiellen Nachfrager das Problem der Unsicherheit und der Auswahl, das mit der Nachfrage des Produktes „Wissen" verbunden ist. Der Vermittler eröffnet den Unternehmen somit den Zugang zu Netzwerken, zu denen aufgrund des hohen Spezialisierungsgrades der Beratungsanbieter und der damit verbundenen Wissensasymmetrie kein Kontakt besteht.

Ausschlaggebend für die Art und Weise der Beratungsnachfrage von KMUs ist die Tatsache, daß für sie die Inanspruchnahme von Beratungsleistungen mit hoher Unsicherheit verbunden ist. Der Zugang zu externem Know-how scheint gerade für Unternehmen, die von solchen Leistungen stark profitieren können, schwierig zu sein (Weitzel 1987). Die besonderen Eigenschaften der Beratungsleistungen, die Immaterialität und der interaktive Charakter der Leistung, die oft erst in der Zusammenarbeit und im Austausch zwischen Anbieter und Nachfrager entsteht, machen es für KMUs extrem schwierig, das Ergebnis des Beratungsprozesses zu antizipieren und eine formalisierte Prozedur organisationsintern zu installieren, um den Prozeß selbst zu begleiten. Die Beratungsbeziehung entwickelt sich auf der Basis eines Lernprozesses, der durch ein dauerndes Formulieren von Erwartungen und Erkennen von Veränderungen im Laufe des Beratungsprozesses sowie der folgenden Anpassung der Ziele gekennzeichnet ist.

So geben beispielsweise 65% der befragten Unternehmen an, daß sich die Problemstellung im Laufe des Interaktionsprozesses ausgeweitet und konkretisiert hat. Selbst der größte Teil der Firmen, für die zu Beginn die Problemstellung völlig klar war, geben an, daß am Ende des Prozesses eine Veränderung der Ausgangsfragestellung stattgefunden hat. Diese empirischen Ergebnisse unterstreichen, daß die Beratungsnachfrage von KMUs eine Handlung ist, die nicht auf den einfachen Kaufakt einer externen Dienstleistung reduziert werden kann.

Zusammenfassend kann man in bezug auf das Nachfrageverhalten von KMUs in Baden-Württemberg und Rhônes-Alpes festhalten:

Jede Beratung ist etwas anders, kaum vergleichbar, dennoch scheint die Organisation der Beziehung in den beiden Regionen identisch. Unabhängig von nationalen Eigenheiten zeigen die KMUs im Vergleich zu Großunternehmen in Rhônes-Alpes und Baden-Württemberg gleiches Verhalten in den beschriebenen Punkten:
- ausschlaggebende Bedeutung der Vermittlung in der Interaktion über das Beziehungssystem des Unternehmens,
- Unsicherheit bei der Problemformulierung und der Bedarfsermittlung und
- Schwierigkeiten bei der Qualitätsbeurteilung und Problemadäquanz der Leistung des Anbieters.

Die Interaktion zwischen Nachfrager und Anbieter auf der Mikroebene der Unternehmen ist geprägt durch ein hohes Maß an Selbstorganisation, wobei konkrete persönliche Beziehungen in der Handlungskoordination eine Schlüsselfunktion übernehmen.

## 4. Entwicklung der regionalen Beratungsmärkte
– Produkt von Organisation und Selbstorganisation der Akteure

Die bessere Entwicklung des Beratungsmarktes in Baden-Württemberg läßt sich zwar zum Teil auf den im Vergleich zu Rhônes-Alpes früheren Beginn der Aufschließungstätigkeit zurückführen. Eine ungleich bedeutendere Rolle für die Erklärung der regionalen Unterschiede haben jedoch die Handlungsstrategien bei der Intervention. Beurteilt man diese anhand des dargestellten Verhaltens der Zielgruppe, dann scheint die erfolgreiche Entwicklung in Baden-Württemberg darauf zurückzuführen sein, daß die intermediären Akteure bei der Intervention dem informellen Handlungsprinzip auf der Mikroebene der KMUs besser entsprechen als die Vorgehensweisen in Rhônes-Alpes.

Vor allem die Prozeßorientierung der Akteure in Baden-Württemberg führt dazu, daß in der Interaktion auf der Nachfrageseite sukzessive eine für den Lernprozeß wichtige Vertrauensbasis aufgebaut wird. Meist enstehen langfristige Beziehungen zwischen den Nachfragern und Anbietern, die dazu führen, daß bei erneuten Problemen wiederum externes Wissen genutzt wird. Die ‚umfassende Problemlösung' beinhaltet außerdem eine flexible Orientierung am individuellen Bedarf der KMUs, denn Problemlagen in den Unternehmen sind durch die zunehmende organisationsinterne Vernetzung der Funktionsbereiche nicht mehr auf einzelnen Teilgebiete beschränkt, sondern erfordern die Berücksichtigung von Schnittstellen und die Integration in die Gesamtorganisation.

Die Prozeßorientierung in Baden-Württemberg bedingt zugleich, daß die intermediären Akteure auch Verantwortung für die Ergebnisse der Beratung übernehmen, was sich auf die Beratungsqualität auswirkt, aber auch die Selbstorganisation der Beratungsnachfrage unterstützt. Denn jedes erfolgreich beratene Unternehmen wird zum potentiellen Vermittler für andere Unternehmen in seinem Beziehungssystem. Der Lernprozeß, der mit der ersten Inanspruchnahme verbunden ist, führt dazu, daß in Folge der Zugang zu externem Wissen auch auf dem privaten Markt leichter möglich ist und dieses gezielter genutzt werden kann.

Die Akteure in Rhônes-Alpes unterstützen mit der neutralen Haltung und ihrer angebotsorientierten Vorgehensweise bei der Intervention die KMUs zwar bei der Bedarfsanalyse und bei der Erstellung eines Pflichtenheftes, lassen sie jedoch danach bei der Auswahl des geeigneten Anbieters und, was noch gravierender ist, im Beratungsprozeß selbst allein.

Die stärkere Marktorientierung der Akteure in Baden-Württemberg zwingt diese Institutionen zur Akquisition am Markt und erhöht die Wahrscheinlichkeit eines Kontaktes zu potentiellen Nachfragern. Insbesondere die Steinbeis-Stiftung berücksichtigt durch ein offenes Kooperationsmanagement, sowohl mit den privaten als auch mit den intermediären Anbieter, die koordinierende Funktion von informellen, persönlichen Kontaktnetzwerken und erweitert den Wirkungskreis ihrer Außenbeziehungen mit enormem Erfolg. Daneben führt die individuelle Bedarfsermittlung auf der Mikroebene des Einzelunternehmens und die darauf abgestimmte Ausrichtung der Leistung zu einer höheren Kundenorientierung als die Vorabdefiniton von wichtigen Beratungsfeldern, wie sie in Rhônes-Alpes praktiziert wird.

Die Vorgehensweisen der Akteure in Baden-Württemberg führen zu sich überschneidenden Leistungsangeboten und damit, im Gegensatz zu Rhônes-Alpes, wo die Akteure in einem Kooperationsnetzwerk zusammenarbeiten, zu Konkurrenz auf dem intermediären Beratungsmarkt. Genau diese Redundanzen müssen als Stärke des regionalen Marktes gewertet werden (vgl. Pyke 1994, Schmitz 1992). Der intensive Wettbewerb zwingt auch die ursprünglichen ‚Nonprofit-Organisationen' zu einer starken Markt- und Kundenorientierung und zu innovativen Aktivitäten. Sie müssen mit bedarfsorientierten Produkten aktiv am Markt neue Kunden akquirieren.

Durch die Kooperationen zwischen privaten und intermediären Akteuren in konkreten Beratungsprojekten entstehen Synergieeffekte und gegenseitige Lernprozesse, die wiederum positive Auswirkungen auf die Beratungsleistung und -qualität der Akteure haben. Ein nicht zu unterschätzendes Resultat ist das

Entstehen von vertrauensbasierten persönlichen Beziehungen zwischen den Partnern, die einerseits für die zukünftige Zusammenarbeit von Bedeutung sind, die aber auch ihre eigene Kontaktreichweite vergrößern.

## 5. Erfolgsfaktoren für die Initiierung von Netzwerken

Regionale Entwicklungen sind zu einem erheblichen Teil das Ergebnis der Verflechtung politischer und ökonomischer Akteure, der Interaktion zwischen verschiedenen Institutionen und Interessengruppen und stellen nur zu einem geringen Teil das Ergebnis einer intendierten Organisation dar. Am Beispiel der Beratungsbeziehung von KMUs wird deutlich, daß regionale Entwicklungen nicht reduzierbar sind auf die institutionellen Strukturen, denn ähnliche dezentrale Strukturen – wie im Falle von Baden-Württemberg und Rhônes-Alpes – können, aufgrund der dahinter stehenden Handlungsstrategien, zu unterschiedlichen regionalen Wirkungen führen. Welche Schlußfolgerungen lassen sich aus dieser Analyse für regionale Akteure ziehen, die mit Hilfe eines Netzwerkansatz endogene Entwicklungen in den neuen Bundesländern fördern wollen?

Häufig wird in bezug auf das Netzwerkkonzept lediglich die Struktur diskutiert. Die positiven Ergebnisse entstehen jedoch im Prozeß, aufgrund der qualitativen Eigenschaften von Netzwerkbeziehungen. Für regionale Akteure ist es notwendig, eine stärker prozeßorientierte und weniger strukturorientierte Perspektive einzunehmen. Allerdings müssen geeignete prozeßorientierte Förderinstrumente erst entwickelt werden. So sind die Interaktionsprozesse in Netzwerken gekennzeichnet durch ein hohes Maß an Selbstorganisation der Akteure. Netzwerke sind labile Gebilde, deren Formalisierung häufig zum Auseinanderfallen beiträgt, wie das beispielsweise an vielen ‚joint venture' Projekten deutlich wird. Festzuhalten bleibt, daß das Ausweisen von Kooperationsräumen allein nicht genügt, um die erhofften positiven regionalen Wirkungen zu erzielen.

Aus dem Vergleich wurde deutlich, daß Netzwerke nicht einfach auf unterschiedliche Regionen übertragbar sind, sondern daß der Einbindung in ein regionsspezifisches Konzept ein erhebliche Bedeutung zukommt. Die individuell situationsspezifische Konzeption in den Neuen Bundesländern muß die institutionellen Verflechtungen vor Ort berücksichtigen und auf diese abgestimmt sein, um wirksam zu werden.

Damit bin ich bei der zielgerichteten Initiierung. Die Zieldefiniton ist der erste Schritt, der vor einer konkreten Umsetzung in einer bestimmten Region der Klärung bedarf. Das Eingehen von Kooperation ist für die Akteure immer mit Aufwand verbunden und bringt gleichzeitig gewisse Risiken mit sich. Ohne erkennbaren Nutzen werden Unternehmen kaum bereit sein, Aktivitäten in solche Beziehungen zu investieren. Um zielgerichtet Impulse zu setzen, ist eine Zielkonkretisierung am Anfang unumgänglich.

Ich bezweifle jedoch sehr stark, daß Netzwerke instrumentalisiert werden können in bezug auf ein einziges, im vorhinein festgelegtes und klar definiertes Ergebnis. Aufgrund der Selbstorganisationsprozesse in Netzwerken und der

Handlungsautonomie der Akteure, die letztlich die Voraussetzungen für die notwendige Vertrauensbasis darstellen, die erst Synergieeffekte und Innovationsimpulse ermöglicht, erscheint die lineare hierarchische Steuerung wenig erfolgversprechend.

Dies bedeutet jedoch nicht, daß Netzwerke nicht zielgerichtet initiiert und im Hinblick auf anvisierte Ergebnisse unterstützt werden können. Dies ist aber nur möglich, wenn man den Selbstorganisationsmechanismus von Netzwerken und die soziale Komponente in der Interaktion berücksichtigt. Für regionale Akteure geht es somit um das Setzen von Rahmenbedingungen, die die Lenkung dezentral-selbstorganisierter Prozesse ermöglicht. Da die soziale Komponente in der Interaktion große Bedeutung hat und effiziente Kooperationen eine Vertrauensbasis benötigen, die nicht verordnet werden kann, bedingt dies, daß regionale Akteure intensive Kontakte zu den KMUs aufnehmen müssen. Die initiierenden Akteure bewegen sich in einem Spannungsfeld, das ich als ‚Gestaltung von Selbstorganisation' bezeichnen möchte. Prozeßbegleitungs-Know-how, um die entstehenden dynamischen Prozesse zu erkennen, effizient begleiten und zielgerichtet unterstützen zu können, sind erforderliche Kompetenzen, die als Voraussetzung für die Übernahme dieser Moderations- und Katalysatorfunktion angesehen werden können.

Regionsspezifische Konzeption, zielgerichtete Initiierung, prozeßorientierte Perspektive und Lenkung dezentral-selbstorganisierter Prozesse sind aus meiner Perspektive wichtige Faktoren, die sich auf eine erfolgreiche Initiierung dieser komplexen innovationsträchtigen Struktur auswirken.

Literatur:

Algoe Management – CEDES (1993): Etude FRAC en Rhône-Alpes, Rapport Final. Paris.
Arbeitsgemeinschaft der Industrie- und Handelskammern Baden-Württemberg (Hg.) (1993): Innovationsförderung für kleinere und mittlere Unternehmen. Zusammenstellung der wichtigsten Förderhilfen der Europäischen Gemeinschaften, der Bundesrepublik, des Landes Baden-Württemberg sowie der Industrie- und Handelskammern. o. O.
Granovetter, M. (1985): Economic action and social structure: the problem of embeddedness. In: American Journal of Sociology 91, S. 481–510.
Pyke, F. (1994): Small firms technical services and inter-firm cooperation. In: International Institute for Labour Studies (Hg.): Research Series No. 99. Geneva.
Roland Berger und Partner - Algoe Managment (1994): PMI 93. Les comportements stratégiques des entreprises industrielles de teille moyenne en France et en Allemagne face aux espaces de concurrence européens et mondiaux. Rapport détaillé pour le Ministère de L´Industrie, des Postes et télécommunications et du Commerce Extérieur.
Sauviat, C., V. Peyrache, O. Henry, M. Kipping u. S. Strambach (1994): L'identification et efficiacité de la relation consultation/entreprise: une comparaison France - Allemagne. Rapport Commisariat General du Plan. Paris.
Schmitz, H. (1992): Industrial districts: Model and reality in Baden-Württemberg, Germany. In: Pyke, F. u. W. Sengenberger (Hg.): Industrial districts and local economic regeneration. S. 87–121. Geneva.
Steinbeis-Stiftung für Wirtschaftsförderung/Regierungsbeauftragter für Technologietransfer Baden-Württemberg (1993): Bericht 1993. Stuttgart.

Strambach, S. (1995a): The interaction between small and medium sized firms and the consultation in Baden-Württemberg: Empirical findings. = Institut für Geographie (Hg.): Diskussionsbeiträge, H. 2. Stuttgart.
Dies. (1995b): Wissensintensiveunternehmesorientierte Dienstleistungen. Netzwerke und Interaktion am Beispiel des Rhein-Neckar-Raumes. Münster u. Hamburg.
Weitzel, G. (1987): Kooperation zwischen Wissenschaft und mittelständischer Wirtschaft - Selbsthilfe der Unternehmen auf regionaler Basis: kritische Bewertung bestehender Modelle. München.

# INTERKOMMUNALE ZUSAMMENARBEIT ALS „VERNETZTE" STRATEGIE DER REGIONALENTWICKLUNG

Klaus Mensing, Hamburg

## 1. Worum geht es? Ziele und Inhalte des Beitrags und Einführung in das Thema

Anlaß für die Beschäftigung mit dem Thema ist einerseits die zunehmende Problemlage in den Stadtregionen/Verdichtungsräumen, andererseits die wachsende Bereitschaft zur interkommunalen Zusammenarbeit (vgl. CONVENT/v. Rohr 1995, Mensing 1995a). Die Herausforderungen an Regionen und Kommunen erfordern neue Formen der Zusammenarbeit, Planung und Steuerung. Während Phänomene des „Marktversagens" in der klassischen Regionalplanung bürokratisch-hierarchisch bewältigt wurden, steigt die Tendenz, sie im gemeinsamen Diskurs aller Beteiligten eher konsensuell anzugehen. In der kommunalen (Beratungs-) Praxis steigt die Zahl der Veröffentlichungen zu konkreten Projekten interkommunaler Zusammenarbeit; dabei geht es von den Anlässen für Kooperationen über Kooperationsfelder und institutionalisierten Kooperationsformen bis hin zu Fragen des Vor- und Nachteilsausgleichs zwischen den Kooperationspartnern.

Unterschiedliche Formen der Kooperation werden diskutiert: Regionale Entwicklungskonzepte, Regionalkonferenzen, kooperative Planungsverfahren, Städtenetze, Regionalverbände, gemeinsame Gewerbegebiete u.a.. Welche Chancen und Handlungsmöglichkeiten bieten nicht-hierarchische Regionalentwicklungsstrategien? Handelt es sich hierbei um Netzwerke? Welche Hilfestellung kann der Netzwerkansatz für eine kooperative, „vernetzte" Regionalentwicklung bieten? Im Vordergrund steht hier die interkommunale Zusammenarbeit. Mit Blick auf das Leitthema „Raumentwicklung und Wettbewerbsfähigkeit" stellen sich drei Fragen:

Fördern Netzwerke eine wettbewerbsfähige Raumentwicklung? Dies wird hier unterstellt, ist jedoch nicht Gegenstand des Beitrags.

Macht interkommunale Zusammenarbeit Regionen wettbewerbsfähiger? Hierzu liefert der Beitrag Antworten für die spezifischen Anforderungen und Lösungsansätze in Stadtregionen.

Ist interkommunale Zusammenarbeit ein Netzwerk? Hier möchte der Autor als angewandt arbeitender Geograph Antworten für die kommunale Praxis liefern.

Vorab einige Stichworte zu den zentralen Begriffen des Themas: Interkommunal bezeichnet die grenzüberschreitende Zusammenarbeit mehrerer Gemeinden. Kennzeichen: Planungshoheit, Selbstverwaltungsgarantie gemäß §28 GG, pragmatische Sichtweise, an konkreten Problemlösungen orientiert. Regionalentwicklung bezieht sich in diesem Beitrag auf die – verwaltungsgrenzenübergreifende, funktional verflochtene, wirtschaftsräumliche – Region. Kennzeichen:

„doppelte Problemlage": interregionale Problematik (Stadt/Umland, interkommunale Konkurrenz) sowie interregionaler Standortwettbewerb.

Die Diskussion um interkommunale Zusammenarbeit und Regionalentwicklung wird aus verschiedenen Richtungen geführt: Je nach „Sichtweise" geht es um eine Kommunalisierung der Regionalpolitik oder eine Regionalisierung der Kommunalpolitik.

## 2. Ausgangsbedingungen „vernetzter" Strategien in Stadtregionen

Der Schwerpunkt der interkommunalen Zusammenarbeit in diesem Beitrag liegt auf den Stadtregionen (aufgrund der Problemlage und zukünftigen Bedeutung der Stadtregionen, vgl. auch den Raumordnungspolitischen Handlungsrahmen) am Beispiel der Region Berlin/Brandenburg. Im ländlichen Raum findet natürlich auch interkommunale Zusammenarbeit statt, häufig jedoch aus anderen Problemlagen heraus, die zudem nicht so konfliktbeladen sind wie die in Stadtregionen. Läßt sich die Wettbewerbsfähigkeit von Stadtregionen durch interkommunale Zusammenarbeit verbessern? Welche Ausgangsbedingungen bestehen? Zunächst sind die spezifischen Problemlagen und Sichtweisen der Kernstadt und des Umlandes zu beleuchten.

Die Kernstadt ist Motor der Region, Standort internationaler Unternehmen aus Industrie, Handel und Dienstleistungen, mit spezifischen Standortstärken und -schwächen, weichen und harten Standortfaktoren etc. Im Wettbewerb der Regionen hat die Kernstadt die schwierigere Position (gegenüber dem Umland): Flächenknappheit, Freiraumsicherung, Engpässe auf dem Wohnungsmarkt, Defizite bei der Umweltqualität, Probleme der Finanzausstattung durch Abwanderung, ganz allgemein Folgen der Suburbanisierung u.a. Insofern ist die Kernstadt tendenziell auf eine Kooperation mit dem Umland angewiesen.

Entsprechend wird der Wunsch nach einer – langfristig orientierten – Einbindung des Umlandes in einen wie auch immer gearteten regionalen Konsens oder Verbund geäußert; hierfür wird ein relativ fester institutioneller Rahmen angestrebt (Regionalverband, Planungsverband etc.); zudem bestehen Forderungen nach einem veränderten Lastenausgleich (Finanzausgleich).

Die Umlandkommunen sind tendenziell in der besseren Situation, da sie Nutznießer der Suburbanisierung bzw. Expansion sind (Berlin: Speckgürtel) sowie (kurzfristige?) Vorteile haben. Auf der anderen Seite besteht eine traditionelle Konkurrenz zur Kernstadt, mit Befürchtungen von Eingemeindung oder zumindest Vereinnahmung und somit Verlust der kommunalen Selbstbestimmung.

Bezogen auf interkommunale Zusammenarbeit haben die Umlandkommunen eine Präferenz für problembezogene bzw. einzelfallbezogene Lösungen, die auf einem deutlichen Nutzen auch für die Kommune basieren müssen (Grundprinzip interkommunaler Zusammenarbeit). Als generelle und regionsweite Option besteht dagegen eher eine Präferenz für lose, freiwillige und informelle Kooperationsformen und weniger z.B. für einen Planungsverband (Befürchtung von Machtverlust und Abhängigkeit).

Trotz der Konkurrenz ist eine zunehmende Bereitschaft zur interkommunalen Kooperation festzustellen, was sich in einer wachsenden Zahl von Kooperationsprojekten dokumentiert. Als Begründung werden üblicherweise herangezogen: Problem- bzw. Leidensdruck, Paradigmenwechsel, politische Initiativen. Zu berücksichtigen sind dabei allerdings die Spezifika der Region bzw. der jeweiligen Kommune, die daraus abgeleiteten Problemlagen und die entsprechend unterschiedlich motivierte Einsicht in eine Kooperation. Interregionale Konkurrenzfähigkeit ist abhängig von intraregionaler Kooperation. Die Region ist selbstverantwortlich für ihre Entwicklung und hat somit eine neuartige Verantwortlichkeit für die gesamtgesellschaftliche und gesamtwirtschaftliche Krisenbewältigung (interregionale Konkurrenz als Zwang zur Selbstorganisation). Die regionale Verantwortung der Kommunen nimmt – unbeschadet ihrer kommunalen Planungshoheit – ebenfalls zu.

Dies hat Auswirkungen auf den institutionellen Rahmen: Neue Kooperationsformen, kooperative Regionalpolitik, Regionalkonferenzen, Regionalverbände, diskursive Planungsstrategien, „Regionaldiplomatie" etc. Frage: Welcher Rahmen ist angemessen, um die Interessen der Region zu vertreten und gleichzeitig einen interkommunalen Konsens sicherzustellen? Wie können die – ganz offensichtlich bestehenden – Vorteile einer Kooperation aus Sicht der Region mit bestehenden Grenzen, Institutionen und politischen Machtverhältnissen auf kommunaler Ebene in Deckung gebracht werden?

Die Ausgangsbedingungen sind also differenziert zu betrachten. Gemeinsames Merkmal sind – allerdings unterschiedliche – Problemlagen, die einen gewissen „Zwang" zur Kooperation ausüben. Ergeben sich hieraus Chancen für den Netzwerkansatz?

Eine interkommunale Zusammenarbeit ist keinesfalls immer langfristig „strategisch" orientiert (z.B. im Rahmen einer „vernetzten", regionalisierten Entwicklungsstrategie). Sie entsteht häufig als Problemlösung im Einzelfall bzw. als Verhandlungspaket. Entscheidend ist – und daraus ergibt sich die wichtige Bedeutung interkommunaler Zusammenarbeit für eine kooperative, „vernetzte" Regionalentwicklung –, daß die kommunale Ebene letztlich die ist, auf der Lösungen im demokratischen Abstimmungsprozeß legitimiert werden (oder eben nicht). Aus regionaler Perspektive sinnvolle Lösungen hängen somit von der Bereitschaft der Kommunen ab, im konkreten Einzelfall eigene Interessen unterzuordnen bzw. in Paketlösungen (incl. des finanziellen Ausgleichs der Vor- und Nachteile) zu integrieren.

## 3. Netzwerkansätze, interkommunale Zusammenarbeit und Regionalentwicklung

Beim Netzwerkansatz geht es nicht primär um räumliche Zusammenhänge, sondern in erster Linie um das Zusammenwirken von Akteuren. Der Zusatz „regional" macht jedoch deutlich, daß es hier um spezielle raumbezogene oder regionale Netzwerke geht, wobei die Grenzen des Netzwerks weniger durch konkrete (etwa Verwaltungs-) Grenzen gezogen werden, sondern eher durch die Beziehungen zwischen den Akteuren sowie ihre „Standorte" und ihre sozio-kulturelle Basis bestimmt werden.

Auf der Tagung „Regiovision – Neue Strategien für alte Industrieregionen", wurden regionale Netzwerke von Hans-Ulrich Jörges als „freiwillige, oft von außen angestoßene Kooperation unterschiedlicher Gruppen mit dem Ziel, in einer gemeinsamen Kraftanstrengung eine Region wirtschaftlich voranzubringen" bezeichnet. So besteht allgemeiner Konsens, z.B. die Regionalkonferenzen in Nordrhein-Westfalen als regionale Netzwerke anzusprechen. Die Fragestellung, die diesem Beitrag zugrunde liegt, ist etwas weitergehend:

Lassen sich die bestehenden Strategien interkommunaler Zusammenarbeit in den Netzwerkansatz einordnen?

Kann der Netzwerkansatz zur Lösung der Probleme von Stadtregionen beitragen? Bietet er somit einen Nutzen für die kommunale Praxis, für Planung, Beratung und Umsetzung?

Interkommunale Zusammenarbeit bedeutet Zusammenwirken von Akteuren aufgrund eines bestimmten Problemdrucks. Voraussetzung ist die Erwartung einer gemeinsamen Problemlösung mit beiderseitigen Vorteilen (Leistung und Gegenleistung). Auch Netzwerke werden allgemein als problembezogener Zusammenschluß von Akteuren bezeichnet. Auch hier stehen gemeinsame Interessen und die Erwartung von Leistung und Gegenleistung im Sinne eines reziproken Austausches im Vordergrund. Problembezug ist somit ein wichtiges Merkmal, der zudem die Kosten der Konsensfindung reduziert. Reicht dies aus, um interkommunale Zusammenarbeit als Netzwerk zu bezeichnen? Bezogen auf die in Kapitel 2 benannten unterschiedlichen Problemlagen und Sichtweisen der Kernstadt sowie des Umlandes ist weiterhin zu fragen, wie Problemdruck und Lösungsrichtung zwischen den Beteiligten – nicht zu vergessen die höchst unterschiedlichen Interessen der Akteure – auf einen Nenner zu bringen sind: zeitlich, räumlich sowie inhaltlich, d.h. bezogen auf die verschiedenen Fachpolitiken. Anders ausgedrückt: Sind die kommunalen Egoismen stärker als die regionale Kooperation?

Netzwerke leben von Freiwilligkeit und loser Kopplung. In der institutionalisierten Regionalplanung sind Hierarchie und Machtverteilung prägend. Schließlich ist zu fragen, wie die Ergebnisse informeller Prozesse (im Netzwerk) politisch legitimiert werden. Interkommunale Zusammenarbeit – ein Netzwerk? Abb. 1 faßt die bisherige Diskussion zusammen.

## 4. Das Beispiel Region Berlin/Brandenburg

Die grenzüberschreitende regionale Entwicklungsstrategie in der Region Berlin/Brandenburg basiert auf dem Leitbild der „dezentralen Konzentration" und ist in den Entwürfen für ein gemeinsames Landesentwicklungsprogramm und gemeinsame Landesentwicklungspläne dargestellt. Für die Regionalplanung bestehen z.Zt. noch keine länderübergreifenden Konzepte oder Instrumente. Als koordi-

## INTERKOMMUNALE ZUSAMMENARBEIT - EIN NETZWERK?

- **Netzwerk**

  - Ziele: Bündelung von Ressourcen, Reduktion von Unsicherheit, Erhöhung der Steuerungsleistung
  - freiwillige(r), lose(r) Verband/Kooperation
  - gemeinsame Interessen / Ziele ↔ Abhängigkeit
  - Reziprozität (Leistung & Gegenleistung)
  - geringe Institutionalisierung (Exit-Option)
  - Organisationsstruktur & Koordinationsmechanismus

- **Interkommunale Zusammenarbeit**

  - Ziel: gemeinsame Problemlösung
  - Problemdruck („freiwillig", „von unten")
  - beiderseitige Vorteile (Leistung & Gegenleistung)
  - Institutionalisierung abhängig von Kooperationsform
  - Legitimation durch kommunalpolitische Akteure

- **Fragen** („vernetzte" Strategie der Regionalentwicklung?)

  - Problemdruck identisch (inhaltlich, räumlich, fachlich)?
  - Hierarchie und Machtverteilung statt loser Kopplung?
  - Kooperation versus kommunale Egoismen?
  - Legitimation der Ergebnisse informeller Prozesse?

*CONVENT*

Abbildung 1

nierende Institution ist die „Gemeinsame Arbeitsstelle" beider Länder eingerichtet worden, die jedoch weisungsabhängig von den Planungsressorts beider Länder agiert und bislang nur wenig Eigenleben entfalten konnte (seit Januar 1996 als „Gemeinsame Landesplanungsabteilung Berlin-Brandenburg" neu organisiert).

Die grenzüberschreitende Landesentwicklungsplanung ist somit hierarchisch organisiert; zudem bestehen gewisse Ressentiments zwischen den beiden Ländern sowie nur eine geringe (politische) Bereitschaft, grenzüberschreitende Ansätze offensiv und zukunftsweisend anzugehen. In einer Untersuchung von CONVENT und Prof. Götz von Rohr (vgl. CONVENT/v. Rohr 1994, Mensing 1995b) zu Möglichkeiten gemeinsamer Gewerbegebiete zwischen Berlin und Brandenburg ergab die Analyse der Akteursstrukturen, daß (persönliche) Netzwerke lediglich neben bzw. unterhalb dieser institutionellen Planungsebene möglich sind und auch zum Teil bestehen. Sie dienen im wesentlichen der Vorbereitung und Koordinierung von Entscheidungen und sind für die Legitimation auf die institutionalisierten Verfahren angewiesen.

Chancen für netzwerkartige, grenzüberschreitende Kooperationen bieten sich eher in konkreten und überschaubaren Projekten. So bestehen im Norden Berlins Überlegungen, beiderseits der Landesgrenze Gewerbegebiete zu entwickeln und hier – u.a. bei der verkehrlichen Erschließung – zusammenzuarbeiten. Entsprechende Gespräche, die netzwerkartig von Gemeinde, Kreis, Senatsverwaltungen und Landesentwicklungsgesellschaften organisiert sind, haben stattgefunden. Allerdings bestehen auf Berliner Seite zum Teil ablehnende Positionen gegenüber einer Kooperation, die nur auf einer formalisierten Ebene gelöst werden könnten. Insofern ist der Spielraum der Akteure begrenzt. Eine erfolgreiche Kooperation wäre zudem an eine Institutionalisierung gebunden, indem die Landesentwicklungsgesellschaften die Flächen entwickeln würden. Eine Legitimation müßte über die gemeinsame Landesplanung erfolgen.

Soweit zur – hier nur kursorisch darstellbaren – Situation. Möglichkeiten zur Etablierung von Netzwerken bestehen offensichtlich lediglich
- im Rahmen konkreter, überschaubarer Projekte,
- in Form loser, persönlicher Netzwerke
- sowie mit der Funktion als stützender Effekt bzw. Koordinierungsgremium.

Sicher ist die Region Berlin/Brandenburg grundsätzlich zu groß (und insofern ein ungünstiges Beispiel), um regionsweite netzwerkartige Beziehungen zuzulassen. Deutlich geworden ist hier jedoch die Bedeutung netzwerkartiger Beziehungen als Koordinations- und Entscheidungsfindungsinstrument. Hier bieten sich Chancen einer „Verbindlichkeit des Unverbindlichen", einer „Regionaldiplomatie außerhalb des Dienstweges" mit zum Teil innovativen Ansätzen. Eine Ausweitung des lokalen Netzwerkes auf die gesamte Region scheitert im übrigen auch an dem unterschiedlichen Problemdruck. Ein gemeinsames Gewerbegebiet läßt gemeinsame Vorteile und Interessen deutlicher werden als eine regionsweite Kooperation, bei der an unterschiedlichen Stellen entsprechend höchst unterschiedliche Kooperationen bzw. Allianzen eingegangen werden müssen.

## 5. Fazit – mögliche Antworten

Zurück zur Ausgangsfrage: Kann interkommunale Zusammenarbeit als eine „vernetzte" Strategie der Regionalentwicklung bezeichnet werden? Eindeutige Antworten sind (noch) nicht möglich. Für die weitere Diskussion werden folgende Thesen formuliert:

1. Interkommunale Zusammenarbeit ist aufgrund der genannten Problemlage von Kernstadt und Umland in Stadtregionen eine notwendige Strategie zur langfristigen Stabilisierung der Region.
2. Interkommunale Zusammenarbeit funktioniert nur durch die Kooperation von Akteuren (diese „persönliche" Ebene ist nicht zu unterschätzen). Somit ist sie vom Prinzip netzwerkartig organisiert. Fragen: Wie freiwillig ist die Kooperation? Wie gemeinsam sind die Interessen?
3. Interkommunale Zusammenarbeit erfordert Koordinierungsmechanismen und Formen der Institutionalisierung (z.B. Zweckverband). Eine vergleichsweise starke Institutionalisierung, häufig verbunden mit hierarchischen Strukturen und ungleicher Machtverteilung, widerspricht allerdings den Netzwerk-Prinzipien. Fragen: Wie dauerhaft könnte eine Kooperation netzwerkartig angelegt sein? Handelt es sich nicht lediglich um eine Vorstufe zur Institutionalisierung?
4. Interkommunale Zusammenarbeit muß sich an den spezifischen Problemlagen orientieren; diese können an unterschiedlichen Standorten innerhalb der Region höchst unterschiedlich sein. Entsprechend kann eine „vernetzte" Strategie der Regionalentwicklung verschiedene Ebenen der Zusammenarbeit enthalten: Eine eher auf die Gesamtregion bezogene sowie eine konkrete problemorientierte interkommunale Zusammenarbeit einzelner Kommunen. Fragen: Wie lassen sich Interessen und Motive der Akteure koordinieren? Kann eine ungünstige Netzwerkonstellation auch zu Blockaden führen?
5. Interkommunale Zusammenarbeit ist ein wichtiger Baustein im Rahmen regionsweiter Kooperationsstrategien, da ohne die politische Legitimierung eines „regionalen Konsenses" in den Kommunen eine Umsetzung in die kommunalen Planungen nicht möglich ist. Diese Legitimierung erfolgt über hierarchische Strukturen (institutionelles Planungssystem). Dies widerspricht dem Netzwerkgedanken. Frage: Kann sich ein persönliches Netzwerk als Vorentscheidergremium etablieren?
6. Interkommunale Zusammenarbeit ist nicht nur an ihren Ergebnissen, sondern auch an dem „Prozeßnutzen" (als regionaler Abstimmungsprozeß) zu messen. Zu diesem Prozeßnutzen können Netzwerke einen wichtigen Beitrag leisten. Frage: Wie werden die Ergebnisse informeller Prozesse legitimiert?
7. Der Netzwerkcharakter interkommunaler Zusammenarbeit ist abhängig vom jeweiligen Fall und den beteiligten Akteuren zu bewerten. Insofern ist auch einzelfallbezogen zu entscheiden, ob Netzwerke - durch innovative Lösungen? - überhaupt die Wettbewerbsfähigkeit in der Region oder zumindest der beteiligten Akteure erhöhen oder nicht.

## Literatur:

CONVENT u. G. v. Rohr (1994): Möglichkeiten gemeinsamer Gewerbegebiete Berlins und brandenburischer Gemeinden des engeren Verflechtungsraums. Gutachten für die Senatsverwaltung für Wirtschaft und Technologie, Berlin. Hamburg.
Dies. (1995): Flächenentwicklung ohne Grenzen – Leitfaden für die interkommunale Zusammenarbeit. Gutachten für die Staatskanzlei Schleswig-Holstein, Kiel. Hamburg.
Mensing, K. (1995a): Interkommunale Zusammenarbeit bei der Gewerbeflächenentwicklung. In: Standort 19, H. 1, S. 28–33.
Ders. (1995b): Grenzüberschreitende Gewerbeflächenstrategie Berlin/Brandenburg. In: Momm, A., R. Löckener, R. Danielzyk u. A. Priebs (Hg.): Regionalisierte Entwicklungsstrategien. Beispiele und Perspektiven integrierter Regionalentwicklung in Ost- und Westdeutschland. = Material zur Angewandten Geographie 30. Bonn.

## ZUSAMMENFASSUNG UND AUSBLICK

### Götz v. Rohr, Kiel

Was ist das Neue am Netzwerkgedanken? Was ist das Neue insbesondere dann, wenn man diese Frage nicht auf die generelle Auseinandersetzung mit Netzwerken zwischen Unternehmen und unternehmensorientierten Institutionen bzw. Akteuren bezieht, sondern Netzwerke speziell als Instrument der regionalen Entwicklungssteuerung betrachtet? Schon der Titel unserer Fachsitzung berechtigt zu dieser Eingrenzung, da „Regionalentwicklung" selbstverständlich nicht im Sinne der Beschreibung regionaler Entwicklungsverläufe, sondern weitgehend im Sinne der Gestaltung regionaler Strukturen in ihrer Entwicklung zu verstehen ist.

Läßt man die Referate und die Diskussionen im Verlaufe dieser Fachsitzung Revue passieren, so ist es kaum provozierend, wenn ich resümiere: Zwar wartet der Netzwerkansatz mit einem systematischeren, die Wirklichkeit vollständiger abbildenden theoretischen Ansatz, letztlich also mit einer neuen oder zumindest veränderten Sichtweise auf. Netzwerke als regionaler Steuerungsmechanismus sind jedoch alles andere als neu. Netzwerke zur Verfolgung bestimmter Ziele der Regionalentwicklung werden seit jeher genutzt, vielfach – aus der Perspektive der Akteure – intuitiv, vielfach implizit, vielfach auch durchaus nicht optimal ausgereizt. Der Netzwerkansatz ist ein besseres Erklärungsmodell für Dinge, die im Zusammenspiel regionaler Akteure schon lange laufen – oder auch nicht laufen. Mehrfach und unwidersprochen wurde darauf hingewiesen, daß Netzwerke im eingangs von Herrn Pohl beschriebenen Sinne auf regionaler Ebene nur unter bestimmten Voraussetzungen entstehen können. Diese liegen keineswegs überall vor, und wo sie vorliegen, ist dies grundsätzlich nur in begrenzten Zeiträumen regionaler Entwicklung der Fall. Ich komme noch einmal darauf zurück.

Die Netzwerkprinzipien der Reziprozität, der Interdependenz und der „losen Beziehungen" sind im regionalen Betrachtungsrahmen unmittelbar damit verbunden, daß sich – und auch darauf wurde mehrfach eingegangen – regionale Akteure in der Form konkret handelnder Personen mehr oder weniger diffus mit „ihrer" Region identifizieren, daß für sie also nicht nur die „social embeddedness" objektiv gilt, sondern daß sie sich in die Region auch subjektiv eingebettet fühlen. Sie tun dies nicht – oder nicht vorwiegend –, weil sie im Sinne konkreter Äquivalenzleistungen Vorteile haben, sondern weil sich öffentliche und gruppenspezifische Anerkennung wesentlich daran mißt, was die einzelnen Personen „für die Region" tun, und zwar im Sinne der Ziele regionaler Netzwerke im instrumentellen Sinne, deren Präzisierung in der Diskussion angemahnt wurde. In den östlichen Bundesländern sind diese Ziele im übrigen weitgehend auf zwei sehr dominierende zu reduzieren, nämlich eine
– möglichst positive (oder nicht allzu negative) Gestaltung der regionalen Arbeitsmarktbilanz;
– möglichst schnelle und durchgreifende Aufbesserung der Umweltbilanz.

Aber zurück zum vorherigen personenspezifischen Ansatz. Aus ihm sind einige meines Erachtens sehr spannende und bisher nur wenig berührte Fragen abzuleiten:
- Wie entsteht die Motivation des „Einsatzes für die Region" bei einzelnen Akteuren?
- Wie entwickeln sich regionalen Zielen verpflichtete Verhaltensweisen mit korporativem Charakter (Gruppen mit regionalem Verhaltenskodex, nicht zu verwechseln mit nur persönlichen Zielen verpflichteten sog. „Seilschaften", die es im übrigen nicht nur als Hinterlassenschaft der DDR und nicht nur in den östlichen Bundesländern gibt)?
- Welche Belohnungsmechanismen bestehen in diesem Rahmen jenseits konkreter Äquivalenzleistungen?
- Wie spielen in diesem Zusammenhang die unterschiedlichen institutionellen Komplexe auf regionaler, teilweise aber auch überregionaler Ebene - kommunale Verwaltungen und Vertretungskörperschaften, Wirtschaftsinstitutionen, Verbände, Kirchen, Gewerkschaften, Parteien etc. - jeweils außerhalb ihrer institutionellen Aufgaben und Tagesordnungen zusammen?

Neu ist also nicht die Existenz von Netzwerken in der einen oder der anderen Region, wobei die Funktionsmechanismen u. a. auf der Basis der genannten Fragen noch intensiv weiter zu untersuchen wären. Neu ist in den letzten Jahren die Instrumentalisierung des Ansatzes, wobei ich wiederum an den Eingangsausführungen von Herrn Pohl anknüpfe:
- Welche Mechanismen verhindern das Entstehen oder das optimale „Funktionieren" regionaler Netzwerke?
- Kann man regionale Netzwerke - auch Herr Miosga stellte diese Frage - künstlich schaffen? Gibt es „Initialzündungsmechanismen"? Welche Rolle können Moderatoren spielen? Kann man gar Moderatoren speziell für diese Aufgabe ausbilden, wie Frau Strambach fragt?
- Gibt es Existenzzyklen von Netzwerken, können Netzwerke sterben, eine Frage, die von Herrn Butzin in der Diskussion angeschnitten wurde?

Einige Antworten scheinen nach dieser Fachsitzung festzustehen:
1. Den Aufbau von Netzwerken kann man nicht „anordnen" (vgl. Referate von Herrn Miosga und Frau Strambach).
2. Man kann ihn somit auch nicht mit einmaligen Aktionen „anstoßen".
3. Der bewußte Aufbau von Netzwerken kann nur durch den dauerhaften Ansatz regionsverbundener, konkret identifizierbarer und sich identifizierender Personen gelingen. Auch an eine moderierende Person wären diese Anforderungen zu stellen. Moderation mit dem Ziel des Aufbaus von Netzwerken kann also nicht von „Gästen" dauerhaft geleistet werden.

Der regionalisierte Netzwerkansatz bezieht sich nicht direkt auf die zeitlich begrenzte kooperative Bewältigung von Einzelaufgaben. Insofern ist Herrn Mensing Recht zu geben, daß interkommunale Kooperation nicht per se in den Netzwerkansatz integriert werden sollte, jedoch auf der Basis funktionierender regionaler Netze weitaus besser bewerkstelligt werden kann, sofern deren Existenz nicht sogar eine wesentliche Erfolgsvoraussetzung ist. Mit dem Netzwerkansatz erfaßt man auch nicht die Bildung und die Arbeitsweise von Institutionen der Regionalplanung entsprechend den Regelungen der Landesplanungsgesetze. Einzelne darin tätige Akteure können dessen ungeachtet zur Funktionsweise regionaler Netze beitragen, genauso sie aber auch gerade behindern.

Gesprächskreise zur Regionalentwicklung wie die drei Länder-Gremien zur Erarbeitung eines Regionalen Entwicklungskonzeptes (REK) für die Hamburger Region soll man ebenfalls nicht überbewerten. Die REK-Gremien sind als vorübergehende Einrichtungen mit begrenztem Auftrag und sorgfältig zwischen den drei Ländern ausgewogener Beteiligung unter Wahrung aller länderspezifischen Zuständigkeiten gebildet worden. Allein dies zeigt schon, daß der Begriff „Netzwerk" hier fehl am Platze wäre. Eher schon können die Regionalkonferenzen nordrheinwestfälischer Prägung als Versuch gesehen werden, auf längere Frist angelegte regionale Netzwerke zu schaffen. Zu dieser Einschätzung ermutigt zum einen die Bereitschaft, die Moderation und Geschäftsführung der Konferenzen nach Möglichkeit gerade nicht in die Hände „zuständiger" öffentlicher Institutionen zu legen. Zum anderen spielt eine Rolle, daß sich die regionalen Akteure auf gemeinsame Ziele und Programme verständigen müssen, um Fördermittel zu erhalten.

Wenn man davon ausgeht, daß sich regionale Netzwerke durchaus auch künstlich schaffen lassen, wie hoch der immaterielle Aufwand auch sein mag, dann wäre allerdings in den östlichen Bundesländern ganz besonders viel zu tun. Versuchen sollte man es.

Den Referierenden und den Diskutierenden sei herzlich gedankt.

# FACHSITZUNG 4:
# GLOBALISIERUNG ÖKONOMISCHER AKTIVITÄTEN UND TRANSFORMATIONSPROZESSE IM OSTEN
Sitzungsleitung: Ludwig Schätzl und Jürgen Oßenbrügge

## EINLEITUNG

Jürgen Oßenbrügge, Hamburg und Ludwig Schätzl, Hannover

Die Vorträge und die Diskussion in der Fachsitzung sind durch drei grundsätzliche Aspekte gekennzeichnet, die Rahmenbedingungen für die Fallstudien abgeben. Zum einen werden die postsozialistischen Wirtschaftsräume in den Prozeß der weltwirtschaftlichen Entwicklung eingebunden und einem Weltmarkt ausgesetzt, der sich seit etwa zwei Jahrzehnten strukturell verändert. Dieser Prozeß, der durch den Begriff Globalisierung ökonomischer Aktivitäten im Fachsitzungsthema ausgedrückt worden ist, führt zu einer Neubestimmung regionaler Wettbewerbsfähigkeit nicht nur in den Transformationsländern. Zum zweiten sind in den postsozialistischen Staaten ganz unterschiedliche politisch-institutionelle Verlaufsformen der Transformation festzustellen. Obwohl eigentlich jeder Staat einer eigenständigen Betrachtung bedarf, lassen sich – etwas vereinfacht – Transformationstypen unterscheiden, die zu unterschiedlichen regionalen Ergebnissen führen können. Zum dritten ist auf die jeweiligen regionalen Ausstattungsunterschiede hinzuweisen, die den wirtschaftlichen Erfolg der Transformation grundsätzlich beeinflussen. Es ist von prinzipieller Bedeutung, ob beispielsweise ein schwerindustrieller Produktionskomplex, eine dezentrale Industriestuktur in agrarisch geprägten Räumen oder Investitions- und Verbrauchsgüterindustrien in Verdichtungsräumen Gegenstand der Betrachtung sind. Eine derartige Perspektive legt es beispielsweise nahe, weniger von Transformations- als von Regionalkrisen auszugehen, die mit westlichen Regionalkrisen vergleichbar sind, jedoch in einem anderen, schnelleren Zeitregime ablaufen.

## 1. Folgen der Globalisierung ökonomischer Aktivitäten

Die wirtschaftsgeographische Globalisierungsdiskussion thematisiert zumeist drei Aspekte der wirtschaftlichen Entwicklung, die tendenziell aufeinander aufbauen, aber auch als gleichzeitig ablaufend angesehen werden. Eine erste Phase ist durch die Globalisierung der Märkte gekennzeichnet und hat u.a. zu dem erheblichen Anwachsen des Welthandelsvolumen seit Ende der sechziger Jahre geführt. Die zweite Phase stellt die Globalisierung der Produktion dar, die seit den siebziger Jahren als die „Neue Internationale Arbeitsteilung" bezeichnet und primär als Verlagerung industrieller Aktivitäten in die sogenannten Schwellenländer interpretiert wird. Die dritte Phase stellt die Globalisierung der Produktionssysteme dar.

Darunter ist vereinfacht eine globale Vernetzung der Produktion und produktionsorientierter Dienstleistungen zu verstehen, die durch das Bestreben nach technologischer Systemführerschaft und dem Erzielen von Kostenvorteilen verursacht werden. Besonders dieser letzte Schritt hat zu einer weiterverzweigten Diskussion über das Ende nationaler und regionaler Wirtschaftsräume geführt, da globale Produktionssysteme keine entsprechende Verankerung mehr benötigen.

Diese sehr knapp zusammengefaßten Tendenzen implizieren zwei wichtige Ausgangsbedingungen für die Transformationsstaaten. Erstens nehmen weltweit die Gestaltungsspielräume auf der regionalen Ebene zur Beeinflussung der wirtschaftlichen Entwicklung stark ab. Globalisierte Produktionssysteme sind in ihrer Standortwahl relativ frei und ungebunden. Sie sind kaum dauerhaft in nationale und regionale Kontexte zu integrieren, insbesondere dann nicht, wenn keine historisch gewachsenen Wettbewerbsvorteile (im Sinne Porters) vorhanden sind. Solche Potentiale sind im postsozialistischen Raum die Ausnahme. Zweitens besteht eine prinzipielle Konkurrenz zwischen den Regionen um produktive Institutionen. Diese Konkurrenz betrifft nicht nur die östlichen Regionen untereinander, sondern ist ebenfalls auf der globalen und gesamteuropäischen Ebene wirksam. Daher muß der „Osten" nicht nur bemüht sein, seine internen Transformationsprobleme schnell zu lösen, sondern sich auch in der Konkurrenz zu anderen Regionen als überlegen erweisen. An dem Verhalten der mediterranen Mitgliedstaaten gegenüber den Vorstellungen der Osterweiterung der Europäischen Union oder der tendenziellen Abnahme der Solidarität zwischen den westlichen und östlichen Bundesländern in Fragen des Finanzausgleichs werden die politischen Auswirkungen der regionalen Konkurrenz bereits sichtbar.

## 2. Grundzüge der Systemtransformation

In den 80er Jahren gerieten die Länder mit sozialistischer Planwirtschaft zunehmend in eine ökonomische Krise. Sowohl in Industrieländern als auch in Entwicklungsländern haben die sich am Leitbild des Kommunismus orientierenden Systeme zentral gelenkter Wirtschaftsplanung versagt. Das Ergebnis jahrzehntelanger sozialistischer Planwirtschaft war eine zerrüttete, international nicht wettbewerbsfähige Wirtschaft. Der Kapitalstock war veraltet, die Produktionsverfahren ineffizient und die Qualität der hergestellten Produkte entsprach häufig nicht den Ansprüchen des Weltmarkts.

Wegen der inferioren Leistungsfähigkeit ihres Wirtschaftssystems streben praktisch alle Zentralverwaltungswirtschaften eine Systemtransformation von der Plan- zur Marktwirtschaft an. Beim Aufbau marktwirtschaftlicher Strukturen müssen die Länder nach vorherrschender ökonomischer Lehrmeinung drei Aufgabenbereiche bewältigen.

1. Die Schaffung einer institutionellen Ordnung, die die Regeln festlegt, innerhalb derer sich privatwirtschaftliche Initiativen entfalten können. Zu diesen Regeln gehören die institutionellen Rahmenbedingungen für die Güter- und Faktormärkte, ein funktionsfähiges Rechtssystem, eine Geldordnung, eine

Eigentumsordnung, eine Konkursordnung, ein Steuersystem usw. Aufzubauen sind aber auch eine leistungsfähige staatliche Administration auf nationaler und dezentraler Ebene sowie nichtstaatliche Institutionen wie Gewerkschaften, Unternehmerverbände, Industrie- und Handelskammern und vieles mehr.

2. Die reale Anpassung der Volkswirtschaft, d.h. die Umstellung von Produktion, Investition und Beschäftigung auf die Bedingungen einer Marktwirtschaft.

3. Schließlich ist für eine Systemtransformation ein breiter gesellschaftlicher Konsens über die Grundzüge, den zeitlichen Ablauf und die Lastenverteilung notwendig. Dieser gesellschaftliche Konsens schafft die Grundlage für politische Stabilität. Ohne politische Stabilität ist weder der Aufbau einer institutionellen Ordnung noch ein erfolgreicher Anpassungsprozeß der Wirtschaft möglich.

Vom Grad der Bewältigung dieser drei Aufgaben hängt es ganz entscheidend ab, in welchem Maß es gelingt, eine international wettbewerbsfähige Ökonomie aufzubauen und die ehemaligen Zentralverwaltungswirtschaften in eine marktwirtschaftlich organisierte Weltwirtschaft zu integrieren.

Bei der Bewältigung des Übergangs von der Plan- zur Marktwirtschaft lassen sich stark vereinfacht vier praktizierte Transformationsmodelle unterscheiden, die auch unterschiedliche Strategien der Weltmarktintegration implizieren.

1. Der Sonderfall der Deutschen Demokratischen Republik. Die fünf neuen Bundesländer einschließlich von Ost-Berlin traten vor fünf Jahren am 3.10.1990 gemäß Artikel 23 des Grundgesetzes der Bundesrepublik Deutschland bei. Mit dem Tag der deutschen Vereinigung wurde das politische, ökonomische und soziale System der BRD auf das Beitrittsgebiet ausgedehnt. Die abrupte Einführung der Marktwirtschaft löste in Ostdeutschland einen Transformationsschock aus. Es kam zu tiefgreifenden Einbrüchen in nahezu allen ökonomischen Bereichen; insbesondere die industrielle Basis zerfiel. Die Gründe für den Produktions- und Beschäftigungsverfall der Industrie liegen neben der bekannten geringen internationalen Wettbewerbsfähigkeit in zwei 1990 getroffenen Grundsatzentscheidungen auf dem Gebiet der Währungs- und Lohnpolitik. Die politisch notwendige Währungsumstellung bereits am 1.7.1990 zum Kurs von 1 : 1 für Preise, Löhne und Renten wirkte für die ostdeutsche Exportindustrie wie eine Aufwertung um etwa 300–400 Prozent; dieser Aufwertungsschock beschleunigte bei exportorientierten Unternehmen den Produktionsrückgang. Die Entscheidung, bis Mitte der 90er Jahre die Löhne in Ostdeutschland an das Niveau Westdeutschlands heranzuführen, bewirkte den Zusammenbruch von Unternehmen mit veraltetem Kapitalstock und verschärfte die Arbeitslosigkeit. Es waren insbesondere Betriebe, die „handelbare Güter" herstellten, die sich im interregionalen und internationalen Wettbewerb nicht durchsetzen konnten und besonders einschneidende Produktions- und Beschäftigungseinbußen hinnehmen mußten.

Um Ostdeutschland in das ökonomische und soziale System der Bundesrepublik Deutschland zu integrieren, waren in der Vergangenheit und sind auch noch in der Zukunft massive öffentliche Finanztransfers aus Westdeutschland und erhebliche Investitionen der Privatwirtschaft notwendig. Allein im fünfjährigen Zeitraum von 1991–1995 betrugen nach Angaben der Deutschen Bundesbank die öffentlichen Bruttoleistungen für Ostdeutschland 840 Mrd. DM und die Nettoleistungen 644 Mrd. DM. Diese öffentlichen Finanzleistungen Westdeutschlands dienten neben dem Aufbau des volkswirtschaftlichen Produktionsapparates (z.B. im Infrastrukturbereich) vornehmlich der Einführung des westdeutschen sozialen Leistungssystems in Ostdeutschland. Um den veralteten Kapitalstock neu aufzubauen, werden private Investitionen in Ostdeutschland vom Staat massiv gefördert. Die hohe Subventionierung des Kapitals begünstigt in Ostdeutschland den Aufbau einer kapitalintensiven Industrie. Als ein Investitionsschwerpunkt läßt sich die Errichtung von Betrieben erkennen, die industrielle Massengüter herstellen, die sich bereits in einer fortgeschrittenen Phase des Produktlebenszyklus befinden (Stahlindustrie, Schiffbau, Straßenfahrzeugbau). Es ist zu befürchten, daß angesichts der Konkurrenz durch Niedriglohnländer zumindest Teile der Stahlindustrie und des Schiffbaus langfristig kaum internationale Wettbewerbsfähigkeit erlangen können. Um ein selbsttragendes Wirtschaftswachstum zu erreichen, muß es einem Hochlohnland gelingen, eine humankapital- und technologieintensive Industrie aufzubauen. Die Chancen hierfür sind in Ostdeutschland vorhanden. Durch die umfassenden Kapitalsubventionen in Verbindung mit einem beachtlichem Reservoir an ingenieurwissenschaftlich ausgebildeten Fachkräften und einer neuausgebauten modernen Infrastruktur gewinnen Standorte in Ostdeutschland mit hoher Lagegunst auch für sog. High-Tech-Betriebe an Attraktivität. Ostdeutschen Regionen, denen eine technologische Modernisierung der Wirtschaft gelingt, verbessern auch ihre Chance, die Massenarbeitslosigkeit nachhaltig zu verringern. Mitte 1995 lag die Arbeitslosenquote in Dresden bereits unter jener von Hannover.

2. Das Reformmodell Osteuropas. Die sog. Reformstaaten Mittel- und Osteuropas (Ungarn, Polen, Tschechische Republik, Slowakei) bemühen sich um eine grundlegende Demokratisierung ihrer Gesellschaft. Auf ökonomischem Gebiet versuchen sie, im wesentlichen mit endogenen Ressourcen, tragfähige marktwirtschaftliche Strukturen aufzubauen. Nach Beginn des Reformprozesses kam es in allen Ländern zu Produktionseinbrüchen. Zwischenzeitlich konnte jedoch der Rückgang der Wirtschaftsleistung gestoppt und ein Wachstum des Bruttoinlandsprodukts erreicht werden. Allerdings ließ sich in den Ländern Osteuropas nicht vermeiden, daß sich in der ersten Phase des ökonomischen Transformationsprozesses die Lebensbedingungen vor allem der ärmeren Bevölkerung verschlechterten. Zur Abfederung dieser negativen sozialen Folgen der Systemtransformation wären – ähnlich wie in Ostdeutschland – soziale Hilfsprogramme wünschenswert. Wenn es den Reformstaaten Osteuropas gelingt, eine leistungsfähige institutionelle Infrastruktur zu entwickeln, d.h. ein funktionsfähiges Rechtssystem aufzubauen, das monetäre System zu stabilisieren, eine neue Eigentumsordnung

durchzusetzen, besitzen sie langfristig günstige Entwicklungsperspektiven. Die Länder verfügen über gut ausgebildete Facharbeiter, die ihre Arbeitskraft zu einem außergewöhnlich niedrigem Lohn anbieten. Die komparativen Vorteile Osteuropas liegen also vornehmlich bei arbeitsintensiv- aber auch bei „reifen" sachkapitalintensiv hergestellten Produkten, d.h. bei ausgewählten Gütern des Agrarsektors, des Bergbaus und bei industriellen Massengütern.

3. Das sowjetische Modell. Bislang läßt sich in der ehemaligen UdSSR kein klares Konzept für eine politische Erneuerung und eine ökonomische Systemtransformation erkennen. Experten berichten von „politischem Chaos und institutioneller Anarchie". Die OECD erwartet allerdings, daß auch Rußland auf der Talsohle der Transformationskrise angekommen ist und 1996 mit einem leichten Wachstum der Wirtschaft rechnen kann.

4. Das asiatische Modell einer „sozialistischen Marktwirtschaft". Ziel der politischen Führung in der Volksrepublik China und der Volksrepublik Vietnam ist es, im politischen Bereich die kommunistische Diktatur zu erhalten, auf ökonomischem Gebiet aber zunehmend marktwirtschaftliche Elemente in das Wirtschaftssystem einzuführen. In Ostasien wird die spannende Frage beantwortet, ob Marktwirtschaft im Sozialismus möglich ist. Seit der Einführung marktwirtschaftlicher Strukturen sind beiden Staaten beachtliche wirtschaftliche Erfolge gelungen. Sie erreichten hohe wirtschaftliche Wachstumsraten, sind zunehmend Zielgebiete ausländischer Direktinvestitionen (vornehmlich aus Japan und den südostasiatischen Schwellenländern) und konnten aufgrund extrem niedriger Löhne bei arbeitsintensiv hergestellten Massengütern internationale Wettbewerbsfähigkeit erlangen. Allerdings könnten regional und sektoral unterschiedliche Transformationsgeschwindigkeiten in beiden Ländern und damit verbunden die Entstehung regionaler Ungleichgewichte in der sozioökonomischen Entwicklung sowie wachsender Disparitäten in der personellen Einkommensverteilung den weiter notwendigen Übergang von der Plan- zur Marktwirtschaft gefährden.

## 3. Regionale Folgen in unterschiedlichen Transformationstypen

Die verschiedenen Transformationstypen ergeben ihrerseits eine weitere Differenzierung der genannten strukturellen Bedingungen auf der Ebene der Weltwirtschaft. Auf der Grundlage der Beiträge in der Fachsitzung können drei weiterführende Aspekte herausgestellt werden.

Die Wirtschaftsräume der ehemaligen DDR unterliegen einer schockartigen Transformation, die, verursacht durch die Wirtschafts- und Währungsunion sowie die Wiedervereinigung, durch erhebliche Transferzahlungen aus der früheren Bundesrepublik abgefedert wird. In einigen Aspekten scheint allerdings eine weitgehende Analogie zwischen Krisenerscheinungen im Osten und Westen wegen ähnlicher regionaler Situationen vorzuliegen. So läßt sich z.B. die Wirtschafts- und Siedlungsstruktur von Eisenhüttenstadt auch in Konzepten erklären, die in den siebziger Jahren zur Erläuterung von Regionalkrisen in den westlichen altindustriellen Regionen Anwendung fanden. Dementsprechend sind die Einordnung der regional hergestellten Produkte nach der Produktzyklustheorie, dem Grad der wirtschaftlichen Diversifizierung und mentale Blockaden die in diesem Fall wichtigeren erklärenden Faktoren. Gleichzeitig wird versucht, regionale Wettbewerbsfähigkeit durch Institutionen herzustellen, deren organisatorischer Aufbau und personelle Zusammensetzung westdeutschen Vorbildern folgt. Dieses impliziert dezentrale Problemlösungen, die jedoch grundsätzlich vom Ausmaß der gesamtdeutschen Transferleistungen und von der Stahlpolitik der EG-Administration und des europäischen Stahlkonzerns abhängig bleibt.

Der Beitrag zum Reformstaat Tschechien weist auf kompliziertere Zusammenhänge hin, da hier der Transformationsprozeß weder auf lokalen Transferzahlungen, noch auf die Einführung „erprobter" Institutionen aufbauen muß. Der Beitrag zeigt eine eher skeptische Einschätzung regionaler Potentiale, durch die sich endogene Entwicklungswege eröffnen ließen. Die externe, durch Sachzwänge des Weltmarktes sturkturierte Einbindung führt zu gravierenden Anpassungsproblemen, die durch die Notwendigkeit des Abbaus von Altlasten aus der sozialistischen Zeit verstärkt werden. Das Muster der Regionalpolitik folgt zentralistischen Vorbildern und Traditionen, wodurch eine zusätzliche Möglichkeit zur Aktivierung endogener Potentiale nicht zur Anwendung kommt.

Der Beitrag zur Transformation Vietnams stellte einen Prozeß unter dem Primat des Politischen vor. Die Frage ist hier, ob es der kommunistischen Führung gelingt, den Weltmarkt selektiv in Wert zu setzen, d.h. die ablaufenden Globalisierungsprozesse für die Regionalentwicklung in Vietnam strategisch einzusetzen. Im Beitrag von Revilla Diez werden imponierende Wachstumsraten dokumentiert, die die wirtschaftliche Entwicklung Vietnams als vergleichbar mit anderen Regionen im südostasiatischen Wachstumsraum darstellt. Dieses gilt besonders auch für die staatlich regulierten Sektoren, die sich bisher als dynamischer erweisen als der rein privatwirtschaftliche Bereich. Ein wichtiger Hinweis ist auch das Auftreten neuer regionaler Disparitäten, die durch die selektive Marktöffnung entstanden sind. Vietnam könnte damit ein interessanter Fall zur Weiterführung polarisationstheoretischer Auseinandersetzungen werden.

Es gibt Gründe zur Annahme, daß es der Industrie der Transformationsländer gelingt, sich erfolgreich am Weltmarkt zu positionieren. Komparative Vorteile besitzen zunächst China und Vietnam bei arbeitsintensiv hergestellten Massengütern, die Reformstaaten Osteuropas bei arbeits- und sachkapitalintensiven Massengütern und Ostdeutschland bei Gütern der gehobenen Gebrauchstechnologie. Mit zunehmendem Erfolg der Transformationsländer verändert sich die internationale Arbeitsteilung. In der Europäischen Union müssen sich sowohl arbeitsintensive Wirtschaftsbereiche als auch Unternehmen, die „ältere", „reifere" Massengüter herstellen, auf Produktionseinbußen einstellen. Anderersits bietet die Intensivierung der Wirtschaftsbeziehungen mit Osteuropa der westeuropäischen Wirtschaft beachtliche Chancen durch die Möglichkeit der Verlagerung arbeits- und sachkapitalintensiver Produktion sowie durch den Absatz hochwertiger Konsum- und Investitionsgüter. In Asien könnte der erfolgreiche Aufbau einer exportorientierten Industrie in China und Vietnam die marktwirtschaftlichen Schwellenländer Südostasiens veranlassen, den Strukturwandel in Richtung auf humankapital- und technologieintensive Produktionen zu beschleunigen. Für die arbeitsintensive Industrie vieler Entwicklungsländer verschärft sich der Wettbewerb auf den nationalen und internationalen Märkten.

Es ist sicherlich schwierig, die Ergebnisse dieser Fachsitzung knapp zusammenzufassen. Es hat sich jedoch gezeigt, daß die Matrix, bestehend aus Überlegungen zur Globalisierung ökonomischer Aktivitäten und Grundformen der Transformation einen Rahmen gibt, der länderbezogene und regionalspezifische Fallstudien einordnet. Mit Nachdruck ist darauf hinzuweisen, daß die wirtschaftsgeographische Theoriebildung und die empirische Bearbeitung dieses Themas gleichzeitig und gleichgewichtig vorangetrieben werden sollte.

# ENDOGENE UND EXOGENE FAKTOREN REGIONALER TRANSFORMATIONSPROZESSE IN DER TSCHECHISCHEN REPUBLIK

Hans-Joachim Bürkner, Göttingen

## 1. Problemdefinition

Versucht man, die Transformation der ehemals sozialistischen Gesellschaften Ostmitteleuropas mit Hilfe von wenigen prägnanten Begriffen zu charakterisieren, so fallen häufig Stichworte wie „Privatisierung", „Entwicklung marktwirtschaftlicher Strukturen", „Entstehung bürgerlicher Gesellschaften" usw. Auf den ersten Blick erhält man den Eindruck, als handele es sich primär um einen internen Prozeß, den diese Gesellschaften mit einer jeweils eigenen Dynamik und einer jeweils länderspezifischen Problematik durchlaufen. Dieser Beitrag soll auf den Umstand aufmerksam machen, daß die Transformationsprozesse in Ostmitteleuropa nicht losgelöst von ökonomischen und politischen Einflüssen aus dem westlichen Ausland sowie den damit verbundenen internationalen Strukturen betrachtet werden können.

In der Tat sehen sich die Transformationsländer vor das Problem gestellt, einen Einstieg in ein Weltwirtschaftssystem zu finden, das seinerseits in den vergangenen 15 bis 20 Jahren von tiefgreifenden Umbrüchen verändert worden ist. Begriffe wie „flexible Akkumulation" (Hirst/Zeitlin 1992) und „Wettbewerb der Regionen" (Lash/Urry 1992) kennzeichnen eine gewandelte, d.h. im wesentlichen postfordistische Wirtschaftsweise, auf die sich die Transformationsländer nach der politischen Wende im Osten unversehens einstellen mußten.

Dabei geht es für sie nicht nur darum, einen Platz in der globalen Hierarchie der Wirtschaftsregionen zu finden, der ihrer Wettbewerbsfähigkeit und ihren ökonomischen und politischen Handlungsmöglichkeiten entspricht. Sie stehen auch vor der Aufgabe, die Art und Weise dieser Integration in globale Zusammenhänge mitzugestalten. Hierbei hat sich bereits kurze Zeit nach der politischen Wende herausgestellt, daß die Handlungsmöglichkeiten der neuen Staaten stark eingeschränkt sind. Das Problem des Steuerungsverlusts der Nationalstaaten in bezug auf die Auswirkungen globaler Entwicklungen auf die lokale und regionale Ebene, das sich im Westen bereits geraume Zeit vor der Wende abgezeichnet hatte (vgl. Swyngedow 1992; Peck/Tickell 1994, S. 318), ist für die Staaten Ostmitteleuropas unter den gegenwärtigen Bedingungen kaum zu lösen.

Das Problem entsteht auf der einen Seite dadurch, daß in Ostmitteleuropa die nationalstaatlichen Wirtschafts- und Politikzusammenhänge fragmentiert werden (Lamentowicz 1995), und zwar nach innen hin aufgrund von politischen Dezentralisierungsprozessen und nach außen hin aufgrund der verstärkten Ausrichtung der Regionalökonomien an den Strategien von international operierenden Akteuren (z. B. multinationalen Konzernen, internationalen Institutionen, Staatengemeinschaften wie der Europäischen Union). Die Investitionsinteressen und -aktivitäten westeuropäischer, amerikanischer oder südostasiatischer Unternehmen sind nicht nur sektoral, sondern auch regional konzentriert und provozieren eine selektive Einbeziehung einzelner Regionen in den globalen Wettbewerb der Regionen (s. hierzu Schabhüser 1993).

Auf der anderen Seite führt die Renaissance nationalistischen Denkens und Handelns – häufig im Verein mit extrem neo-liberalistischen Wirtschaftspolitiken (vgl. Kosta 1995) – dazu, daß nationalstaatliche Totalkonzepte zuungunsten von regional bzw. lokal flexiblen Anpassungsstrategien favorisiert werden. Angesichts der allgemein zunehmenden Unfähigkeit staatlicher Politik, in international gesteuerte ökonomische Prozesse einzugreifen (z. B. durch die Schaffung von Investitionsanreizen), kann sich eine nationalstaatliche, zentralistische Strategie bereits in naher Zukunft als ein untaugliches Instrument zur Beeinflussung transnationaler Wirtschaftsprozesse sowie auch zur Förderung der regionalen Wirtschaftsentwicklung in Ostmitteleuropa erweisen. Verschärfend kommt hinzu, daß eine Regionalpolitik, die beispielsweise die endogenen Potentiale und die Möglichkeiten der Institutionalisierung von „lokalen Antworten auf globale Prozesse" fördert (Scott/Storper 1992, S. 16; Dunford/Kafklas 1992, S. 5), oft nur in rudimentären Ansätzen existiert (vgl. Prikryl 1993).

Die Problematik wäre noch überschaubar, wenn es sich lediglich darum handeln würde, die Anpassung von zwar weniger entwickelten, aber innerhalb ein und derselben Produktionsweise kompatiblen National- und Regionalökonomien an transnationale Wirtschaftsstrukturen zu bewerkstelligen. Kompliziert wird die Situation jedoch durch den Umstand, daß diese Anpassung von Regionen geleistet werden soll, die sich nach wie vor im Übergang zwischen zwei Produktionsweisen befinden. Veraltete bzw. in Auflösung befindliche Produktionsbasen, ein geringer Stand der industriellen Produktivität, erhebliche Defizite gegenüber den westlichen Technologiestandards, allgemeine Kapitalarmut, unvollkommene bzw. nur eingeschränkt funktionierende Gütermärkte, ungeklärte Eigentumsfragen, knappe Boden- und Immobilienressourcen, langsam vorankommende Privatisierungsprozesse, hohe regionale Arbeitslosenquoten und anderes mehr kennzeichnen endogene Transformationsprobleme, die sich unmittelbar auf die Integration in globale Zusammenhänge auswirken (vgl. hierzu Pick 1992, Faßmann 1994). Die unvermittelte Verfügbarkeit von kostengünstigen Arbeitskräften für westeuropäische Unternehmen und die entsprechende selektive Verlagerung von Produktionen nach Ostmitteleuropa oder etwa die sprunghaft einsetzende Arbeitsmobilität der grenznahen Bevölkerung der Tschechischen Republik und Ungarns kennzeichen eine Situation, in der die internen strukturellen Verwerfungen im Rahmen des Transformationsprozesses (z. B. die Freisetzung von Arbeitskräften im Privatisierungsprozeß oder der Kapitalmangel vieler ostmitteleuropäischer Unternehmen) zu günstigen Investitionsbedingungen für internationale Akteure werden.

Für die betroffenen Regionen stellt sich der Transformationsprozeß somit als ein Zusammenwirken von im wesentlichen zwei Faktorengruppen dar: zum einen von solchen exogenen Faktoren, die mit der Einbindung der Regionen in überregionale bzw. globale Zusammenhänge verbunden sind, zum anderen von endogenen, d. h. aus internen Umbruchsprozessen entstandenen Faktoren, die die externen Anpassungsprobleme selektiv verschärfen. Am Beispiel der Tschechischen Republik möchte ich im folgenden einige Schlaglichter auf das Verhältnis von endogenen und exogenen Faktoren der regionalen Transformation werfen.

## 2. Exogene Faktoren als Ausdruck von Globalisierungsprozessen

Als exogene Faktoren lassen sich vor allem solche ökonomischen Prozesse identifizieren, die nicht nur in Ostmitteleuropa, sondern auch in Westeuropa und anderen Zentren des Weltsystems mit Tendenzen der Globalisierung in Verbindung stehen. Es handelt sich dabei um eine zunehmende Einbeziehung der vormals vom Ausland abgeschotteten Regionalökonomien in internationale Wirtschaftskreisläufe sowie um die gleichzeitig ablaufende Internationalisierung von Arbeitsmärkten.

In der Frühphase der Transformation standen die Öffnung des tschechischen Arbeitsmarkts für das angrenzende westliche Ausland sowie die Nutzung preisgünstiger Arbeitskraft vor allem durch deutsche Unternehmen im grenznahen Raum im Mittelpunkt der Entwicklungen. Die damit einhergehende Mobilität von Grenzpendlern, Saisonarbeitern und Werkvertragsarbeitnehmern aus Böhmen nach Bayern und Sachsen zeitigte für die beteiligten Regionen jeweils sehr unterschiedliche Folgen: Zum einen führte sie zu einer Erweiterung des deutschen Arbeitsmarkts, die allerdings bereits nach ca. zwei Jahren (d. h. spätestens zu Beginn des Jahres 1994) aufgrund des wachsenden politischen Widerstandes gegen die Arbeitskräftekonkurrenz aus dem benachbarten Niedriglohnland durch restriktive Maßnahmen der deutschen Arbeitsverwaltungen eingeschränkt wurde. Zum anderen bewirkte sie einen zeitweiligen Transfer von umfangreichen Arbeitskräftereservoirs aus der Tschechischen Republik in den EU-Raum. Diese Entwicklung machte sich auf der tschechischen Seite in einem Entzug von Fachkräften bemerkbar, die der Nachfrageseite – vor allem den neu gegründeten Privatunternehmen – nicht mehr oder nur eingeschränkt zur Verfügung standen (s. hierzu Rudolph 1994, Bürkner 1995).

Ergänzt und teilweise abgelöst wurde dieser Prozeß durch die zunehmenden Aktivitäten westlicher Unternehmen in der Tschechischen Republik selbst, die im großen und ganzen dem Muster der westlichen Flexibilisierungsstrategien der vergangenen 10–15 Jahre folgten. Neben der Auslagerung von lohnkostenintensiven Produktionen in die Tschechische Republik erfolgte immer häufiger auch die Vergabe von Subkontrakten an tschechische Unternehmen (z. B. in Form der sog. Lohnveredelung in der Textil- und Bekleidungsindustrie). Letztere zielten auf eine effektive Nutzung der kostengünstigen Arbeitskraft sowie weiterer Ressourcen vor Ort ab. Mit Hilfe von weiteren Formen der formalen Kooperation zwischen Unternehmen aus dem EU-Raum und tschechischen Unternehmen wurden während der Phase der Marktöffnung in den ersten drei Jahren nach der politischen Wende wichtige Handels- und Zulieferbeziehungen etabliert, die den Weg für nachfolgende Investitionen in produktive Bereiche ebneten. Seit 1993 ist eine stärkere Verlagerung der Kooperationen auf die industrielle Produktionssphäre zu verzeichnen.

Charakteristisch für die Entwicklung im Produzierenden Gewerbe ist die Konzentration der Aktivitäten der Investoren auf arbeitsintensive Industrien mit geringem bis mittlerem technologischen Niveau. Fortgeschrittene Technologiebereiche wie z. B. automatisierte Produktionen in der Automobilindustrie wurden dagegen häufig nur selektiv im Rahmen von Gemeinschaftsunternehmen (Joint Ventures) durch ausländische Unternehmen erschlossen; das bekannteste Beispiel bildet die Kooperation des Volkswagen-Konzerns mit dem tschechischen Automobilhersteller Škoda.

Generell kann davon gesprochen werden, daß die Tschechische Republik bereits frühzeitig nach der politischen Wende in den Interessenbereich westlicher Unternehmen gerückt war. Hierbei kam es aufgrund von gesetzlichen Beschränkungen vorwiegend zur Entwicklung von Joint Ventures. Die Filialisierung von westlichen Unternehmen sowie Direktinvestitionen aus dem Ausland waren zunächst kaum realisierbar. Erst nach der Schaffung entsprechender gesetzlicher Grundlagen im Jahr 1992 wurde es ausländischen Unternehmen auch möglich, Filialen in der Tschechischen Republik zu eröffnen, die sich zu 100 % in ihrem Eigentum befanden. Da eine Rückführung des investierten Kapitals ebenso wie der Gewinne keinen Restriktionen unterworfen wurde, entwickelte sich die Filialisierung innerhalb kurzer Zeit zur bevorzugten Expansionsform ausländischer Unternehmen. Daneben bot diese Rechtsform besonders für Unternehmen des Produzierenden Gewerbes den Vorteil der unmittelbaren Kontrolle von Verfahrensabläufen sowie der vereinfachten Ausübung von Entscheidungsmacht.

Tabelle 1: Ausländische Unternehmen und Joint Ventures in der Tschechischen Republik 1991–1994 (jeweils 31.12.)

| Jahr | ausländische Unternehmen | | Joint Ventures | |
|---|---|---|---|---|
| | abs. | Veränderung gegenüber Vorjahr in % | abs. | Veränderung gegenüber Vorjahr in % |
| 1991 | 2790 | | 3692 | |
| 1992 | 3368 | 20,7 | 4795 | 29,9 |
| 1993 | 6518 | 93,5 | 7534 | 57,1 |
| 1994 | 12260 | 88,1 | 10741 | 42,6 |

Quelle: Český statistický úřad

Wie Tab. 1 zeigt, nahm allein im Jahr 1994 die Zahl der ausländischen Tochterunternehmen um 88 % zu; die Gesamtzahl betrug Ende 1994 12260. Die Zahl der Joint Ventures stieg dagegen in demselben Zeitraum lediglich um 43 % (Gesamtzahl Ende 1994: 10741). Die regionalen Auswirkungen dieses Prozesses werden durch die Abb. 1 und 2 veranschaulicht.

Regionale Transformationsprozesse in der Tschechischen Republik

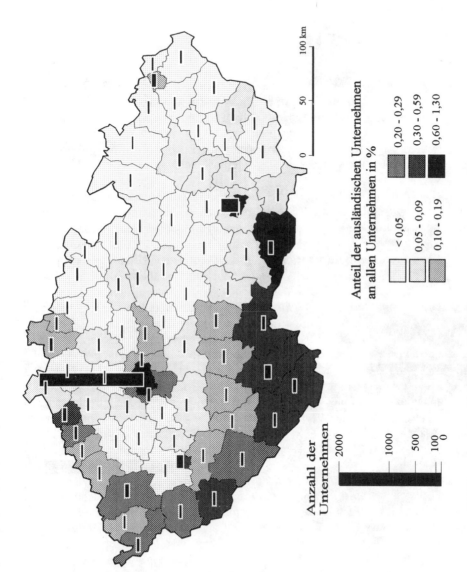

Abbildung 1: Ausländische Unternehmen in der Tschechischen Republik, Stand: 31.12.1992

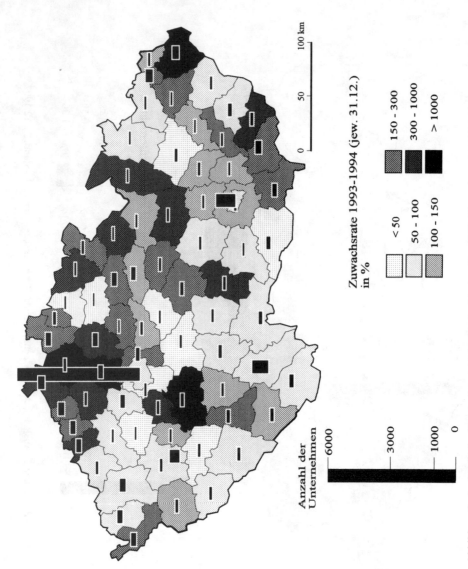

Abbildung 2: Ausländische Unternehmen in der Tschechischen Republik, Veränderung 1993–1994 (jeweils 31.12.)

Gegen Ende des Jahres 1992 betrug die Gesamtzahl der ausländischen Unternehmen noch ca. 3400 (s. Tab. 1). Schwerpunkte der Verteilung bildeten das Zentrum Prag, in größerem Abstand gefolgt von Pilsen, České Budějovice, Brno und Ostrava (s. Abb. 1). Darüber hinaus stellte die westliche Grenzregion zu Sachsen und Nordost-Bayern ein bevorzugtes Betätigungsfeld für ausländische Investoren dar.

Betrachtet man im Vergleich dazu die Veränderung in den Jahren 1993 und 1994 (Abb. 2), so zeigt sich eine deutliche Verlagerung der regionalen Schwerpunkte. Besonders hohe Zuwachsraten zeigen die nördliche Grenzregion (Nordböhmen) sowie das bis dahin nur schwach erschlossene Binnenland (Schlesien und Mähren). Starke Zunahmen sind z. B. in der Region Frýdek-Místek (südöstlich von Ostrava) sowie in den nordböhmischen Leichtindustriezentren (z. B. Liberec/Reichenberg) zu verzeichnen. Innerhalb von nur zwei Jahren hat sich somit das regionale Verteilungsmuster ausländischer Investitionen erheblich verändert. Die Unternehmen sind in den lohnkostenintensiven Produktionsbereichen dem Angebot einheimischer Facharbeitskräfte gefolgt und haben ihre Firmengründungen an den vorhandenen traditionellen Standorten (z. B. der Textil- und Bekleidungsindustrie, der Glas- und Porzellanindustrie u. a.) vorgenommen.

Eine ähnlich dramatische Verlagerung der regionalen Schwerpunkte ist in bezug auf Joint Ventures zu verzeichnen, wie die Gegenüberstellung der Jahre 1992 und 1993–94 zeigt (Abb. 3 und 4).

Auch bei der Etablierung von Gemeinschaftsunternehmen bildeten die großstädtischen Zentren sowie die westliche Grenzregion bis zum Jahr 1992 zunächst die Schwerpunkte (Abb. 3). Im Jahr 1994 hatten sich die Gründungsaktivitäten hauptsächlich auf Zentralböhmen sowie Mähren verlagert; demgegenüber konnten die Zentren Prag, Pilsen, Brno u.a. ihre ursprüngliche Bedeutung für ausländische Investoren erhalten (Abb. 4).

Zusammenfassend läßt sich sagen, daß die Regionen der Tschechischen Republik von den Aktivitäten ausländischer Unternehmen in ungleichem Ausmaß sowie insbesondere in raschem Wechsel erfaßt wurden. Vor allem die westliche Grenzregion muß als ein Übergangsraum betrachtet werden, der von den Investitionen westlicher Akteure nur vorübergehend gestreift wurde. Angesichts des sehr raschen Fortschreitens dieser Entwicklung dürften den außerhalb der großstädtischen Zentren gelegenen Regionen kaum Zeit geblieben sein, auf die wechselnden Investitionsinteressen zu reagieren.

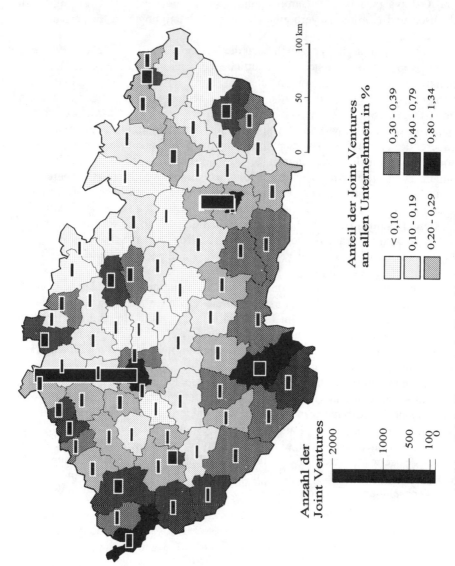

Abbildung 3: Joint Ventures in der Tschechischen Republik, Stand: 31.12.1992

Regionale Transformationsprozesse in der Tschechischen Republik 197

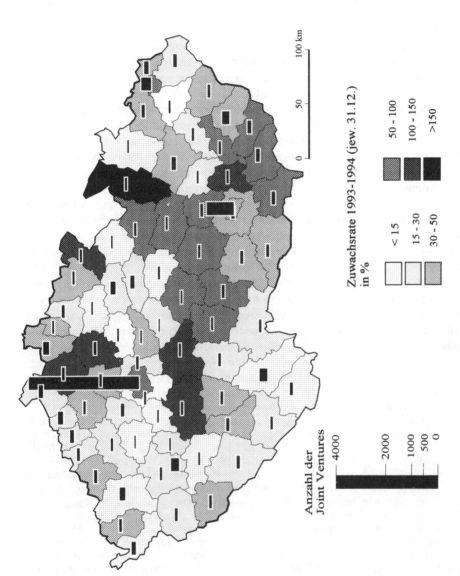

Abbildung 4: Joint Ventures in der Tschechischen Republik, Veränderung 1993–1994 (jeweils 31.12.)

## 3. Zum Verhältnis von endogenen und exogenen Faktoren des regionalen Umbruchs

Endogene Faktoren[1], die von den genannten Globalisierungstendenzen erfaßt werden, resultieren zunächst aus dem Übergang von zentral gelenkten zu marktwirtschaftlich organisierten Ökonomien. Hierzu zählen das Fortschreiten der Privatisierung (d. h. Art und Umfang der Umwandlung von Staatsunternehmen in private Unternehmen), die zahlenmäßige Entwicklung sowie branchenspezifische Differenzierung von neu gegründeten privaten Unternehmen, die Veränderung regionaler Branchenstrukturen (vor allem im Zusammenhang mit der verstärkten Auflösung von staatlichen Großunternehmen), die Herausbildung von selbständigen Beschäftigungsformen und entsprechende Veränderungen der Sozialstruktur (d. h. die Entstehung von Mittelschichten im weitesten Sinne), die Entwicklung regionaler Arbeitsmärkte mit spezifischen Angebots- und Nachfragestrukturen, die Dynamisierung der individuellen Einkommen sowie die zunehmend disparitäre Entwicklung der Regionaleinkommen.

Besonders die Entstehung neuer sowie die Vertiefung vorhandener regionaler Disparitäten im Zuge des Transformationsprozesses werden zum Auslöser für gezielte Aktivitäten ausländischer Akteure. Umgekehrt tragen diese Aktivitäten tendenziell dazu bei, regionale Disparitäten festzuschreiben und zu verstärken. Im Prinzip haben alle statistisch faßbaren Zusammenhänge zwischen Direktinvestitionen und regionalen Entwicklungsmerkmalen diesen Doppelcharakter.

Beispielsweise gehen verstärkte Aktivitäten ausländischer Investoren einher mit einem erhöhten Lohnniveau sowie einem allgemein höheren regionalen Entwicklungsstand. Wie aus Tab. 2 hervorgeht, korreliert der Anteil ausländischer Unternehmen an allen Unternehmen signifikant mit der Höhe der durchschnittlichen Monatslöhne in der Industrie. Auf der einen Seite sind Unternehmen mit ausländischer Beteiligung in der Lage, tendenziell höhere Löhne zu

---

1 Der Begriff „endogen" soll in dem geschilderten Zusammenhang solche Transformationsprozesse kennzeichnen, die sich auf der lokalen bzw. regionalen Ebene ohne direkten Einfluß ausländischer Akteure (z. B. in Form von Investitionen, Beratungstätigkeiten usw.) vollziehen. Er darf nicht im Sinne des anderweitig verwendeten normativen Begriffs der „endogenen Regionalentwicklung" (HAHNE 1987, STIENS 1992) verstanden werden, d. h. es geht hier nicht um die Identifizierung von Potentialen, die eine selbstbestimmte und selbsttätige Entwicklung von Regionen bewirken könnten. Beabsichtigt ist damit lediglich eine heuristische begriffliche Trennung von zwei unterschiedlichen Bedingungsfeldern der regionalen Transformationsprozesse, die selbstverständlich ihre Grenzen hat. Eine genaue analytische Unterscheidung zwischen exogenen und endogenen Faktoren kann angesichts der weitreichenden Effekte der Öffnung der ostmitteleuropäischen Regionen zum Weltmarkt nicht bis ins letzte Detail vorgenommen werden. Beispielsweise werden Entscheidungen in den Bereichen der Wirtschaftsförderung oder der Arbeitsmarktpolitik, die von regionalen und nationalen Akteuren scheinbar isoliert getroffen werden, von ökonomischen und politischen Denkanstößen, Initiativen, Versuchen der unmittelbaren Einflußnahme u. a. m. aus dem benachbarten westlichen Ausland beeinflußt. Strenggenommen stellt bereits das Wissen der Akteure um die neue transnationale Dimension ihres Handelns eine exogene Komponente der regionalen Veränderungsprozesse dar, da die im globalen Kontext bestehenden Handlungsnormen von ihnen antizipiert werden.

zahlen als einheimische, so daß es zu einer leichten Erhöhung des regionalen Lohnniveaus kommt. Auf der anderen Seite erfolgen neue Investitionen primär in den bereits weiter entwickelten Regionen, z. B. den städtischen Agglomerationen.

Tabelle 2: Zusammenhänge zwischen dem regionalen Grad ausländischer Unternehmenspräsenz und ausgewählten regionalen Entwicklungsmerkmalen Ende 1993 (Produktmomentkorrelationen nach Pearson)

| Merkmal | Anteil ausländischer Unternehmer | Anteil der Joint Ventures |
|---|---|---|
| durchschnittl. Monatslöhne in der Industrie | .29* | .19* |
| Arbeitslosenquote | −.30* | −.28* |

\* Korrelationen auf einem Signifikanzniveau von mindestens 95 %; räumliche Basis: 76 Verwaltungsbezirke
Quellen: Ministerstvo práce a sociálních věcí České republiky, Český statistický úřad; eigene Berechnungen

Ähnlich können die Zusammenhänge des Grades ausländischer Unternehmenspräsenz mit den regionalen Arbeitslosenquoten (Tab. 2) interpretiert werden: Die Einrichtung ausländischer Unternehmensfilialen sowie die zunehmende Praxis der Vereinbarung von Subkontrakten und Kooperationen mit tschechischen Unternehmen zieht auf der einen Seite einen begrenzten Beschäftigungseffekt nach sich. Auf der anderen Seite investieren ausländische Unternehmen bevorzugt in Regionen mit besonders hoher Entwicklungsdynamik, die in der Regel mit den Großstadtregionen identisch sind. Weitergehende Auswirkungen der selektiven Investitionstätigkeit ausländischer Akteure, beispielsweise in Richtung der Verstärkung regionaler Disparitäten, lassen sich somit für die Zukunft erwarten.

Von diesen statistischen Anhaltspunkten abgesehen, lassen sich Interdependenzen zwischen den Aktivitäten ausländischer Unternehmen und den Reaktionen inländischer Akteure bzw. der Veränderung lokaler und regionaler Entwicklungsgänge plausibel anhand von Einzelbeispielen bestimmen. So ist anzunehmen, daß die regionale Konzentration von Investitionen einhergeht mit bestimmten Faktorenkonstellationen, die zunächst relativ unabhängig von äußeren Einflüssen entstanden sind, und zwar im Zusammenhang mit Privatisierungsprozessen, mit der Entwicklung von regionalen Arbeitskräftepotentialen im Rahmen der Etablierung von regionalen Arbeitsmärkten sowie mit der Entwicklung von gewerblichen und kommerziellen Infrastrukturen. Beispielsweise stützt sich das verstärkte Engagement ausländischer Investoren in der nordböhmischen Leichtindustrie (Bezirke Liberec/Reichenberg und Jablonec/Gablonz; vgl. Abb. 2) auf regionale Arbeitskräftereservoirs, die für die Massenproduktion von arbeitsaufwendigen Gütern (Textilien, Nahrungsmittel, Lederwaren etc.) bereits hinreichend qualifiziert sind. Zudem können die privatisierten ebenso wie die neu gegründeten tschechischen Unternehmen in den entsprechenden Branchen auf

Erfahrungen mit der Herstellung von Fertig- und Halbfertigwaren zurückblicken, die sich ausländische Unternehmen unmittelbar im Rahmen von Subkontrakten zunutze machen. Darüber hinaus haben die einheimischen Unternehmen auch Erfahrungen im Umgang mit den lokalen Arbeitskräften, d. h. es besteht zusätzlich die Möglichkeit, Konflikte zwischen ausländischen Betriebsleitungen bzw. Managern und den Arbeitskräften vor Ort zu umgehen oder abzuschwächen. Das heißt: Hier existieren für ausländische Unternehmen nicht nur handfeste Lohnkostenvorteile; die ausländischen Investoren können auch auf ein kollektives Produktionswissen innerhalb der Region zurückgreifen. Dies ist für sie sowohl in ökonomischer wie auch in politischer Hinsicht profitabel: Zum einen können sie die Kosten für bestimmte Basisinvestitionen (z. B. für den Aufbau von Produktionsanlagen) verringern, zum anderen können sie eine reibungslose Durchsetzung und Akzeptanz ihrer Interessen sicherstellen.

Sind regionale Strukturen auf diese Weise erst einmal ausschnitthaft in globale Zusammenhänge einbezogen worden, so entwickelt sich eine spezifische Dynamik der weiteren Integration der lokalen Ebene in die globale. Die Aktivitäten ausländischer Unternehmen verändern nämlich den Gang der regionsinternen Entwicklung, indem beispielsweise Arbeitskräftegruppen mit bestimmten Qualifikationen sowie universalistischen, an globalen Maßstäben meßbaren Arbeitshaltungen verstärkt nachgefragt werden, so daß es zur Restrukturierung von regionalen Arbeitskräftereservoirs kommt. Die Entwicklung regionaler Branchenstrukturen wird von den neuen – exogenen – Investitionsschwerpunkten sowie insbesondere von der Veränderung dieser Schwerpunkte nachhaltig beeinflußt. Die Entstehung von Umfeldstrukturen wie z. B. Institutionen der Wirtschaftsförderung, der Infrastrukturplanung, der kommunalen und regionalen Entwicklungspolitik usw. wird begünstigt, auch wenn bislang in den seltensten Fällen von der Herausbildung spezifischer Produktionsmilieus gesprochen werden kann.

Natürlich sind derartige Prozesse weltweit überall dort zu beobachten, wo Wirtschaftsregionen zunehmend in globale ökonomische Zusammenhänge integriert werden. Im Falle der jungen Privatwirtschaften Ostmitteleuropas besteht die Besonderheit jedoch in zwei Umständen: Zum einen in dem abrupten Wechsel der Zugänglichkeit der Regionen für ausländische Investoren, der zu dem hohen Umgestaltungstempo beigetragen hat; zum anderen in der Tatsache, daß die Friktionen des Transformationsprozesses auf der regionalen Ebene in gewisser Hinsicht zwar zu Investitionshemmnissen (Altlastenproblematik, Überreste alter, dysfunktionaler Infrastruktur), in vieler Hinsicht jedoch auch zu starken Investitionsanreizen (niedrige Lohnkosten etc.) geführt haben. Es sind vor allem die besonderen Probleme des Übergangs von einer Produktionsweise in die andere, die zumindest für mittelfristige Zeiträume Kostenvorteile für globale Akteure sichern helfen. Beispielsweise ist auch das tarifpolitische Umfeld in der Tschechischen Republik einer auf die Nutzung von Lohnkostenvorteilen ausgerichteten Unternehmenspolitik ausgesprochen zuträglich: Arbeitskämpfe und Auseinandersetzungen zwischen den Tarifparteien sind in den meisten Branchen bislang Ausnahmen; der gewerkschaftliche Organisationsgrad der Beschäftigten sowie die Handlungsfähigkeit der Gewerkschaften sind gering.

## 4. Resümee

Zusammenfassend läßt sich festhalten: Regionale Umbruchprozesse in der Tschechischen Republik sind in den vergangenen Jahren in hohem Maße von exogenen Faktoren mitgestaltet worden, wobei insbesondere die Aktivitäten westlicher Unternehmen zu einer erheblichen Dynamisierung der Entwicklung beigetragen haben. Das regionale Verteilungsmuster der aus dem Ausland stammenden Investitionen hat sich innerhalb weniger Jahre stark verändert. Dies ist nicht lediglich als eine Folge der regional unterschiedlichen Bereitstellung von Investitionsvoraussetzungen – etwa durch ein sehr unterschiedliches Voranschreiten des Privatisierungsprozesses – zu interpretieren. Vielmehr wirken sich die in bezug auf die Nutzung von Lohnkostenvorteilen selektiven Handlungsstrategien ausländischer Akteure derart aus, daß die regionalen Interessenschwerpunkte flexibel gewechselt werden. In der Mehrzahl der Branchen des Produzierenden Gewerbes werden dabei ältere Kriterien der Standortwahl (z. B. die Nutzung von Agglomerationsvorteilen) nicht außer acht gelassen. Generell kommt jedoch eine große Unabhängigkeit der Akteure zum Ausdruck, die gezielt zur Realisierung von kurzfristig entstehenden Kostenvorteilen eingesetzt wird. In diesem Sinne ist nicht davon auszugehen, daß es sich bei diesem Verhalten lediglich um ein vorübergehendes Wendephänomen handelt, sondern um eine möglicherweise bereits stabilisierte Folge der Übertragung neoliberaler Wirtschaftskonzepte auf ein mit regulatorischen Schwächen ausgestattetes Transformationsland.

Für die Regionen selbst eröffnen die genannten Entwicklungen nur sehr begrenzte Möglichkeiten der Einflußnahme. Lokale Reaktionen auf globale Prozesse, so wie sie beispielsweise in Westeuropa durch die Schaffung spezifischer Investitionsmilieus gesucht werden mit dem Ziel, Unternehmen längerfristig vor Ort zu binden (vgl. Dicken u. a. 1994), können hier aufgrund der unscharfen Konturen der Regionalentwicklung und der sich erst langsam herausbildenden Produktionsnetze nur ansatzweise formuliert werden. Insbesondere von der Entwicklung der institutionellen Voraussetzungen tragfähiger Produktionssysteme auf lokaler Basis (im Sinne einer „institutional thickness" nach Amin/Thrift 1994, S. 14 f.) kann kaum gesprochen werden. Hierfür müßte nicht nur jeweils eine größere Anzahl von Institutionen vor Ort vorhanden sein (z. B. von Industrie- und Handelskammern, Unternehmensberatungen, Bildungsträgern, Agenturen der kommunalen Wirtschaftsförderung, kommunalen Innovationszentren, Gewerkschaften, Trägern der regionalen und kommunalen Entwicklungsplanung usw.); diese Institutionen müßten auch in der Lage sein, zielgerichtet (im Sinne der Förderung lokaler Ziele) zu interagieren, ökonomische Individualinteressen zusammenzuführen und zu repräsentieren sowie ein gemeinsames „Wir"-Bewußtsein der regionalen Akteure zu fördern (ebd.).

Für den Wettbewerb der Regionen um die Attraktion von immer flexibler agierenden Investoren sind die in der Transformation befindlichen Regionen der Tschechischen Republik somit bis auf wenige Ausnahmen (z. B. die Region Prag) vorerst unzureichend gerüstet.

## Literatur:

Amin, A. u. N. Thrift (1994): Living in the Global. In: Amin, A. u. N. Thrift (Hg.): Globalization, Institutions, and Regional Development in Europe. S. 1–22. Oxford.

Bürkner, H.-J. (1995): Sozioökonomischer Wandel in Grenzregionen: das Beispiel Nordwestböhmen. In: Barsch, D. u. H. Karrasch (Hg.): 49. Deutscher Geographentag Bochum, 4. bis 9. Oktober 1993. Bd. 4: Europa im Umbruch. S. 129–137. Stuttgart.

Dicken, P., M. Forsgren u. A. Malmberg (1994): The Local Embeddedness of Transnational Corporations. In: Amin, A. u. N. Thrift (Hg.): Globalization, Institutions, and Regional Development in Europe. S. 23–45. Oxford.

Dunford, M. u. G. Kafkalas (1992): The Global-Local Interplay, Corporate Geographies and Spatial Development Strategies in Europe. In: Dunford, M. u. G. Kafkalas (Hg.): Cities and Regions in the New Europe: The Global-Local Interplay and Spatial Development Strategies. S. 3–38. London.

Faßmann H. (1994): Transformation in Ostmitteleuropa. Eine Zwischenbilanz. In: Geographische Rundschau 46, H. 12, S. 685–691.

Hahne, U. (1987): Endogene Regionalentwicklung. Ansatz zwischen ökonomischen Fallgruben, Historismus und Pragmatismus. In: Bahrenberg, G. u.a. (Hg.): Geographie des Menschen. Dietrich Bartels zum Gedenken. = Bremer Beiträge zur Geographie und Raumplanung 11. S. 401–416. Bremen.

Hirst, P. u. J. Zeitlin (1992): Flexible Specialization versus Post-Fordism: Theory, Evidence, and Policy Implications. In: Storper, M. u. A. J. Scott (Hg.): Pathways to Industrialization and Regional Development. S. 70–115. London u. New York.

Kosta, J. (1995): Tschechische Republik. In: Weidenfeld, W. (Hg.): Demokratie und Marktwirtschaft in Osteuropa. Strategien für Europa. = Schriftenreihe der Bundeszentrale für politische Bildung 329. S. 143–156. Bonn.

Lamentowicz, W. (1995): Politische Instabilität in Ost- und Mitteleuropa: innenpolitische Gefährdungen der europäischen Sicherheit und Integration. In: Weidenfeld, W. (Hg.): Demokratie und Marktwirtschaft in Osteuropa. Strategien für Europa. = Schriftenreihe der Bundeszentrale für politische Bildung 329. S. 65–88. Bonn.

Lash, S. u. J. Urry (1992): Economies of Signs and Space: After Organized Capitalism. London.

Peck, J. u. A. Tickell (1994): Jungle Law Breaks Out: Neoliberalism and Global-Local Disorder. In: Area 26, H. 4, S. 317–326.

Pick, M. (1992): Ergebnisse und Alternativen der Transformationsstrategie in der CSFR. In: Burrichter, C. u. M. Knogler (Hg.): Transformation und Modernisierung. Erfahrungen, Ergebnisse, Perspektiven. = Analysen und Berichte aus Gesellschaft und Wissenschaft, H. 2, S. 183–196. Erlangen.

Prikryl, J. (1993): Regionalpolitik in der Tschechischen Republik - Reflexionen und persönliche Erfahrungen. In: Schaffer, F. u.a. (Hg.): Innovative Regionalentwicklung. Von der Planungsphilosophie zur Umsetzung. Festschrift für Konrad Goppel. = Beiträge zur Angewandten Sozialgeographie 28. S. 110–113. Augsburg.

Rudolph, H. (1994): Grenzgängerinnen und Grenzgänger aus Tschechien in Bayern. In: Morokvasic, M. u. H. Rudolph (Hg.): Wanderungsraum Europa. Menschen und Grenzen in Bewegung. S. 225–249. Berlin.

Schabhüser, B. (1993): Grenzregionen in Europa. Zu ihrer derzeitigen Bedeutung in Raumforschung und Raumordnungspolitik. In: Informationen zur Raumentwicklung, H. 9/10, S. 655–668.

Scott, A. J. u. M. Storper (1992): Industrialization and Regional Development. In: Storper, M. u. A. J. Scott (Hg.): Pathways to Industrialization and Regional Development. S. 3–20. London.

Stiens, G. (1992): Regionale Entwicklungspotentiale und Entwicklungsperspektiven. In: Geographische Rundschau 44, H. 3, S. 139–142.

Swyngedow, E. (1992): The Mammon Quest. „Glocalisation", Interspatial Competition and the Monetary Order: The Construction of New Scales. In: Dunford, M. u. G. Kafkalas (Hg.): Cities and Regions in the New Europe: The Global-Local Interplay and Spatial Development Strategies. S. 39–67. London.

# INDUSTRIELLER STRUKTURWANDEL UND REGIONALWIRTSCHAFTLICHE AUSWIRKUNGEN IM TRANSFORMATIONSPROZESS VIETNAMS

Javier Revilla Diez, Hannover

## 1. Einführung[1]

Angesichts der desolaten Situation der vietnamesischen Wirtschaft beschloß der VI. Parteitag der kommunistischen Partei im Jahr 1986, marktwirtschaftliche Elemente einzuführen und den Transformationsprozeß von einer Zentralverwaltungswirtschaft zu einem marktwirtschaftlichen Wirtschaftssystem einzuleiten. Bereits zu Beginn der 80er Jahre reagierte die vietnamesische Regierung bei wirtschaftlichen Krisen mit der Lockerung strikter Vorgaben der zentralen Wirtschaftsplanung, ohne aber grundsätzliche Veränderungen des Wirtschaftssystems herbeizuführen (Vo Nhan Tri 1990). Die seit 1986 eingeleiteten Reformmaßnahmen unter dem Titel Doi Moi (Erneuerung) sind mit den Zielsetzungen verbunden,
– die Wettbewerbsfähigkeit und Produktivität der staatlichen Betriebe zu erhöhen,
– die Benachteiligung des nicht-staatlichen Sektors aufzuheben sowie
– eine außenwirtschaftliche Öffnung vorzunehmen.

Im Gegensatz zu den osteuropäischen Staaten, die von einer harten Anpassungsrezession betroffen sind, hat Vietnam zumindest bis 1994 auch ohne die Unterstützung internationaler Entwicklungshilfeinstitutionen bereits beachtliche wirtschaftliche Erfolge erzielen können: Zwischen 1989 und 1993 erreichte das Bruttoinlandsprodukt (BIP) eine durchschnittliche jährliche Wachstumsrate von rund 7 %, zwischen 1993 und 1994 von 8,8 %. Im gleichen Zeitraum konnte die Inflationsrate, zwischen 1986 und 1988 noch dreistellig, auf rund 10–12 % in 1992 und 1993 gesenkt werden (Diehl 1995).

Die positive Wirtschaftsentwicklung ist von einem deutlichen Strukturwandel begleitet worden, der sich in bisher drei Phasen untergliedern läßt (vgl. Abb. 1):

---

[1] Die Abteilung Entwicklungsländer und Weltwirtschaft, Institut für Weltwirtschaft an der Universität Kiel, und die Abteilung Wirtschaftsgeographie, Geographisches Institut der Universität Hannover, führen in Kooperation mit dem Central Institute for Economic Management (CIEM), Hanoi, ein Forschungsvorhaben zum Thema „Makroökonomische und regionalwirtschaftliche Transformationsprozesse in Vietnam" durch. Vorliegender Beitrag stellt erste Ergebnisse dieses von der Volkswagen Stiftung geförderten Projekts zur Diskussion.

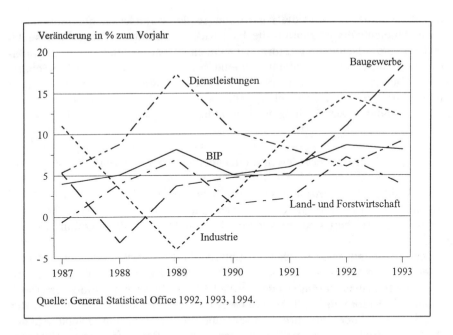

Abbildung 1: Wirtschaftswachstum Vietnams 1986 bis 1993

- In der ersten Phase 1986 bis 1988 verzeichnete die Landwirtschaft ein starkes Wachstum. Innerhalb kurzer Zeit konnte die Reisproduktion so ausgedehnt werden, daß sich Vietnam innerhalb eines Jahres von einem Nettoimporteur zu einem Nettoexporteur von Getreide entwickelte.
- Die gestiegenen Einkommen der ländlichen Bevölkerung und die damit verbundene Ausgabensteigerung lösten ihrerseits Spillover-Effekte in anderen Wirtschaftsbereichen aus wie z.B. dem Bau- und Dienstleistungssektor, die in der zweiten Phase von 1988 bis 1989 jeweils hohe jährliche Wachstumsraten erzielten. Diese sind im wesentlichen auf den sich entwickelnden Privatsektor zurückzuführen.
- Der Zusammenbruch der RGW-Staaten, der für Vietnam eine drastische Reduzierung von Hilfsleistungen wie z.B. der Lieferung subventionierter Importwaren, aber auch eine Umstellung der bisherigen Handelsbeziehungen auf konvertierbare Währungen bedeutete, wirkte sich besonders negativ auf den Industriesektor aus. Bis zum Jahr 1989 durchlief die Industrie eine relativ kurze Anpassungsrezession mit rückläufigem Wachstum. Ab 1989/90 entwickelte sich die Industrie allerdings zum dynamischsten Wirtschaftssektor. Der Anstieg der industriellen Produktion stützte sich nicht nur auf die verstärkte Erdölförderung, sondern auch auf die Entwicklung der Leichtindustrie (Revilla Diez 1995).

Im folgenden werden die Auswirkungen der veränderten makroökonomischen Rahmenbedingungen auf die Industrieentwicklung Vietnams untersucht. Nachdem die wesentlichen Reformmaßnahmen im Zusammenhang mit der Industrie dargestellt werden, schließt sich eine Analyse in sektoraler und regionaler Hinsicht an. Ziel ist es zu zeigen, ob durch die eingeführten Reformmaßnahmen ein industrieller Strukturwandel ausgelöst worden ist und wie sich dieser auf die regionale Industrieentwicklung ausgewirkt hat.

## 2. Die veränderten Rahmenbedingungen seit 1986

Die Gründe für den wirtschaftlichen Wachstumsprozeß liegen in dem seit 1986 begonnenen und 1989 forcierten Reformprogramm. Die grundlegenden Elemente einer Marktwirtschaft sind im Rahmen der Doi Moi Politik eingeführt worden (vgl. Tab. 1):

- Zentrale Planvorgaben, die die Entscheidungsmöglichkeiten der Betriebe erheblich einschränkten, wurden in der Landwirtschaft (Dekollektivierung), in der Industrie und im Handel abgeschafft. Im Bereich der Industrie erhöhten die Reformen die betriebliche Autonomie der Staatsbetriebe bei der Produktion, den Investitionsentscheidungen, der Gewinnverwendung, der Kreditaufnahme sowie bei der Beschaffung von Rohstoffen und Halbfertigwaren. Staatsbetriebe können nun selbständig Löhne festlegen, Beschäftigte einstellen bzw. entlassen. Marktorientierung und Gewinnerzielung wurden als Unternehmensziel eingeführt (Revilla Diez/Schätzl 1993).

- Im März 1989 gab die vietnamesische Regierung die Preise für die meisten Güter und Dienstleistungen frei. Gleichzeitig erfolgte eine Streichung der meisten Preissubventionen. Nur für einzelne Produkte im Bereich der öffentlichen Versorgung wie z.B. Strom, Wasser, Treibstoffe, Post und Telekommunikation sowie Transport werden die Preise weiterhin staatlich festgelegt (Gates/Truong 1992, IWF 1994).

- Ab 1990 wurden Unternehmensgesetze (law on private business, law on companies) verabschiedet, die Privatbetriebe und Genossenschaftsbetriebe mit Staatsbetrieben gleichsetzen, um ihnen größere Entfaltungsmöglichkeiten einzuräumen. Die generelle Anerkennung privatwirtschaftlicher Aktivitäten sowie der Schutz von Privateigentum vor Enteignung wurde 1992 in der neuen Verfassung verankert (Diehl 1993, Weggel 1992).

- Im Jahr 1993 ist ein Bodengesetz in Kraft getreten, das zwar weiterhin am Prinzip festhält, daß Privateigentum an Grundstücken nicht möglich ist, aber gleichzeitig die Vergabe von Landnutzungsrechten vorsieht (Weltbank 1993).

Tabelle 1: Zeitliche Abfolge der wichtigsten seit 1986 eingeführten Wirtschaftsreformen

| | |
|---|---|
| 1986 | 6. Parteikongreß: „Doi Moi" – Einleitung drastischer Reformmaßnahmen zur grundlegenden Umgestaltung des Wirtschaftssystems : |

*1. Schaffung marktwirtschaftlicher Institutionen*
| | |
|---|---|
| Anf. 1987: | Liberalisierung des Binnenhandels, Beseitigung von Straßenkontrollen |
| Nov. 1987: | weitgehende Abschaffung der Planvorgaben an die staatlichen Betriebe: Entscheidung über Investitionen, Produktion, Gewinnverwendung, Beschaffung von Rohstoffen und Zwischenprodukten sowie Kreditbeschaffung in Verantwortung der Unternehmensleitung; freies Anstellen/Entlassen von Beschäftigten |
| Dez. 1987: | Zulassung der langfristigen Verpachtung von Kollektivboden an einzelne Bauern (15 Jahre bzw. 50 Jahre bei Dauerkulturen) – Privateigentum an Boden nach wie vor nicht gestattet |
| März 1988: | Abschaffung sämtlicher Planvorgaben für landw. Genossenschaften, Entlohnungssystem auf neuer Basis, Aufgabe der Kooperativen: Bereitstellung von Saatgut, Düngemitteln, Maschinen; volle Verantwortung für Produktion und Absatz bei den Bauern |
| Dez. 1990: | Verabschiedung von Unternehmensgesetzen (law on private business, law on companies) |
| April 1992: | Schutz des Privateigentums in der neuen Verfassung von 1992 |
| 1993: | Konkursordnung |
| Juli 1993: | Grundstücksgesetz, Vergabe von Landnutzungsrechten |

*2. Finanzmarktreform/Stabilisierung durch restriktive Kreditpolitik*
| | |
|---|---|
| Mai 1990: | Umwandlung des einstufigen Bankensystems in ein zweistufiges System, Trennung von Zentralbank- und Geschäftsbankenfunktion; Gründung von Privatbanken gestattet |
| April 1992: | Zulassung erster ausländischer Banken |

*3. Freigabe der Preisbildung*
| | |
|---|---|
| März 1989: | Preisliberalisierung, Streichung der meisten Preissubventionen; im Bereich der öffentlichen Versorgung werden einzelne Preise noch staatlich festgesetzt, z.B. Strom, Treibstoffe, Düngemittel, Transportleistungen |

*4. Außenwirtschaftliche Öffnung:*
| | |
|---|---|
| seit 1986: | schrittweise Abwertung des Dongs |
| Dez. 1987: | Gesetz über Direktinvestitionen |
| seit 1989: | Außenhandelslizenzen für staatliche und private Betriebe |
| Okt. 1991: | Bestimmungen über die Errichtung von EPZ (Beteiligung an Privatunternehmen zugelassen, Befreiung von Gewinnsteuern) |
| Dez. 1991: | einfacheres Zollsystem; Exportzölle: 5 %–10 %, Importzölle stark differenziert - hohe Besteuerung von Luxusgütern und von in Vietnam produzierten Konsumgütern wie z.B. Textilien, Keramik, Holzprodukte; häufig auch Importkontingente, Vorläuferin Dez. 1987 verabschiedet |
| April 1993: | Ausländische Investoren können auch mit Privatbetrieben Joint-Ventures oder andere Formen der Kooperation abschließen |

*5. Reform der öffentlichen Haushalte*
| | |
|---|---|
| seit 1989/90: | Einführung von Unternehmensgewinnsteuer, Einkommenssteuer, Umsatzsteuer |
| Juni 1990: | Umsatzsteuergesetz, Verbrauchssteuergesetz |
| Juli 1993: | Einkommenssteuergesetz |

*6. Privatisierung der Staatsunternehmen*
| | |
|---|---|
| Nov. 1991: | Neuregistrierung staatlicher Betriebe nicht-strategischer Branchen |
| Juni 1992: | Richtlinien „on implementing experiments to convert state enterprises to share holding companies" |
| Dez. 1993: | Von den bereits Mitte 1992 sieben ausgewählten Staatsbetrieben sind bisher nur zwei privatisiert worden |
| März 1994: | Neuregistrierung auch der strategischen Staatsbetriebe |

Quelle: Revilla Diez 1995.

Die außenwirtschaftliche Öffnung umfaßt die Förderung ausländischer Direktinvestitionen und die Liberalisierung des Außenhandels. Die Förderung ausländischer Direktinvestitionen ist im Gesetz über ausländische Direktinvestitionen des Jahres 1987 verankert. Neben Handelsgesellschaften und Joint-Ventures sind auch Gesellschaften ohne vietnamesische Beteiligung zugelassen. Bis Ende 1994 sind über 1.000 ausländische Investitionsprojekte mit einem Investitionsvolumen von 11,1 Mrd. US-$ lizenziert worden. Der Anteil der bisher tatsächlich realisierten Investitionsprojekte liegt bei rund 20 %. Die wichtigsten Investoren stammen aus dem asiatisch-pazifischen Raum: 18 % der Investitionen sind aus Taiwan, 16 % aus Hong Kong, 9 % aus Singapur, 8 % aus Südkorea. Gemäß der Projektanträge fließt der größte Teil der Investitionen in die Verarbeitende Industrie, die Rohölförderung und den Tourismus, zwischen 1988 und 1992 rund 38 %, 18 % bzw. 15 % der Investitionsprojekte. Bei dem Großteil der ausländischen Investitionsprojekte handelt es sich vor allem um Joint-Ventures mit staatlichen Unternehmen, obwohl seit 1992 auch Joint-Ventures mit privaten Unternehmen zugelassen sind. Die Zahl der ausländischen Betriebe ohne vietnamesische Beteiligung ist bislang gering. Seit 1992 ist aber ein deutlicher Anstieg zu beobachten, der sicherlich mit dem wirtschaftlichen Erfolg und der politischen Stabilität des Landes zusammenhängt und letztendlich das wachsende Vertrauen in die vietnamesische Wirtschaft dokumentiert (General Statistical Office 1992, 1994, SCCI 1993, 1994).

Parallel zur Förderung der ausländischen Direktinvestitionen erfolgte auch eine Liberalisierung des Außenhandels. Wesentliche Inhalte sind sowohl die Dezentralisierung bei der Außenhandelsabwicklung als auch die Einführung eines einfacheren Zollsystems. Gleichzeitig erfolgte eine Abwertung der Währung (Gates/Truong 1992). Diese Maßnahmen führten zu einem sprunghaften Anstieg des vietnamesischen Außenhandels. Trotz des Zusammenbruchs der Wirtschaftsbeziehungen mit den ehemaligen RGW-Staaten und des erst 1994 aufgehobenen US-Handelsembargo konnte Vietnam sein Exportvolumen von 700 Mio. US-$ in 1987 auf 2,5 Mrd. US-$ in 1992 nahezu vervierfachen. Innerhalb dieses kurzen Zeitraums ist es gelungen, den Außenhandel hinsichtlich der Handelspartner und der Warenstruktur gänzlich umzugestalten. Abb. 2 zeigt, daß der Anteil der RGW-Staaten am Export 1992 weniger als 5 % betrug, während er 1988 noch bei 58 % lag. Ein ähnliches Bild ergibt sich für die Importe. Zu wichtigen Außenhandelspartnern entwickelten sich die südost- und ostasiatischen Nachbarstaaten. Der Anteil dieser Staaten erreichte 1992 80 % der Exporte und 66 % der Importe (General Statistical Office 1992, 1994).

Basierte die Ausdehnung des Außenhandels zu Beginn auf Erdöl- und Reisexporten, so läßt sich seit 1991 eine Diversifizierung der Exportstruktur entsprechend den komparativen Vorteilen den Landes beobachten. Zunehmende Konsumgüterexporte wie z.B. Bekleidung und verarbeitete Nahrungsmittel unterstreichen diesen Trend und die angestrebte Weltmarktintegration (Tran Hoang Kim 1994).

Der durch die Reformmaßnahmen ausgelöste dynamische Entwicklungsprozeß wird aber auch entscheidend von den speziellen Ausgangsbedingungen Viet-

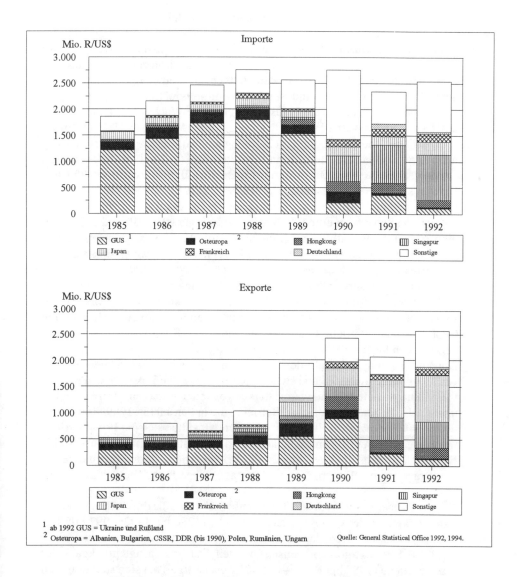

Abbildung 2: Import- und Exportvolumen Vietnams 1985 bis 1992

nams geprägt, der die Vergleichbarkeit zu anderen systemtransformierenden Staaten erschwert. Die wesentlichen Unterschiede sind (Revilla Diez 1995):
- eine stark von der Landwirtschaft geprägte Volkswirtschaft im Gegensatz zu der Überindustrialisierung v.a. im Bereich der Schwerindustrie in anderen Reformstaaten,
- ein bereits in der Vorreformzeit bestehender Privatsektor, der eine wichtige Rolle bei der Versorgung der Bevölkerung z.B. im Kleinhandel spielte,
- eine gewisse politische Stabilität.

## 3. Die sektorale Industrieentwicklung

Die bisherigen Auswirkungen der Reformmaßnahmen im industriellen Sektor waren erheblich. Im Jahr 1993 erwirtschaftete die Industrie rund 21 % des BIP und beschäftigte rund 11 % der Erwerbstätigen. Mit einer durchschnittlichen jährlichen Wachstumsrate der industriellen Bruttoproduktion von 15,4 % zwischen 1990 und 1993 erzielte die Industrie das höchste Wachstum. Die führenden Branchen des Landes waren 1993 die Nahrungsmittelindustrie (34 %), die Erdölindustrie (16 %), die Textil- und Bekleidungsindustrie (9 %), die Chemische Produktion (8 %) und die Baumaterialienproduktion (7 %) (General Statistical Office 1992, 1993, 1994). Die wichtigsten Entwicklungen zwischen 1989 und 1992 lassen sich wie folgt zusammenfassen (vgl. Tab. 2):

- Den staatlichen Betrieben ist es gelungen, ihren Anteil an der Industrieproduktion des Landes zu erhöhen. Neben der Energiewirtschaft und der Erdölindustrie ist die Produktion auch in der Chemischen Industrie, der Metallurgie, der Baumaterialienproduktion und in der arbeitsintensiven Bekleidungsindustrie deutlich gestiegen.
- Die höchsten Wachstumsraten erreichte allerdings der Privatsektor, vor allem in den arbeitsintensiven Branchen. Insgesamt konnte der private Sektor seine Stellung in der Industrieproduktion leicht erhöhen, während die Genossenschaftsbetriebe in allen Branchen starke Produktionsrückgänge zu verzeichnen hatten.
- Die Entwicklung innerhalb des staatlichen, aber auch des privaten Sektors verlief uneinheitlich. Die lokalstaatlichen Betriebe, die Lokal- bzw. Provinzverwaltungen unterstehen, waren stärker von einer Anpassungsrezession betroffen als die zentralstaatlichen Betriebe, die in den Jahren 1989/90 Produktionszuwächse erzielten. Im Privatsektor entwickelten sich die Privatbetriebe (private companies) dynamischer als die Privathaushalte (private households). Extreme Zuwachsraten verbuchten die Privatbetriebe in den arbeitsintensiven Branchen der Elektro- (meist Montage), Textil- und Bekleidungsindustrie.
- Trotz der zunehmenden Anzahl der Privatbetriebe sind die drastischen Beschäftigtenrückgänge der Genossenschaftsbetriebe (1986 bis 1992: –997.805 Beschäftigte) nicht durch den expandierenden Privatsektor (1986 bis 1992: +571.191 Beschäftigte) kompensiert worden. Der Beschäftigtenrückgang der Staatsbetriebe (1989 bis 1992: –114.482 Beschäftigte) hat sich stärker in den lokalstaatlichen Betrieben niedergeschlagen, deren Betriebszahl stärker zurückgegangen ist als die der zentralstaatlichen Betriebe (1989 bis 1992: –623 bzw. –129 Betriebe).
- Aufgrund der in der Vorreformzeit geschaffenen Industriestruktur dominieren staatliche Betriebe noch immer einzelne Branchen bzw. können diese in fast allen Branchen den Großteil der Produktion auf sich vereinigen (z.B. Erdölindustrie, Energiewirtschaft, Metallurgie, Nahrungsmittel - und Chemische Industrie). Nur in Branchen, in denen Kleinbetriebe vorherrschen, produzieren Privatbetriebe mehr als staatliche Betriebe (Schuh- und Lederindustrie, Holz- und Metallverarbeitung)

Tabelle 2: Struktur (1992) und Entwicklung (1989–1992) der industriellen Bruttoproduktion in Vietnam nach Eigentumsformen

| Branchen | Staatsbetriebe Anteil in %[1] | Ver. in %[2] | Genossenschaften Anteil in %[1] | Ver. in %[2] | Privatbetriebe Anteil in %[1] | Ver. in %[2] | Privathaushalte Anteil in %[1] | Ver. in %[2] |
|---|---|---|---|---|---|---|---|---|
| Energie | 9,1 | 7,2 | 0,1 | | | | 0,1 | 115,4 |
| Erdölindustrie | 23,1 | 45,4 | 0,2 | 4,4 | | | 0,1 | 159,1 |
| Metallurgie | 2,7 | 25,9 | 1,1 | –23,6 | 0,3 | 67,1 | 1,1 | 72,9 |
| Maschinenbau | 2,8 | –0,2 | 7,3 | –42,6 | 1,8 | 32,5 | 6,2 | 24,9 |
| Elektronik/-technik | 1,7 | 11,4 | 2,4 | –33,0 | 1,5 | 239,1 | 1,4 | 33,8 |
| Metallverarbeitung | 0,5 | –8,5 | 6,1 | –47,2 | 1,1 | 15,5 | 5,2 | 21,4 |
| Chemie | 7,9 | 19,2 | 10,4 | –34,9 | 4,7 | 47,3 | 6,2 | 34,0 |
| Baustoffe | 7,1 | 17,9 | 12,6 | –28,1 | 5,5 | 45,6 | 9,0 | 29,8 |
| Holzverarbeitung | 1,1 | –7,4 | 9,0 | –39,7 | 11,5 | 132,7 | 8,5 | 13,7 |
| Papierherstellung | 1,9 | 2,8 | 4,5 | –21,4 | 5,1 | 165,8 | 0,9 | 47,6 |
| Glas, Keramik | 0,7 | 12,2 | 3,1 | –22,5 | 2,5 | 25,0 | 1,9 | 18,3 |
| Nahrungsmittel | 30,1 | 4,1 | 19,7 | –41,4 | 24,8 | 50,5 | 47,9 | 10,5 |
| Textil | 7,4 | 2,4 | 14,2 | –34,5 | 21,2 | 189,1 | 7,0 | 12,5 |
| Bekleidung | 1,3 | 7,7 | 4,9 | –8,7 | 7,9 | 199,8 | 0,6 | –16,8 |
| Lederindustrie | 0,3 | –18,5 | 1,1 | –38,9 | 0,2 | –3,1 | 0,8 | 18,2 |
| Druckerei | 1,0 | 19,1 | 0,3 | –32,8 | 0,1 | 81,7 | 0,1 | –36,6 |
| sonstige | 1,3 | 0,7 | 2,9 | –48,2 | 11,7 | 1,1 | 3,0 | 8,6 |
| Vietnam | 100 | 12,3 | 100 | –36,6 | 100 | 54,1 | 100 | 15,2 |

1 Anteil an der industriellen Bruttoproduktion in % der jeweiligen Eigentumsform 1992.
2 Durchschnittliche jährliche Wachstumsrate 1989 bis 1992 in %.
Quelle: General Statistical Office 1992, 1993, 1994b.

- Die durchschnittliche Produktivität ist in den staatlichen Betrieben, bedingt durch die getätigten Investitionen nicht nur aus der Vorreformzeit, deutlich höher als in den Genossenschaften und den Privatbetrieben. Besonders in den kapitalintensiven Branchen haben zentralstaatliche Betriebe große Produktivitätsvorsprünge (Chemische Industrie, Baumaterialienproduktion, Textilindustrie).

Zusammenfassend läßt sich festhalten:
- Die Branchenentwicklung und der eingeleitete Strukturwandel initiierte nicht, wie man annehmen könnte, einen Bedeutungsverlust kapitalintensiver Branchen, sondern verzeichnete in der Realität neben hohen Wachstumsraten in arbeitsintensiven Branchen auch Produktionszuwächse in schwerindustriellen Branchen (Diehl 1995).
- Die eingeführten Reformmaßnahmen haben zu einer zunehmenden Polarisierung innerhalb der industriellen Entwicklung geführt: Die deutlichsten Verlierer des Transformationsprozesses sind die Genossenschaftsbetriebe, auch

wenn einige heute als Privatbetriebe weitergeführt werden. Eine rückläufige Entwicklung weisen ebenfalls die lokalstaatlichen Betriebe auf, von denen einige „spontan", ohne Genehmigung der lokalen Verwaltung privatisiert wurden (Gates/Truong 1992). Dagegen konnten die zentralstaatlichen Betriebe deutlich an Bedeutung gewinnen. Der Privatsektor insgesamt erhöhte seinen Anteil an der Industrieproduktion nur leicht. Zwar verdoppelte sich die Anzahl der Beschäftigten und auch die Produktion, im Vergleich zu den zentralstaatlichen Betrieben sind sie allerdings noch von untergeordneter Bedeutung, auch wenn sie eine wichtige Funktion bei der Entlastung des Arbeitsmarktes ausüben.

Die Gründe für die unerwartet stabile Entwicklung der zentralstaatlichen Betriebe sind im politischen Umfeld zu suchen und nicht auf die besondere Leistungsfähigkeit der vietnamesischen Staatsbetriebe zurückzuführen. In dem Versuch, eine multisektorale, sozialistische Marktwirtschaft zu errichten, greift die vietnamesische Regierung noch stark in das Marktgeschehen ein. Obwohl die einzelnen Rechtsformen de jure gleichberechtigt sind, werden die Privatbetriebe in der Realität gegenüber den Staatsbetrieben diskriminiert. Die Reformmaßnahmen bewirkten für die zentralstaatlichen Betriebe einen Abbau direkter zugunsten indirekter Vergünstigungen wie z.B. bei der Kreditvergabe, bei der Ein- und Ausfuhrabwicklung und bei dem Zustandekommen von Joint-Ventures. Notwendige Finanzierungsmöglichkeiten für den Privatsektor werden nur unzureichend zur Verfügung bereitgestellt. 1992 sind 99 % der Kredite an staatliche Betriebe gegangen. Im Außenhandel werden Staatsbetriebe durch hohe Zollbarrieren vor Importwaren geschützt. Zudem haben Staatsbetriebe einen leichteren Zugang zu Außenhandelslizenzen. Joint-Ventures werden vor allem mit Staatsbetrieben eingegangen, weil sie zum einen formal bis 1992 die einzigen Kooperationspartner sein konnten und zum anderen durch ihre zahlreichen Vorteile (Verfügbarkeit von Flächen, Außenhandelslizenzen, Kontakten usw.) bis dato die attraktiveren Kooperationspartner sind (Lipworth/Spitäller 1993, Diehl 1993, Weltbank 1994).

## 4. Die regionale Industrieentwicklung

### A. Grundzüge der regionalen Wirtschaftsentwicklung

Seit Einführung der Wirtschaftsreformen ist die industrielle Entwicklung regional sehr unterschiedlich verlaufen. Tab. 3 zeigt, daß sich die Industrieproduktion immer stärker in den Süden des Landes verlagert. Das südliche Tiefland, mit Ho-Chi-Minh-City (HCMC, ehemals Saigon) als Zentrum, hat seine Position als Industrieregion ausbauen können (51 % der Industrieproduktion), während das Rote Fluß Delta, mit der Hauptstadt Hanoi, noch nicht wieder das Niveau von 1986 erreicht hat.

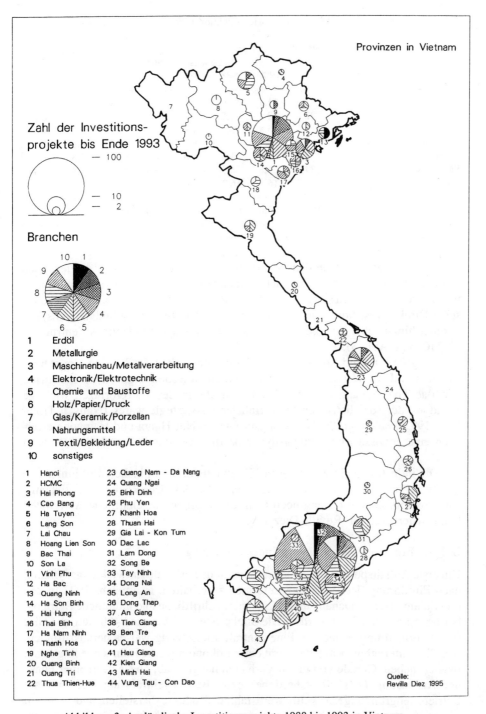

Abbildung 3: Ausländische Investitionsprojekte 1988 bis 1993 in Vietnam

Tabelle 3: Regionale Verteilung der Industrieproduktion 1986 bis 1993 in Vietnam

| Region | Anteil der jeweiligen Region an der gesamten Industrieproduktion des Landes (Angaben in %) | | | | | | | |
|---|---|---|---|---|---|---|---|---|
| | 1986 | 1987 | 1988 | 1989 | 1990 | 1991 | 1992 | 1993 |
| Nördliches Bergland | 11,5 | 11,1 | 10,6 | 7,9 | 7,4 | 6,9 | 6,8 | 6,0 |
| Rote Fluß Delta | 22,0 | 22,4 | 21,5 | 18,3 | 19,2 | 14,7 | 14,0 | 16,8 |
| Nördliches Küstenland | 5,5 | 5,8 | 5,4 | 4,9 | 4,9 | 4,9 | 4,8 | 4,3 |
| Südliches Küstenland | 9,0 | 8,4 | 8,2 | 8,2 | 7,9 | 7,3 | 6,8 | 6,1 |
| Zentrales Hochland | 1,6 | 1,8 | 1,8 | 1,0 | 1,0 | 1,1 | 1,3 | 1,4 |
| Südliches Tiefland | 34,1 | 33,8 | 36,3 | 42,7 | 43,9 | 48,6 | 51,4 | 51,4 |
| Mekong Delta | 16,3 | 16,8 | 16,3 | 17,0 | 15,8 | 16,5 | 15,0 | 13,8 |
| Insgesamt | 100,0 | 100,0 | 100,0 | 100,0 | 100,0 | 100,0 | 100,0 | 100,0 |

Quelle: General Statistical Office 1992, 1993, 1994.

Der beobachtete räumliche Konzentrationsprozeß wird im überwiegenden Maß durch den seit den Reformmaßnahmen einsetzenden industriellen Strukturwandel verursacht. Ein stark zunehmender Privatsektor und die Ballung ausländischer Direktinvestitionen prägen die dynamische Entwicklung Südvietnams, das darüber hinaus über eine bessere Infrastruktur verfügt. Eindeutiges Zentrum ist HCMC (vgl. Abb. 3).

Aufgrund der industriellen Umstrukturierung erlebt der Norden, der stärker staatlich und schwerindustriell geprägt ist, einen Bedeutungsverlust. Provinzen wie Bac Thai, Quang Ninh und Vinh Phu, die in der Vorreformzeit wichtige Standorte der sozialistischen Industrialisierungsstrategie waren (Nguyen Trong Dieu 1992), haben große Anpassungsprobleme. Nur Hanoi und Haiphong erreichen eine gewisse Entwicklungsdynamik, die aber deutlich geringer ist als in HCMC.

Die industrielle Entwicklung in Mittelvietnam bleibt bisher weit hinter den beiden zentralen Industrieräumen des Landes zurück. Der Rückgang des staatlichen Sektors konnte bislang noch nicht durch privatwirtschaftliche Aktivitäten kompensiert werden (Revilla Diez 1995).

## B. Erste Ergebnisse einer Unternehmensbefragung

Um erste Anhaltspunkte für die unterschiedliche regionale Entwicklungsdynamik nach Einführung der Wirtschaftsreformen zu erhalten, ist im Jahr 1992 in den drei Städten Hanoi, Danang und HCMC eine schriftliche und mündliche Betriebsbefragung durchgeführt worden. Die Stichprobe umfaßte rund 400 Betriebe aller Rechtsformen und Branchen. Eine zentrale Zielsetzung war es herauszufinden, wie die Unternehmen auf die veränderten ökonomischen Rahmenbedingungen reagiert haben. Gerade von ihrem Verhalten hängt es ab, ob sie nach einer Phase der Anpassung (z.B. Staatsbetriebe) bzw. Betriebseinführung (z.B. private Betriebsneugründungen) wettbewerbsfähige Produkte herstellen und sich am Markt durchsetzen und letztlich die regionale Wirtschaftsentwicklung positiv beeinflussen können. Ergänzt wurde die Befragung um eine tiefer gegliederte sekundärstatistische Analyse.

Die Anpassung der Unternehmen ist regional sehr unterschiedlich verlaufen. Obwohl nahezu alle befragten Betriebe die Wirtschaftsreformen begrüßen, ist die Fähigkeit, sich an die neuen Wettbewerbsbedingungen anzupassen, in HCMC größer als in Hanoi und Danang. Die Gründe für den bisherigen und den sich verstärkenden Entwicklungsvorsprung HCMCs sind nach Ansicht der Unternehmer (für eine ausführliche Darstellung der Befragungsergebnisse vgl. Revilla Diez 1995):

- die höhere Entwicklungsdynamik von Privatbetrieben. Begünstigt durch die größeren Erfahrungen mit einem marktwirtschaftlichen System, das auch während der sozialistischen Umgestaltung nie völlig eliminiert werden konnte, und durch persönliche und geschäftliche Beziehungen zu Auslandsvietnamesen und -chinesen ist unter der Saigoner Bevölkerung ein stärkerer Unternehmergeist verbreitet, der zudem von Seiten der lokalen Verwaltung unterstützt wird.
- die erfolgreichere Entwicklung von Staatsbetrieben. Neben dem Vorteil der stärker leichtindustriellen Ausrichtung in Südvietnam waren die Staatsbetriebe eher gezwungen, sich durch das „marktwirtschaftlichere" Umfeld und das Vorhandensein privater Konkurrenten stärker auf dem Markt zu orientieren. Interessant ist z.B. die Tatsache, daß Staatsbetriebe der gleichen Branche im Süden erfolgreicher operieren als in Nordvietnam (Schuh- und Lederindustrie).
- die geringere Betroffenheit bei der außenwirtschaftlichen Neuorientierung. Für den Großteil der befragten Saigoner Betriebe blieb die Umstellung des Außenhandels nach dem Zusammenbruch des RGW ohne Einfluß. Die Staatsbetriebe in Hanoi und Danang waren viel stärker von Einfuhr- und Absatzbeziehungen mit diesen Staaten abhängig. Auch hier hat sich die eher leichtindustrielle Ausrichtung HCMCs positiv ausgewirkt, da die Betriebe nicht so stark auf subventionierte Rohstoff- und Produktionsmittellieferungen angewiesen waren. Die Saigoner Staatsbetriebe, die z.T. auch in der sozialistischen Arbeitsteilung eingebunden waren, haben relativ schnell für ihre hergestellten Konsumgüter neue Absatzmärkte erschlossen.

## 5. Zusammenfassung und Ausblick

Der von Vietnam eingeschlagene Entwicklungsweg der Weltmarktorientierung ist angesichts des erzielten gesamtwirtschaftlichen Wachstums und der allgemeinen Verbesserung der Lebensbedingungen als positiv einzustufen. Innerhalb kurzer Zeit ist ein Strukturwandel innerhalb der vietnamesischen Industrie ausgelöst worden. Während arbeitsintensive Branchen hohe Wachstumsraten erzielen, haben eher kapitalintensive Branchen wie z.B. der Maschinenbau und die Metallurgie einen Bedeutungsverlust hinnehmen müssen.

Entscheidende Impulse gehen dabei von der verstärkten Nutzung komparativer Kostenvorteile, der Zunahme privatwirtschaftlicher Aktivitäten und der außenwirtschaftlichen Öffnung aus, durch die gerade in der Umstellungsphase von der Plan- zur Marktwirtschaft besonders benötigtes Kapital, technisches und Managementwissen zufließen.

Der Industrialisierungsprozeß, der regional sehr uneinheitlich verläuft, ist von starken Polarisationstendenzen geprägt. Provinzen, die in der Vorreformzeit wichtige Standorte der sozialistischen Industrialisierungsstrategie und deshalb schwerindustriell ausgerichtet waren, erleiden durch den derzeitigen Strukturwandel einen Bedeutungsverlust. Nur in Hanoi und Haiphong nimmt die Industrieproduktion leicht zu. Dynamisch verläuft die Industrieentwicklung in Südvietnam, während in Mittelvietnam die wirtschaftliche Entwicklung stagniert.

Trotz der Anfangserfolge sind in Vietnam weitergehende Reformmaßnahmen für einen erfolgreichen Abschluß der Systemtransformation notwendig. Die bisherigen Erfahrungen zeigen, daß die Systemtransformation in unterschiedlichen Geschwindigkeiten verläuft. Während die Genossenschaftsbetriebe und z.T. die lokalstaatlichen Betriebe ähnlich wie Privatbetriebe den „freien" Kräften des Marktes ausgesetzt wurden, werden die zentralstaatlichen Betriebe nur langsam an die veränderten Rahmenbedingungen herangeführt. Vietnam war bisher vor allem im Bereich der Landwirtschaft, der Kleinindustrie sowie des Kleinhandels durch die Gewährung privatwirtschaftlichen Engagements erfolgreich. Die Umgestaltung der großbetrieblichen Industrie gestaltet sich als schwierig. Von Chancengleichheit zwischen Staats- und Privatbetrieben kann noch nicht gesprochen werden. Den Staatsbetrieben wurde einerseits eine größere betriebliche Autonomie eingeräumt, andererseits werden sie nach wie vor in den strategischen Branchen (z.B. Energie, Erdöl, Bergbau, Stahl, Baumaterialien) vor in- und ausländischer Konkurrenz geschützt. Die Erlangung und Erhaltung internationaler Wettbewerbsfähigkeit, die in einigen Branchen bereits erreicht worden ist, erfordert einen ständigen Anpassungsprozeß der Industriestruktur an die Anforderungen des Weltmarktes. Angesichts der komparativen Lohnkostenvorteile profitiert Vietnam zur Zeit von der Auslagerung von arbeitsintensiven und standardisierten Produktionen aus den südostasiatischen Schwellenländern. Die internationale Wettbewerbsfähigkeit der vietnamesischen Wirtschaft hängt entscheidend von dem weiteren Verlauf der Systemtransformation ab. Gelingt es nicht, die Reform der Staatsbetriebe voranzutreiben und die Rahmenbedingungen für privatwirtschaftliche Aktivitäten vor allem in Nordvietnam weiter zu verbessern, wird die Konkurrenzfähigkeit Vietnams gegenüber Ländern wie Laos, VR China, aber auch einigen ehemaligen RGW-Staaten und anderen asiatischen Entwicklungsländern wie z.B. Indonesien abnehmen. Falls aber die noch ausstehenden Anpassungsprobleme gelöst werden können, verfügt Vietnam im Bereich der arbeitsintensiven Leichtindustrie durch komparative Kostenvorteile über gute Aussichten, seine Weltmarktposition zu festigen und weiterhin auszubauen.

## Literatur:

Dang Duc Dam (1995): Vietnam's Economy 1986–1995. Hanoi.
Diehl, M., (1993): Systemtransformation in Vietnam: Liberalisierungserfolge – Stabilisierungsprobleme. = Kieler Arbeitspapiere 557. Kiel.
Ders. (1995): Enterprise adjustment in the economic transformation process: Microeconomic evidence form industrial state enterprises in Northern Vietnam. = Kieler Arbeitspapiere 695. Kiel.
Gates, C. u. D. Truong (1992): Reform of a centrally-managed developing economy: the vietnamese perspective. = Nordic Institute of Asian Studies. Report No. 9. Kopenhagen.
General Statistical Office (1992): Statistical Data of the Socialist Republic of Vietnam 1986–1991. Hanoi.
Dass. (1993): Statistical Yearbook 1992. Hanoi.
Dass. (1994a): Statistical Yearbook 1993. Hanoi.
Dass. (1994b): Industrial Data 1989–1993. Hanoi.
International Monetary Fund (1993): Viet Nam, IMF Economic Review No. 13. Washington D.C.
Le Dang Doanh (1994): Vietnam Country Report. Paper presented at the asian transitional economies project international conference in Osaka, 30/31 October 1994. Hanoi.
Lipworth, G. u. E. Spitäller (1992): Viet Nam – Reform and stabilization 1986–92. = IWF Working Papers 93/46. Washington.
McCarty, A. (1992): Industrial renovation in Vietnam 1986–1991. In: Than, M. u. J. Tan (Hg.): Vietnam's dilemmas and options: The challenge of economic transition in the 1990´s. Singapore.
Nguyen Trong Dieu (1992): Geography of Vietnam. Hanoi.
Revilla Diez, J. u. L. Schätzl (1993): Industrieller Transformationsprozeß in Vietnam. In: Geographische Rundschau 45, H. 9, S. 538–545.
Revilla Diez, J. (1995): Systemtransformation in Vietnam: Industrieller Strukturwandel und regionalwirtschaftliche Auswirkungen. Münster u. Hamburg.
Riedel, J. (1993): Vietnam: On the trail of the tigers. In: The World Economy 16, No. 4, S. 401–422.
Ronnas, P. (1992): Employment Generation through private entrepreneurship in Vietnam. Genf.
SCCI (1993): List of Licensed Projects from 1988 to 1992. Ho-Chi-Minh-City.
Dass. (1994): List of Licensed Projects in 1993. Ho-Chi-Minh-City.
Tran Hoang Kim (1994): Economy of Vietnam – Reviews and statistics. 2. Aufl. Hanoi.
Vo Nhan Tri (1990): Vietnam's economic policy since 1975. Singapore.
Weggel, O. (1992): Gesamtbericht Vietnam, Kambodscha, Laos. In: Südostasien Aktuell, Mai 1992, S. 258-273.
World Bank (1990): Vietnam – Stabilization and structural reforms. An economic report. Washington.
Dies. (1991): Viet Nam – Restructuring public finance and public enterprises. An economic report. Washington.
Dies. (1994): Vietnam public sector management and private sector incentives – an economic report. Washington.

# INHALT DES 1. BANDES

Vorwort (G. Heinritz, R. Wießner)

## RAUMENTWICKLUNG UND UMWELTVERTRÄGLICHKEIT

Fachsitzung 1:
Landschaftsgestaltung

Landschaftsplanung in Ostdeutschland – methodische Erfahrungen mit dem Modellprojekt Sachsen (O. Bastian)
Bergbaufolgelandschaft in der Niederlausitz – Ziele – Strategien – Visionen (K. Häge)
Standortfindung für den Flughafen Berlin Brandenburg International. Fachlicher und methodischer Abriß der Planungs- und Entscheidungsprozesse (R. Söllner)
Kartierung und Bewertung von Landschaften im Potsdamer Raum (D. Knothe)
Die Landwirtschaft als Teilnehmer an einer umweltschonenden und wertschöpfenden Landnutzung, dargestellt an einem Fallbeispiel aus dem Land Brandenburg (R. Friedel)

Fachsitzung 2:
Landschaftshaushalt: Erfassung und Modellierung

Einleitung (C. Dalchow, H.-R. Bork)
Zu Fragen des Evolutionsprozesses hemerober Geosysteme des Jungpleistozäns und seine Relevanz für die Analyse und Modellierung ihrer Dynamik (O. Blumenstein, H. Schachtzabel)
Einbeziehung von Aspekten der Skalenbetrachtung in der Bodenerosion im Konsens zum Landschaftsstoffhaushalt (M. Frielinghaus, D. Deumlich, K. Helming, R. Funk)
Schutzmaßnahmen gegen die Bodenerosion durch Wind als Instrument biotopfreundlicher Umgestaltung der Großflächen-Agrarlandschaft (W. Hassenpflug)
Bodenversauerung und Mineralveränderungen in unterschiedlichen Naturlandschaften Ostbayerns unter besonderer Berücksichtigung der Bestockungsart (J. Völkel)
Biosphärenreservate in Deutschland. Modellandschaften einer dauerhaft umweltgerechten Entwicklung (K.-H. Erdmann)
Rückzug der Landwirtschaft aus der Fläche? Risiken und Chancen veränderter Flächennutzungsstrukturen (F. Dosch)

Fachsitzung 3:
Landschaftsschutz

Einleitung (H. Barsch)
Landschaftsschutz – ein Leitbild in urbanen Landschaften (J. Breuste)
Schadstoffe in Böden und Substraten des Rieselfeldgebietes südlich Berlin (K. Grunewald, W. Bechmann, H. Bukowsky)
Landschaft als Schutzgut – Erfahrungen bei der Vorbereitung des Raumordnungsverfahrens für den Flughafen Berlin Brandenburg International (R. Reher)
Untersuchung und Sanierung der Muldeaue zwischen Bitterfeld und Dessau (R. Ruske, G. Villwock)
Nutzung von Geoinformationssystemen als Instrument der Bodenschutzplanung (J. Schmidt)
Schlußbemerkungen (G. Gerold)

Fachsitzung 4:
Hydrologische und wasserwirtschaftliche Probleme in den neuen Bundesländern
Einleitung (E. Jungfer, K.-H. Pörtge)
Eutrophierung von rückgestauten Fließgewässern – Ökosystemantwort brandenburgischer Flußsysteme auf Nährstoffeinträge (L. Kalbe)
Erfassung und Bewertung anthropogen bedingter Änderungen des Landschaftswasserhaushaltes im Westlausitzer Hügelland (M. Röder)
Untersuchungen zur Herkunft und Schwermetallkontamination von Schlämmen in Nebenvorflutern der Halleschen Saaleaue (F. Winde)
Auswirkungen des Kupferschieferbergbaus in Sachsen-Anhalt auf Landschaft und Gewässer in den letzten 100 Jahren (K. D. Aurada)

Schlußwort (H.-R. Bork)

# INHALT DES 2. BANDES

Vorwort (G. Heinritz, R. Wießner)

## RAUMENTWICKLUNG UND SOZIALVERTRÄGLICHKEIT

Fachsitzung 1:
Transformation und Bevölkerungsprozesse in Deutschland

Einleitung (P. Gans, W. Heller)

Der Geburtenrückgang in den neuen Ländern – seine Auswirkungen auf die regionale Bevölkerungsdynamik (H. Bucher)

Ökonomische Restrukturierung, politische Umbrüche in Europa und internationale Migration in Deutschland (F.-J. Kemper)

Einwanderungszyklen und Integrationsprobleme am Beispiel der Stadt Berlin (J. Blaschke)

Die zukünftige Bevölkerungsentwicklung in Deutschland. Berechnungen mit dem DEPOP-Bevölkerungsprognosemodell unter besonderer Berücksichtigung der Binnenwanderung zwischen neuen und alten Bundesländern (R. Dinkel, U. Lebok)

Fachsitzung 2:
Transformationsprozesse im Bereich des Wohnens und der Stadtentwicklung

Einleitung (K. Kost, M. Schulz)

Privatisierung von Altwohnungen in den neuen Bundesländern (C.G. Rischke)

Einstellungen der Mieter zur Wohnungsprivatisierung in den neuen Bundesländern (W. Killisch, E. Holtmann)

Rostock – Groß Klein: Transformationsprozesse in einer ostdeutschen Großsiedlung (1992–1995) (U. Hohn)

Wohnungspolitik in den neuen Bundesländern aus Sicht der Wohnungswirtschaft – Profil und Aktivitäten der GAGFAH (W. Dybowski)

Transformationsprozesse in den Stadt-Umland-Beziehungen der Hansestadt Stralsund (P. Foißner)

Fachsitzung 3:
Handlungsorientierte Ansätze in der Raumplanung: Sozialverträgliche Entwicklung durch diskursive Strategien?

Einleitung (R. Danielzyk, B. Müller)

Industrieregionen im Umbruch – Raumplanung zwischen Machtstrukturen und diskursiven Strategien (H. Kilper)

CityPlan Vancouver. Versuche zu einer Stadtentwicklungspolitik per Bürgerentscheid (I. Helbrecht)

Bergbaubedingte Ortsumsiedlungen in Mitteldeutschland – Suche nach Sozialverträglichkeit oder unlösbarer sozialer Konflikt? (S. Kabisch, A. Berkner)

Diskursive Erarbeitung eines Regionalen Entwicklungskonzeptes für die Gemeinsame Landesplanung Bremen-Niedersachsen (R. Krüger)

Dorf- und Landentwicklung in Bayern und Sachsen. Zur Umsetzung von Leitprojekten durch neue soziale Netzwerke und Prozeßmoderation (U. Klingshirn, F. Schaffer)

Sozialverträgliche Entwicklung in Ostdeutschland: Realität – Vision – Utopie? Zusammenfassung der Podiumsdiskussion (B. Müller, R. Danielzyk)

# INHALT DES 4. BANDES

Vorwort (G. Heinritz, R. Wießner)

Ansprachen und Festvorträge am 50. Deutschen Geographentag 1995 in Potsdam

Eröffnung des 50. Deutschen Geographentags (H. Brunner)
Geographie im Aufschwung (G. Heinritz)
Entwicklung neuer Strukturen in Brandenburg (M. Stolpe)
Rußland – Faktor der Entwicklung im Osten (H. Klüter)
Schlußansprache (G. Heinritz)

## DER WEG DER DEUTSCHEN GEOGRAPHIE. RÜCKBLICK UND AUSBLICK

Fachsitzung 1:
Die Geographie in der Moderne. Ein wissenschaftshistorischer Rückblick

Einleitung (U. Wardenga)
Heimat als „geistiges Wurzelgefühl". Zur Ideologisierung und Instrumentalisierung der Heimat im Erdkundeunterricht (H. Schrand)
Zur Bedeutung von ‚Volk' und ‚Nation' in der Siedlungsgeographie nach 1945 (G. Maurer)
Die Geographie in der Moderne: eine antimoderne Wissenschaft? (H.-D. Schultz)

Fachsitzung 2:
Die deutsche Landeskunde – Wege zur anwendungsbezogenen Landesforschung

Einleitung (K. Wolf)
Frühe Ansätze anwendungsbezogener Landschaftsbeschreibung in der deutschen Geographie (D. Denecke)
Von der Landeskunde zur „Landeskunde" (U. Wardenga)
Ziele einer modernen geographischen Landeskunde als gesellschaftsbezogene Aufgabe (H. Popp)

Fachsitzung 3:
Herausforderungen an die zukünftige Geographie:
Selbstverständnis des Faches als Hemmnis und Herausforderung

Einleitung (W. Endlicher)
Naturschutz – welchen Beitrag leistet die Geographie? (E. Jedicke)
„Innerdisziplinäre Interdisziplinarität" und „Geographie für Alle" – Elemente einer normativ orientierten Geographie (J. Frey, G. Glasze, R. Pütz, H. Schürmann)
Kollidieren – ignorieren – kooperieren. Überlegungen zu einer stärkeren Integration von Physischer und Kulturgeographie (M. Meurer)
Wie betreibt man Geographie am Ende der Geschichte? (D. Reichert)
Geographische Problemlösungen für die Praxis – marktfähig für die Zukunft? (T. Mosimann)
Die Geographie und das Fremde – Herausforderungen einer multikulturellen Gesellschaft und einer multikulturellen Wissenschaft für Forschung und Lehre (H. Dürr)

## PUBLIKATIONSNACHWEISE VARIA-FACHSITZUNGEN

Am 50. Deutschen Geographentag in Potsdam wurden neben den Fachsitzungen zu den Leitthemen des Kongresses die im folgenden aufgeführten wissenschaftlichen Varia-Fachsitzungen abgehalten. Deren Vorträge werden nicht in den Berichtsbänden abgedruckt. Sofern eine Publikation an anderer Stelle erfolgt, sind entsprechende Publikationsnachweise angegeben.

- Fachsitzung „Umweltverträgliche Abfallwirtschaft – Herausforderung an die Geographie"
  Sitzungsleitung: Hans-Dieter Haas und Thomas J. Mager
  *Die Umweltverträglichkeitsprüfung (UVP) als kommunale Aufgabe. = Kommunalpolitische Texte der Arbeitsgruppe Kommunalpolitik der Friedrich-Ebert-Stiftung. Bonn 1996 (Vorträge Knauer und Hebestreit).*
  *Standort – Zeitschrift für Angewandte Geographie, 1996 (Vortrag Hopfinger).*

- Fachsitzung „Kulturlandschaftspflege"
  Sitzungsleitung: Hans Heinrich Blotevogel und Dietrich Denecke
  *Berichte zur deutschen Landeskunde, 1996.*

- Fachsitzung „Integriertes Küstenzonenmanagement: Eine Aufgabe für Geographen?"
  Sitzungsleitung: Jacobus L.A. Hofstede und Hans Buchholz
  *Eine gemeinsame Publikation der Beiträge ist nicht vorgesehen.*

- Fachsitzung „Nationalitäten und Minderheiten in Mittel- und Osteuropa"
  Sitzungsleitung: Frauke Kraas und Jörg Stadelbauer
  *Kraas, Frauke und Jörg Stadelbauer (Hg.): Nationalitäten und Minderheiten in Mittel- und Osteuropa. = Bonner Geographische Abhandlungen oder Colloquium Geographicum. Bonn 1996.*

- Fachsitzung „Die Revitalisierung der ostdeutschen Städte als Voraussetzung für die Entwicklung in den neuen Bundesländern"
  Sitzungsleitung: Arnulf Marquardt-Kuron und Claus-Christian Wiegandt
  *Berichte zur deutschen Landeskunde, 1996.*

- Fachsitzung „Märkte in Bewegung - Immobilienmarkt, Arbeitsmarkt, Wohnungsmarkt (Polen, Tschechien, Slowakei, Ungarn)"
  Sitzungsleitung: Elisabeth Lichtenberger und Heinz Faßmann
  *Faßmann, Heinz (Hg.): Immobilien-, Wohnungs- und Kapitalmärkte in Ostmitteleuropa. Beiträge zur regionalen Transformationsforschung. = ISR-Forschungsberichte, Heft 14. Wien 1995.*

- Fachsitzung „Physiogeographische Forschungen in ariden Gebieten"
  Sitzungsleitung: Klaus Heine und Hartmut Leser
  *Eine gemeinsame Publikation der Beiträge ist nicht vorgesehen.*

- Fachsitzung „Geomorphodynamik in Polargebieten"
  Sitzungsleitung: Jürgen Hagedorn und Wolf Dieter Blümel
  *Teilveröffentlichung in Petermanns Geographische Mitteilungen.*

- Fachsitzung „Themen und Perspektiven der Grenzraumforschung"
  Sitzungsleitung: Hans-Joachim Bürkner und Hartmut Kowalke
  *Praxis Kultur-Sozialgeographie, Heft 14, 1996.*

- Fachsitzung „Nachhaltige Regionalentwicklung durch Tourismus"
  Sitzungsleitung: Christoph Becker und Gabriele Saupe
  *Becker, Christoph (Hg.): Nachhaltige Regionalentwicklung durch Tourismus. = Berichte und Materialien des Instituts für Tourismus der FU Berlin, Heft 14. Berlin 1995.*

- Fachsitzung „Objektorientierte Geographische Informationssysteme"
  Sitzungsleitung: Gerd Peyke
  *Peyke, Gerd und Matthias Werner (Hg.): Karlsruher Geoinformatik Report, Band 1/1996. Karlsruhe.*
  *On-line-Dokumente zu den Vorträgen können im Internet unter der Seitenadresse „http://www.bio-geo.uni-karlsruhe.de/AKGIS" abgerufen werden.*

- Fachsitzung „Nutzung und Bewahrung der Erde – Gegenstand des Geographieunterrichts"
  Sitzungsleitung: Hartwig Haubrich und Reinhard Hoffmann
  *Geographie heute, Heft März 1996.*

- Fachsitzung „Politischer Wandel im Osten Europas und seine Darstellung im Geographieunterricht"
  Sitzungsleitung: Notburga Protze und Margret Buder
  *Publikation stand zum Redaktionsschluß noch nicht endgültig fest.*

- Fachsitzung „Einbeziehung moderner fachwissenschaftlicher Erkenntnisse in den Geographieunterricht"
  Sitzungsleitung: Helmut Schrettenbrunner und Martina Flath
  *Geographie und ihre Didaktik, 1996.*

- Fachsitzung „Degradierte Landschaften"
  Sitzungsleitung: Roland Mäusbacher und Johannes Preuß
  *Degradierte Landschaften. = Jenaer Geographische Schriften, Heft 5. Jena 1996.*

# VERZEICHNIS DER AUTOREN UND HERAUSGEBER

Dr. Matthias Achen
Geographisches Institut
Universität Heidelberg
Im Neuenheimer Feld 348
69120 Heidelberg

Prof. Dr. Gerhard Braun
FU Berlin
Institut für Geographische Wissenschaften
Grunewaldstr. 35
12165 Berlin

PD Dr. Hans-Joachim Bürkner
Universität Göttingen
Geographisches Institut
Abt. für Kultur- und Sozialgeographie
Goldschmidtstr. 5
37077 Göttingen

Dipl.-Soz. Kimberly Crow
Institut für Wirtschaftsforschung Halle
Delitzscher Str. 118
06108 Halle

Peter Egenter
Hauptgeschäftsführer der
Industrie- und Handelskammer Potsdam
Große Weinmeisterstr. 59
14469 Potsdam

Dr. Christof Ellger
FU Berlin
Institut für Geographische Wissenschaften
Grunewaldstr. 35
12165 Berlin

Prof. Dr. Michael Fritsch
TU Bergakademie Freiberg
Lehrstuhl für Wirtschaftspolitik und
Forschungsstelle Innovationsökonomik
Gustav-Zeuner-Str. 8
09596 Freiberg

Dr. Martina Fuchs
Universität Düsseldorf
Geographisches Institut
Universitätsstr. 1
40225 Düsseldorf

Prof. Dr. Wolf Gaebe
Universität Stuttgart
Institut für Geographie
Azenbergstr. 12
70174 Stuttgart

Dr. Wilfried Görmar
Bundesforschungsanstalt für Landeskunde
und Raumordnung
Postfach 200130
53131 Bonn

Prof. Dr. Günter Heinritz
Technische Universität München
Geographisches Institut
80290 München

Dipl.-Geogr. Martin Heß
Universität München
Institut für Wirtschaftsgeographie
Ludwigstr. 28
80539 München

Prof. Dr. Elmar Kulke
Humboldt-Universität Berlin
Unter den Linden 6
Sitz: Chausseestr. 86
10099 Berlin

Udo Lehmann
Institut für Arbeitsmarkt- und
Berufsforschung
Regensburger Str. 104
90327 Nürnberg

Dipl.-Geogr. Klaus Mensing
COVENT GmbH
Rütersbarg 46
22529 Hamburg

Dipl.-Geogr. Manfred Miosga
Technische Universität München
Geographisches Institut
80290 München

Prof. Dr. Jürgen Oßenbrügge
Universität Hamburg
Institut für Geographie
Bundesstr. 55
20146 Hamburg

## Verzeichnis der Autoren und Herausgeber

PD Dr. Jürgen Pohl
Technische Universität München
Geographisches Institut
80290 München

Dr. Javier Revilla Diez
Universität Hannover
Geographisches Institut
Schneiderberg 50
30167 Hannover

Prof. Dr. Götz v. Rohr
Universität Kiel
Geographisches Institut
Ludewig-Meyn-Str. 14
24118 Kiel

Prof. Dr. Ludwig Schätzl
Universität Hannover
Geographisches Institut
Schneiderberg 50
30167 Hannover

Prof. Dr. Jürgen Schmude
Universität München
Institut für Wirtschaftsgeographie
Ludwigstr. 28
80539 München

Dr. Simone Strambach
Universität Stuttgart
Institut für Geographie
Azenbergstr. 12
70174 Stuttgart

Dipl.-Geogr. Christine Tamásy
Göttinger Chaussee 111
30459 Hannover

PD Dr. Reinhard Wießner
Technische Universität München
Geographisches Institut
80290 München